モダンアプローチの

生物科学

A Modern Approach to Biological Science

美宅成樹 著

共立出版

はじめに

科学では，まずすでに確立している「科学の知識」から問題（疑問）を提起します．そして，疑問を解決するために，真偽を確かめられる形の仮説を設定します．さらに，設定した仮説が正しいかどうかを確かめるために，実験や計算を行い，結果から新しいコンセプト，法則などを論文としてまとめます．そうして，新たな「科学の知識」が確立することになります．この科学のサイクル自体は，生物科学も物理系の科学も同じです．そして，科学の知識からの疑問の提起，疑問からの仮説の生成，実験や計算による仮説からのコンセプトや法則の提出，最後に科学の知識への確立という 4 つのプロセスがバランスよく進めば，科学は大きく発展していくことになります．しかし，生物科学の場合，生物が非常に複雑であり，大きな疑問は解決不能に見えます．そのために，上記の 4 つのプロセスを比較すると，後半に大きくウェイトがかかっているように思います．実験や計算などの技術開発はもちろん容易なことではありませんが，常に新しい研究法が開発されてきました．そうすると，その技術を用いることができる研究課題はほとんど無限に発生し，一種の生物科学のブームが起こります．それによって生物科学のある側面が大きく発展することになります．しかし，そこで提起される個々の疑問は，新しい技術で扱うことができる比較的小さいものとなります．そのため生物科学には大きな疑問が出にくいという構造ができていると思います．そのために生物科学には，スモールサイエンスの集合というような学術的文化が定着してきたものと思われます．

しかし，生物科学でも大きな疑問の解決という科学上の大事件が，時々起こります．ワトソン・クリックの二重らせん構造の発見をきっかけとした一連の研究によって，20 世紀半ばに，「生物は分子によってできている」というコンセプトが確立しました．それは生物に関する大きな疑問「生物は分子でできているか？」に対する答えが出た瞬間だったと思います．その後，20 世紀後半の生物科学は，生物の分子的側面を理解するために，重要な遺伝子やタンパク質の解明を進めることで，大きな成果を上げてきました．しかし，21 世紀に入り生物科学は大きな曲がり角に差し掛かっています．そのきっかけはゲノム解析技術の発展による生物系ビッグデータの蓄積です．生物系ビッグデータは，生物の分子的側面の研究を極めてきた結果ですが，生物個体に関する全データ（例えばゲノム全体の DNA 塩基配列情報など）を含んでいます．したがって，生物個体や生態系全体における秩序のあり方の理解などにもつながるはずのものです．現在蓄積されつつある生物系ビッグデータによって，再び生物科学の大きな問題が解けるかもしれないという空気が醸成されつつあるのです．

本書は生物科学の教科書を意図しているので，これまでの生物科学の知識を記述することはもちろんですが，これから解決されるだろうと考えられる大きな問題についても紙面を大きく割きました．「モダンアプローチの生物科学」というタイトルを付けた理由はそこにあります．第Ⅰ部では，生物に関する最も基本的な生物の知識と問題提起を示しました．第 1 章では，全生物に共通の性質について述べ，第 2 章では生物系ビッグデータと生物科学における大きな疑問の関係について問題提起します．生物は多様な分子で構成されているので，第Ⅱ部では生物の分子的な実体について記述します．第 3 章ではすべての細胞が持つ構造体である細胞膜とその物理的背景，第 4 章では生物の分子素子であるタンパク質について説明します．生物が命をつなぐ源泉はゲノムの情報です．そこで第Ⅲ部では，ゲノムの DNA 塩基配列とその情報処理に関係するさまざまなシステムについて記述します．第 5 章では，生物の設計図と言われるゲノムの DNA 塩基配列と，それに基づいてタンパク質を作り出す全生物に共通の仕組み（セントラルドグマ）について述べます．第 6 章では，細胞内におけるゲノムの情報処理を円滑に働かせるための色々な分子装置について説明します．第Ⅳ部では，生物個体が生き延びるために不可欠な，環境応答やエネルギー変換のシステムについて議論します．これはゲノム情報が設計している最も重要なシステムと言うことができます．第 7 章では，環境応答のためのシグナル伝達とその背景となる分子認識について，第 8 章では，生物内での高エネルギー状態の変換の仕組みとそれを実現する酵素反応の基礎について説明します．最後の第Ⅴ部では，生物科学における大きな未解決問題について，真正面から議論したいと思います．生物は，配列空間と実体空間という 2 つの空間の中で生きていて，それらが絡み合うことによって非常に調和の取れた「生きるという状態」を実現しています．第9章では，生物の調和の背景に，配列の物理的秩序があるということを，生物系ビッグデータの解析から示します．第10章では，大進化における生物の複雑化・高度化の必然性，タンパク質の立体構造と生物システムの秩序形成，応用学問分野である創薬と医科学など，さまざまな生物の現象と生物系ビッグデータの関係について議論します．この部分は21世紀の生物科学について述べることに相当しているので，現在の科学的な知識だけでそれを構成することはできません．事実を仮説でつなげることによって，次世代の生物科学のあり方について述べることになります．

本書には，私が行った多くの研究成果をまとめており，ここでは名前を記述しませんが多くの共同研究者にお世話になりました．深く感謝を表したいと思います．また，筆者は現在客員フェローとして豊田理化学研究所に所属しており，本書の執筆は豊田理化学研究所における私の課題でもありました．本書では，生物科学についての本当に新しい考え方を提出していますが，その執筆には大きな勇気が必要でした．それを常に後押ししてくれた豊田理化学研究所と，豊田章一郎理事長に深く感謝いたします．

コラムは，それぞれの分野の第一人者の方々（門田幸二氏，坊農秀雅氏，千田俊哉氏，広川貴次氏，荻島創一氏，太田元規氏，有田正規氏，町田雅之氏，伏見　譲氏）に執筆いただきました．また，分子グラフィックやイラストなどでは，今井賢一郎氏，加藤敏代氏，澤田隆介氏，広川貴次氏にご協力いただきました．大変感謝いたします．最後に，本書の出版にとても尽力いただいた石井徹也さん，酒井美幸さんに感謝いたします．

本書が若い生物科学者や，生物科学の新しい流れに興味を持つすべての人達に，少しでも役立てば幸いです．

平成27年9月

美宅　成樹

目　次

第Ⅳ部　生物の環境応答とエネルギー変換のシステム　163

第７章　生体の信号伝達システムと分子認識　164

第８章　酵素反応と生体エネルギーの変換　193

第 I 部

生物系ビッグデータと生物科学

生物科学は，生物の姿形や動き，構成する分子とそれらの相互関係，地球環境と生物の関係，私たちの病気や健康など，生物の多様な側面を明らかにし，応用していく学問です．生物が余りにも複雑なので，最近の学術研究では，主に生物の個々の構成分子を解析することに力が注がれてきました．他方，生物を全体として研究する生態学や生理学などでも成果が上がっています．応用的な学問分野である薬学や医科学などでは，身体全体の健康・病気の状態と分子レベルの情報をつなぐことが，最近の流れとなっています．このような生物科学の発展の歴史的経緯によって，生物科学は多様な比較的細かい学問分野に分かれています．しかし，21 世紀に入り，DNA 塩基配列を解析するためのシーケンサー技術に革命的な発展があり，生物個体や生態系全体の DNA 塩基配列が得られるようになりました．生物科学にまったく異なる状況が生まれてきたのです．シーケンサー技術の発展は，≪生物は分子でできている≫というコンセプトに基づく研究を，究極まで進めた結果なのですが，それによって得られたビッグデータは生物個体や生態系全体を丸ごとカバーするものになってしまったのです．必然的にそれまでの細かい学問分野では扱い切れない状況が生まれ，逆にビッグデータが生物科学における新しいコンセプトを要求するようになってきています．素直に生物を見ると，生物個体や生態系全体は，非常に調和が取れていて，高度に安定なシステムを形成しています．その仕組みを理解するためには，従来にはないコンセプトが必要です．最近得られている生物系のビッグデータの中には，生物全体を理解するための情報が含まれています．生物科学における新たなブレイクスルーが，いつ起こってもおかしくない状況にあると考えられるのです．

そこで第 I 部は，今後の生物科学を考えるための問題提起をしたいと思います．第 1 章では生物に関する最も基本的な知識について記述します．そのうえで第 2 章では，最近得られるようになったビッグデータが提起する大きな生物科学の未解決問題について述べることにします．

第1章　生物についての基本的な知識

生物は非常に複雑であり，色々な側面がお互い入り組んでいます．生物のある側面について述べるときに，別の側面についての知識を前提にしないと説明できないということがあり，わかりやすい説明が難しいのです．そこでこの章では，後の章で前提としたい最も基本的な知識について述べ，問題点を整理しておきたいと思います．幸い私たち自身が生物であり，日常的に生物についての話題がマスコミなどにのぼることも少なくありません．したがって，本章で述べる内容は，おそらくほとんどの人が知っていることの整理という意味合いになると思います．

1.1　生物は階層的にできている

生物は階層的にできています．図1.1は，ヒトの身体について，スケールを

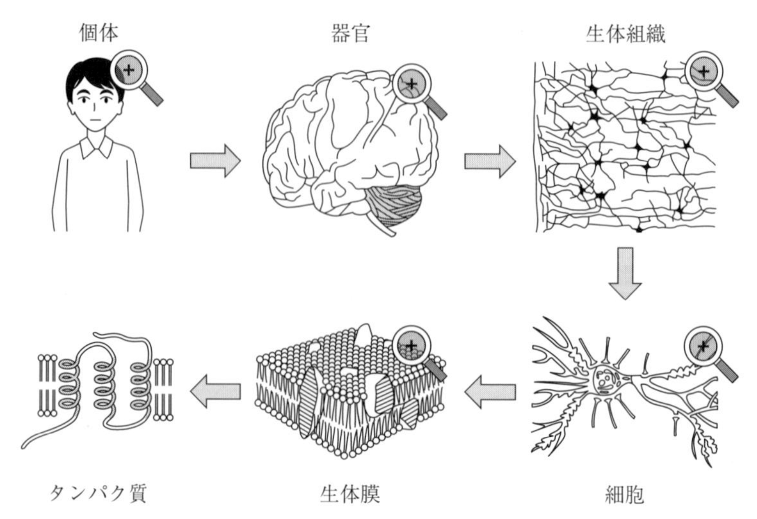

図1.1　生物の階層構造

変え，典型的な構造をモデル的に示したものです．個体は，色々な器官（臓器）が集まってできています．そのことは解剖と目視による観察でわかります．ここで示した器官は脳です．さらにその下のスケールを見ると，非常に長い軸索を持った神経細胞が集合して神経組織が形成されています．これを見るには，細胞の染色技術と顕微鏡観察が必要です．それによって脳が独立した細胞の集まりだということがわかったのは19世紀のことでした．各神経細胞は，シナプスという構造を経由して，次の神経細胞に電気信号を伝達します．そのような細胞の詳細な構造を見るには，電子顕微鏡が必要ですが，それが可能となったのは20世紀半ばです．神経細胞は，細胞膜のところで電気信号を発生させ，非常に速いシグナル伝達を可能にしています．細胞膜には，イオンチャネルという膜タンパク質が埋め込まれていて，細胞内外のイオン勾配に対するイオン透過性を制御しています．それが膜電位のパルス信号を発生させているのです．生体膜の液晶的な基本構造とダイナミックな流動性は，膜タンパク質の媒質である脂質二層膜の性質です．膜タンパク質は特定の立体構造を取っていますが，膜タンパク質に対するX線結晶構造解析技術が行われるようになったのは，1980年代に入ってからです．図1.1はヒトなどの高等生物の場合ですが，バクテリアでも単純ではありますが，やはり階層構造があります．階層的に構造ができているということが，生物の1つの本質的側面なのです．したがって，生物の姿かたち，構造を知るためには，階層のそれぞれのスケールに合わせた観測技術を用いなければなりません．最近は，色々なスケールでの観測技術（バイオイメージング技術）が発達し，生体高分子，生体超分子，細胞内小器官（オルガネラ），細胞，組織などの詳細な構造が明らかになってきていて，バイオイメージングのデータベースの整備も進められています．

1.2　生物の最も基本的なユニットは細胞である

生物には，ずいぶん姿かたちの異なるものがあります．図1.1に示したヒトと同じ哺乳動物でも，牛，犬，ネズミ，クジラなどの姿かたちはずいぶん異なっているように見えます．さらに範囲を広げて脊椎動物で見ると，トリ，ヘビ，魚，すでに絶滅してしまった生物まで含めれば（例えば恐竜など），生物の多様性はさらに広がります．軟体生物，線虫のようなムシ，各種の昆虫，さらに植物，カビなども生物です．酵母，ゾウリムシ，アメーバなどの大型の単細胞生物，大腸菌や枯草菌，各種の病原菌などの非常に小さいバクテリアなども生物です．小さな単細胞生物は，私たちの目には見えず，顕微鏡で見なければなりませんが，地球上では最も繁栄している生物かもしれません．

これらすべての生物に共通のユニットは細胞です．もちろん細胞にも色々な姿かたちがありますが，細胞という形態が生物のユニットとなっていることは間違いありません．**図 1.2** は，真核生物と原核生物の細胞をモデル的に示したものです．右下の原核生物の細胞は，左上の真核生物の細胞と比べて，はるかに小さく，内部構造もあまりありません．ただ細胞膜の外側に外膜があったり，運動するためのべん毛があったりします．内部には，DNA 分子やリボソームなどの分子装置があり，生物として生きていくための仕組みはしっかり存在しています．

これに対して，真核生物の細胞は大きく，内部構造も複雑です．内部の膜系は，細胞内小器官（オルガネラ）と呼ばれ，真核生物の細胞は，おおむね共通

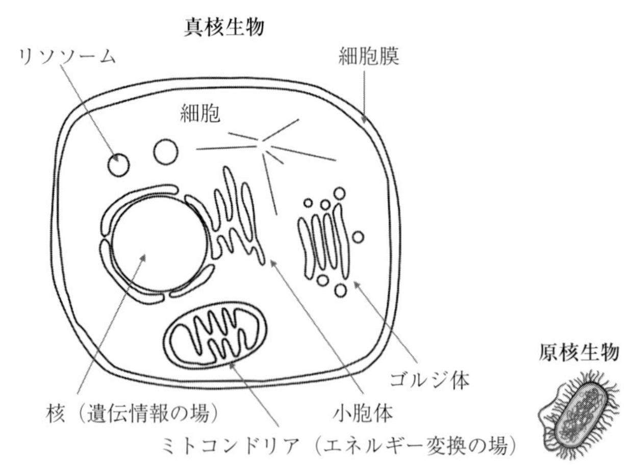

図 1.2　細胞の構造
生物は細胞からなっている．真核生物の細胞は大きく，細胞内に核，ミトコンドリア，小胞体などの構造体が含まれていて，遺伝情報を書き込んだ DNA は核内にある．原核生物の細胞は小さく，DNA は細胞質にある．（図の提供：一部，澤田隆介博士より．承諾を得て掲載．）

のオルガネラを含んでいます．最も大きなオルガネラは核で，真核生物という名前もこのオルガネラの存在からきています．核は生物の設計図に相当するDNA 分子を含んでいます．そして，真核生物のDNA 分子は裸の分子ではなく，同じくらいの量のタンパク質と結合していて，高度に折れ畳まれています．それが染色体です．ミトコンドリアも非常に重要なオルガネラで，生物がエネルギーを消費するときに用いられるATP（アデノシン三リン酸）を生産しています．ATP 分子は，3つあるリン酸の1つを切り離し，ADP とリン酸になり，その間にあった電気的ポテンシャルエネルギーを放出するのです．植物など光合成を行う生物の細胞は，そのためのオルガネラ（葉緑体）を含んでいます．葉緑体では，光合成を行うための色素（クロロフィルなど）を含む膜タンパク質が大量に発現しています．細胞は，分子機械とも言われる色々なタンパク質の働きで生きています．タンパク質は細胞質で合成されますが，細胞膜や細胞外など細胞質以外の場所に移送されるタンパク質の多くは，小胞体の膜近傍で合成されます．タンパク質の細胞内での局在は，ゴルジ装置と呼ばれるオルガネラで，行先が指定されます．細胞内で不要になったものの分解は，リソソームというオルガネラで行われますが，そのための分解酵素は合成された後リソソームに送られます．そのようにして，必要な分子に影響を与えることなく，不要なものだけを分解できるのです．

実は原核生物と真核生物は，誕生した時期が異なっています．小さく，分子数も少ない原核生物のような生物がまず誕生したと考えられています（恐らく40 億年ほど前）．現在の原核生物が，初期の細胞と同じようなものだったかどうかはわからないのですが，細胞内に内部構造があまりないという意味では，現在の原核生物と似たものだっただろうと考えられます．そして，今から20 億年ほど前に，真核生物が誕生しました．

1.3　生物は進化によって複雑化・高度化・多様化した

進化という概念を最初に提出したのは，チャールズ・ダーウィンでした．ダーウィンは長年の調査，考察の結果，生物は変化するという考えに到達しました．生物の進化は，現代の生物科学の根幹に関わる重要な概念です．生物の進化の証拠を大きく分けると，地層の中に見出される化石の証拠と，現在生存している生物から得られる分子生物学的な証拠とがあります．生物は多様な分子が組み合わされてできています．例えば，タンパク質分子はアミノ酸配列が折れ畳まれて立体構造を形成し，機能する生体高分子です．進化のプロセスで，タンパク質のアミノ酸の並びは少しずつ変化していきます．同じ機能と構造を持つタンパク質を比較してみると，近縁の生物同士ではアミノ酸配列の類似性が高いのですが，遠縁の生物同士では類似性が低くなります．そのことを利用して，2 つの生物がどのくらい昔に分かれたかを調べることができます．そのような分子生物学的なアプローチは，生物の進化とその結果としての生物の多様化について，有力な証拠を提供しています．

それらを総合して得られている生物進化の過程を大まかに示したのが図 1.3 です．46 億年前に地球が誕生しました．そのすぐ後の時期には，地球は高温で岩石が溶けた状態があり，もちろん生物はすぐには誕生しませんでした．しか

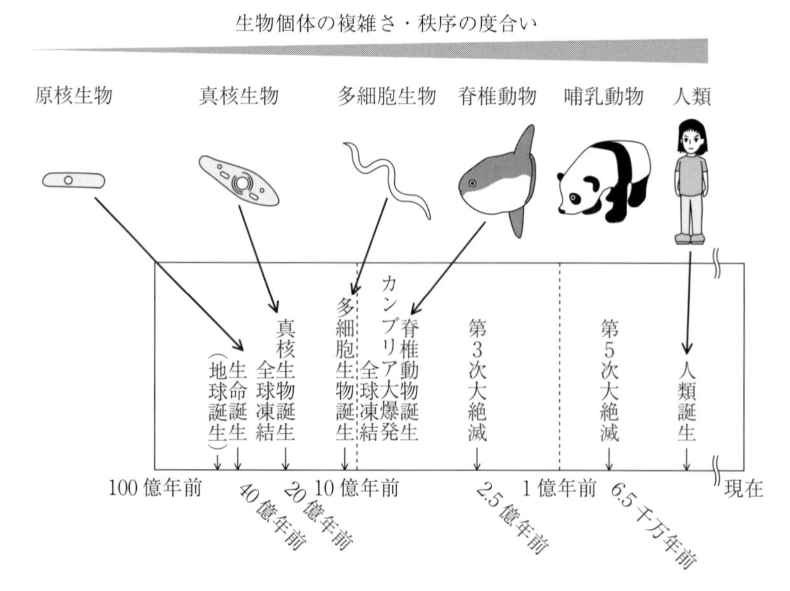

図 1.3　生物進化

生物進化のプロセスで激しい環境変化があり，それとともに生物の構造や機能の複雑化・高度化が起こってきたことがわかる．（図の提供：一部，澤田隆介博士より．承諾を得て，改変．）

し，地球が生まれてから10億年くらいの間には，生物が誕生したようです．初期の生物を化石の証拠から見出すことは非常に難しいのですが，今から38億年前の化石に生物の痕跡があるようなのです．また真核生物は，今からおよそ20億年前に誕生したと考えられています．そして，今からおよそ10億年前に多細胞生物が誕生しているようです．ただ地球のマントル対流のために地表が約2億年で更新されることと，初期の生物は化石になりにくいことから正確な時期を特定することは難しい問題となっています．しかし，5億5千万年前頃のカンブリア紀には，化石の証拠が残るような多細胞生物が大量に見出されています．この生物の大発生は非常に印象的で，カンブリア大爆発と言われています．5億年前頃にはすでに脊椎動物は誕生しています．その後の生物進化については，化石の証拠がたくさん残されているので，その消長がかなりよくわかっています．それによれば，地球上の生物は最低5回の大絶滅時期を経て，現在に至っています．特に約2億5千万年前（P–T境界）と6千5百年前（K–T境界）の大絶滅は生物界全体を揺るがす大規模なものだったようです．5回目の大絶滅期に恐竜が絶滅してしまったことは，よく知られています．人類の祖先は数百万年前に誕生しましたが，生物の進化の全体から見ればヒトはまったくの新参者です．

生物の化石がどの地層で見つかるかという地質学的知識に基づいて，生物進化の絶対的な年代が決められています．これに対して，現在も生存している生物に関しては，生物を構成するタンパク質のアミノ酸配列やリボソームのRNAの塩基配列などを解析することによって，どのくらい昔に共通祖先から分岐したかについての相対関係が求められます．この分子生物学的な情報は非常に有用で，それによって生物間の分岐時期を表す系統樹を作ることができます．**図1.4**は真正細菌，古細菌，真核生物の系統樹を，モデル的に示したものです．グレーに塗りつぶしたところは，より細かい分類の生物の系統樹が位置付けられるべきものです．生物種は，数千万種類はあると言われていますので，詳細な系統樹を作れば，それらがグレーに塗りつぶしたところのどこかに位置付けられるはずです．こうした分子生物学的な系統樹で最も重要なことは，本当にすべての生物を定量的に結び付けることができ，1つの共通祖先に収束してしまうという点です．色々な生物が独立に誕生したのではなく，1つの生物が多様

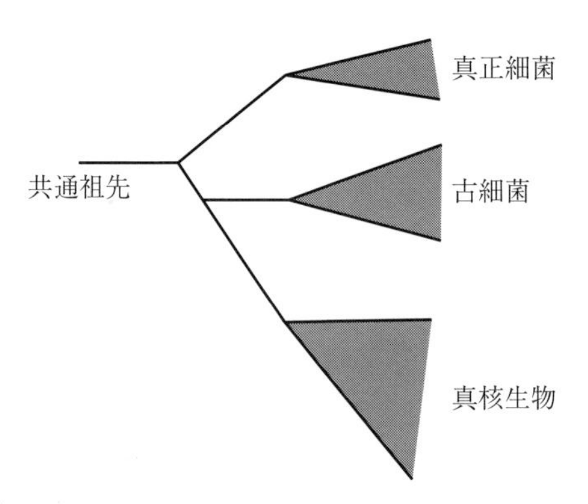

図 1.4　生物の系統樹
生物の進化系統樹のイメージ.

化したということを意味していて，現在生存しているすべての生物は共通祖先をもつ仲間なのです.

1.4　生物は分子でできている

生物には色々な高分子が含まれていて，それらが高度な機能を行っているらしいということは，20 世紀の前半にもわかっていました．しかし，それぞれの生体高分子がどのようなメカニズムで機能を果たしているかはわかっていませんでした．特に遺伝現象の分子的メカニズムは，長い間謎のままでした．「どのような分子が生物の遺伝現象を担っているか？」また「どのような仕組みで遺伝情報を伝えているか？」という疑問に対する答えが与えられたのは，ワトソン博士とクリック博士が，DNA 分子の二重らせん構造を解明し（1953 年），それをきっかけとして多くの研究が行われたからです.

図 1.5 は，DNA 分子の二重らせん構造をモデル的に示したものです．DNA 分子には主鎖と側鎖があります．この図はモデル化されていて，チューブで表現されているのが主鎖，内向きに突き出しているのが側鎖です．主鎖はリン酸と糖（五角形の部分）からなっていて，糖についているのが側鎖の塩基です.
この図では見にくいですが，塩基にはアデニン（A），チミン（T），グアニン（G），シトシン（C）の 4 種類があり，A–T と G–C の相補的な結合をすること

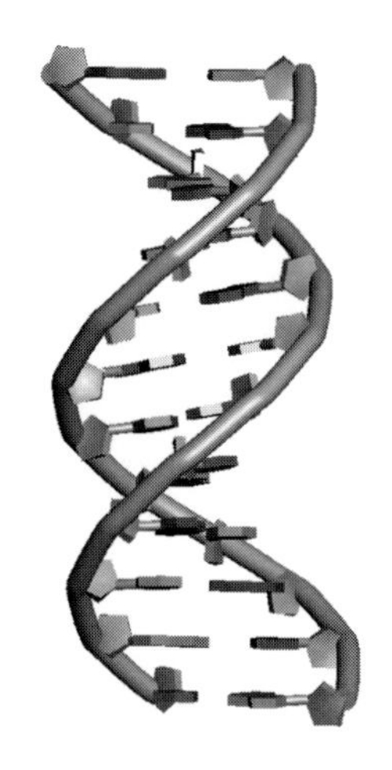

図 1.5　DNA の二重らせん

遺伝情報の実体である DNA 分子は，二重らせん構造を形成する．DNA 分子は主鎖と側鎖があり，図のチューブが主鎖，内側に突き出しているのが側鎖である．五角形の糖の先に付いている 4 種類の塩基（アデニン A，チミン T，グアニン G，シトシン C）が，お互い A–T と G–C の相補的な結合をすることで二重らせん構造を形成している．（図の提供：広川貴次博士より．承諾を得て掲載．）

で，二重らせん構造が形成されています．A と T の対は 2 本の水素結合で，G と C の対は 3 本の水素結合で結び付けられています．このような二重らせん構造を取ることで DNA 分子は，遺伝情報のメディアとして非常に安定な分子となっているのです．

DNA の二重らせん構造が，遺伝情報の本体であることがわかったのとほぼ同じ時期に，生体機能を担うタンパク質の立体構造も解析されるようになりました，酸素を運搬するミオグロビンやヘモグロビンには，ヘムという酸素を結合する基質があり，タンパク質の中でのヘムの配位が，酸素の結合解離の機能に重要だということがわかりました．また，糖鎖の分解反応を触媒するリゾチームはやはりきれいな立体構造を取っており，立体構造中の谷間に糖鎖を結合することもわかりました（図 1.6）．このようにして，タンパク質が機能に合致した立体構造を取り，生体機能を果たしているという概念が確立したのです．

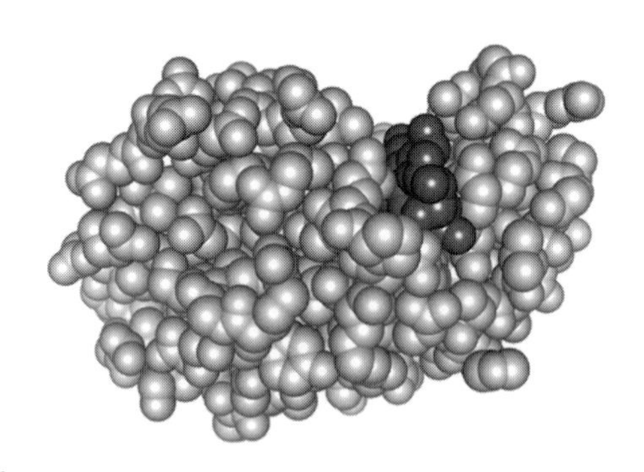

図 1.6　タンパク質
糖鎖の分解を触媒する酵素タンパク質リゾチーム（灰）は，糖鎖（黒）を活性部位で分子認識する（PDB＊：1REZ）．（図の提供：広川貴次博士より．承諾を得て掲載.）

1.5　セントラルドグマと遺伝暗号

次に，遺伝情報を担う DNA 塩基配列から，分子機械であるタンパク質のアミノ酸配列へ，どのようにして配列情報が変換されるかが問題となります．この問題については 2 つの側面から，精力的に研究が行われました．DNA 分子は，百万ないし数十億の核酸が重合した巨大な分子ですが，それに対してタンパク質のアミノ酸配列は，数百残基程度の高分子です．その間をどのような分子が中継しているかということが，第 1 の問題です．塩基は 4 種類（A，T，G，C）なのに対して，アミノ酸は 20 種類です．DNA 塩基配列からアミノ酸配列に変換するとき，どのような変換ルールで翻訳されているかということが，第 2 の問題です．それらの研究の成果は，**図 1.7** の遺伝情報の流れ（セントラルドグマ）と，**表 1.1** の遺伝暗号表にまとめられます．DNA 塩基配列は多くの遺伝子の領域を含んでいますが，図 1.7 に示されている通り，各遺伝子領域は RNA 分子に転写され，その RNA 塩基配列からアミノ酸配列に翻訳されるのです．また，セントラルドグマにおける情報の流れで，DNA 塩基配列から出て戻ってくる U 字型の矢印は，細胞分裂における DNA 塩基配列の複製です．

＊　PDB 以下の 4 文字は立体構造データベース PDB の ID であり，この ID で検索すれば立体構造を見ることができる．

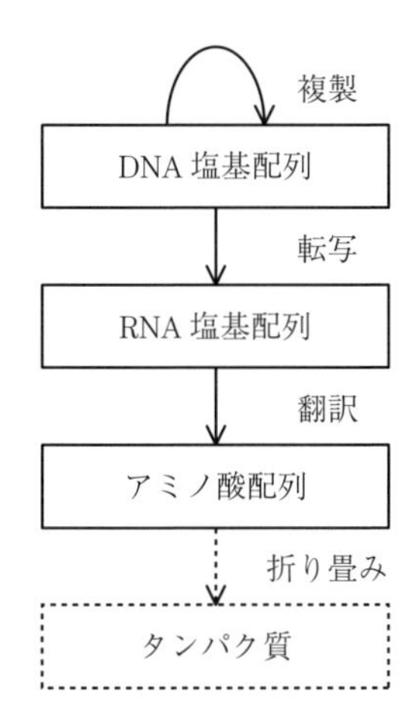

図 1.7　セントラルドグマ
セントラルドグマにおける遺伝情報の流れ.

表 1.1　遺伝暗号表
DNA の 3 文字からアミノ酸の 1 文字への遺伝暗号表.

第 2 文字目（列）／第 1 文字目（左）／第 3 文字目（右）

<table>
<tr><th></th><th>U (T)</th><th>C</th><th>A</th><th>G</th><th></th></tr>
<tr><td rowspan="4">U (T)</td><td rowspan="2">Phe</td><td rowspan="4">Ser</td><td rowspan="2">Tyr</td><td rowspan="2">Cys</td><td>U</td></tr>
<tr><td>C</td></tr>
<tr><td rowspan="2">Leu</td><td rowspan="2">Stop</td><td>Stop</td><td>A</td></tr>
<tr><td>Trp</td><td>G</td></tr>
<tr><td rowspan="4">C</td><td rowspan="4">Leu</td><td rowspan="4">Pro</td><td rowspan="2">His</td><td rowspan="4">Arg</td><td>U</td></tr>
<tr><td>C</td></tr>
<tr><td rowspan="2">Gln</td><td>A</td></tr>
<tr><td>G</td></tr>
<tr><td rowspan="4">A</td><td rowspan="3">Ile</td><td rowspan="4">Thr</td><td rowspan="2">Asn</td><td rowspan="2">Ser</td><td>U</td></tr>
<tr><td>C</td></tr>
<tr><td rowspan="2">Lys</td><td rowspan="2">Arg</td><td>A</td></tr>
<tr><td>Met</td><td>G</td></tr>
<tr><td rowspan="4">G</td><td rowspan="4">Val</td><td rowspan="4">Ala</td><td rowspan="2">Asp</td><td rowspan="4">Gly</td><td>U</td></tr>
<tr><td>C</td></tr>
<tr><td rowspan="2">Glu</td><td>A</td></tr>
<tr><td>G</td></tr>
</table>

下側のアミノ酸配列からタンパク質への破線の矢印は，配列が実体としての立体構造に折れ畳まれるプロセスで，遺伝暗号表のような単純なルールではできていないので．これは破線で表現してあります．また図1.7には描かれていませんが，RNAからDNAへの逆転写というプロセスがあります．RNAを遺伝情報としているウィルスは，いったんDNAに逆転写し，ゲノムDNAに潜り込ませるということをします．これは遺伝情報の多様性を増やすメカニズムの1つでもあると考えられています．

遺伝暗号表（表1.1）は，すべての生物で標準化されていて，生物を分子的に理解するときに，最も信頼できるルールです．この表の特徴を簡単に述べておくと，まず3塩基に対して1つのアミノ酸が対応しています．各3塩基をコドンと呼びますが，アミノ酸の多くはコドンの3文字目で重複しているので，その範囲ではどのコドンを選んでもアミノ酸は変わりません．ただ3文字目の塩基で重複しているものは，タンパク質のアミノ酸配列から見ると無意味ですが，DNA塩基配列の側から見ると，3文字目の重複を利用することにより配列のATGCの平均出現確率を調節することができます．DNA分子の物理化学的な性質は各塩基の出現確率によって変化するので，タンパク質はまったく変えずにDNA分子の物理化学的な性質を変えることは，コドンの3文字目を変えることである程度可能です．そういう意味で，コドンの重複は意外と深い意味がある可能性があります．

遺伝暗号表の配列についてもう少し立ち入って見てみると，アミノ酸の配置は物理化学的な見地から見て，相当偏っています．例えば，暗号表の2文字目でRNAではウラシルU（DNAではチミンT）の列は，Phe（フェニルアラニン），Leu（ロイシン），Ile（イソロイシン），Met（メチオニン），Val（バリン）からなっていますが，これらはすべて水との親和性が低い疎水性アミノ酸です．これに対して，2文字目がアデニンAやグアニンGとなっているアミノ酸の多くは，水に親和性が高い親水性アミノ酸です．例えば，正電荷を持つArg（アルギニン），Lys（リジン），His（ヒスチジン）や，負電荷を持つAsp（アスパラギン酸），Glu（グルタミン酸）はすべてこのグループに入っています．1文字目で見ると，RNAではウラシルU（DNAではチミンT）の行は，Phe，Trp（トリプトファン），Tyr（チロシン）など疎水性で環状側鎖のアミノ酸とCys（システイン）という側鎖同士で共有結合（S–S結合）を形成するアミノ酸を含んでいて，その周りのセグメントを硬くするような性質を持っています．これに対して，1文字目がグアニンGとなっているアミノ酸は，Gly（グリシン），Ala（アラニン）などの側鎖の小さなアミノ酸を多く含んでいて，セグメントを柔らかくするような性質を持っています．ここでもアミノ酸の物理化学的性質に大きな偏りがあり，DNAの塩基配列とタンパク質の物理化学的性質には意外と単純な関係があるのです．これについては第V部で詳しく議論します．

1.6　生物を作る共通の原理はあるか？

ここまで生物に関する最も基本的な知識のいくつかを示しました．ここで生物を理解するために解くべき問題のほうを整理したいと思います．生物には大きな多様性があり，それらすべての生物は物質の状態として「生きるという状態」にあります．しかも，生物の個体は誕生と死を繰り返しているのですが，「生きるという状態」は途切れることなく，40億年近くつながってきました．しかも分子生物学的な解析によって，すべての生物は共通祖先を持つ同じ仲間であるということが明らかになっています．そこで「“生きるという状態”に対応する，すべての生物に共通の原理はあるだろうか？」という疑問が生まれます．この疑問自体をわかりやすくするために，すべての生物に成り立つモデル化を図1.8に示しました．

図1.8では，すべての生物に共通の4つの階層と，それらをつなぐ4つのプロセスが示されています．生物個体はすべて設計図に相当するDNA塩基配列を持っています（第1階層）．DNA塩基配列の中でタンパク質のアミノ酸配列を書き込んだ部分（コード領域と呼ぶ）から翻訳されたアミノ酸配列は，いわば分子素子の材料に相当します（第2階層）．次に，アミノ酸配列は生体高分子として細胞内で折れ畳まれ，柔らかい秩序構造を作り，機能するタンパク質となります．これは生物の部品と言えます（第3階層）．生物ゲノムのコード領域から作り出されるタンパク質の種類は，生物種によって数百～数十万です．それらの部品の集合が適切に組み合わされて生物個体（生物のシステム）ができ

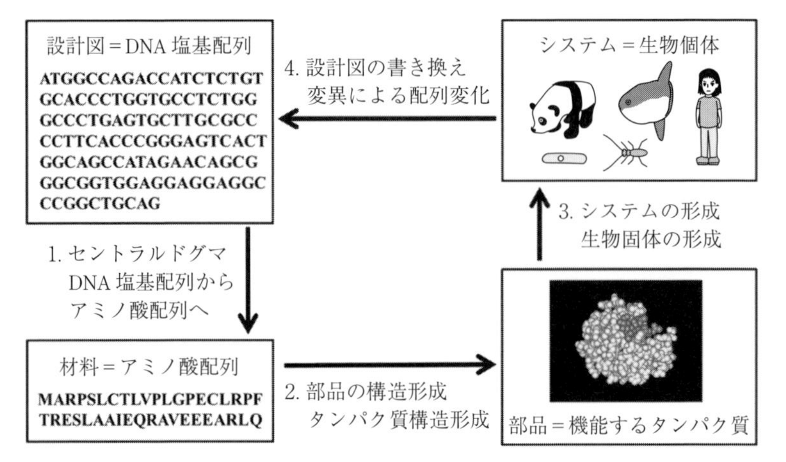

図 1.8　生物のモデル
すべての生物に共通な4つの階層と，それらをつなぐ4つのプロセス．(図の提供：一部，澤田隆介博士より．承諾を得て，改変．)

ます（第4階層）．生物の階層をこのようにまとめてみると，すべての生物はこのモデル化に当てはまり，原核生物からヒトのような高等生物まで共通です．

次に，生物の4つの階層をつなぐ4つのプロセスを考えます．最初のプロセスの「設計図から材料へ」は，すでに述べたセントラルドグマという形で，すべての生物に対して完全に標準化されていることがわかっています．これは生物の原理といってよいでしょう．問題は，残りの3つのプロセスが，どのくらい標準化されているだろうか？　ということです．先に提出した「“生きるという状態”に対応する，すべての生物に共通の原理はあるだろうか？」という疑問は，「この3つのプロセスについて，すべての生物に成立する標準化されたルールはあるだろうか？」という意味になります．以下，3つのプロセスについて考えてみます．

1.7　材料から部品へのプロセス

普通アミノ酸配列とタンパク質は同じものと考えられていますが，タンパク質と言えるのは，アミノ酸配列が折れ畳まれ，独自の動的構造を形成し，機能を示すときだけです（図1.9）．人間が作る機械でも，最近は高分子材料が使われることが多いのですが，それも機械の部品と言えるのは，きちんとした構造を形成し，システムに組み込まれたときに機能できる場合だけで，それ以前は単なる材料です．アミノ酸配列もそれと同じように合成されただけでは，あくまで材料に過ぎません．タンパク質の場合，アミノ酸配列と環境との相互作用によって，自己集合して構造形成するので，アミノ酸配列とタンパク質は同じものだというイメージができているだけです．

アミノ酸配列の情報とタンパク質立体構造の情報は，両方とも解析可能でデータベース化されています．最近はシーケンサーによってDNA塩基配列が容易に解析され，それを翻訳することでアミノ酸配列も簡単に得られます．図1.8に示したようにアミノ酸配列は，アミノ酸の1文字コードで記述され，タンパク質データベース（SwissProt，PIRなど）に蓄積されています．他方，タンパク質の立体構造は，X線結晶構造解析やNMR構造解析などによって解析されます．タンパク質の立体構造は，各原子の3次元座標を中心に，膜貫通領域や，2次構造，基質との結合部位，関連論文などの情報を加えて，タンパク質立体構造データベース（PDB）にまとめられています．

タンパク質アミノ酸配列のデータベースは，タンパク質の立体構造データベースよりはるかに大きいので，アミノ酸配列はわかっているが，立体構造はわかっていないようなタンパク質がたくさんあります．タンパク質の立体構造は，機能に適合した形をしている場合が少なくありません．例えば，細胞内外を通して低分子やイオンを通すチャネルというタイプのタンパク質には，中に孔が

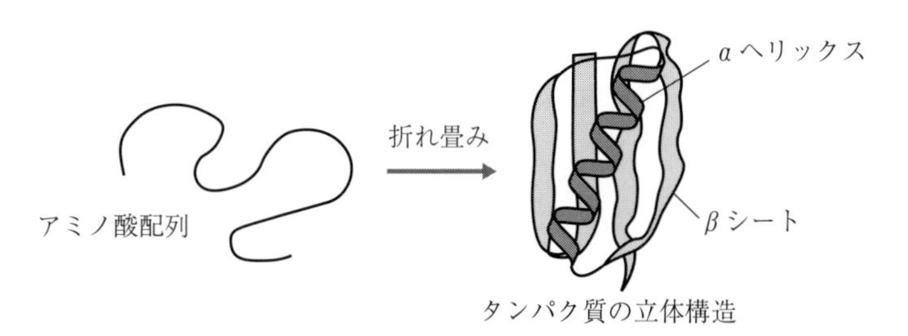

図1.9　タンパク質の折れ畳み
アミノ酸配列の折れ畳みによってタンパク質立体構造ができるプロセスのイメージ．

あります．また，酵素タンパク質では，基質分子を結合する分子認識部位があり，それらの多くは球状構造にある小さな谷間の部分にあります．このようにアミノ酸配列からタンパク質の立体構造の予測は，非常に重要な問題の１つなのです．

この問題に関連して，CASP（Critical Assessment of protein Structure Prediction）というタンパク質立体構造予測の国際コンテストが1994年から行われてきています．そもそもこのようなコンテストが行われる理由は，アミノ酸配列から立体構造へのプロセスの原理がわかっていないからです．もしセントラルドグマに相当するような原理が，タンパク質立体構造形成についても得られていたら，CASPというコンテストは必要ありません．CASPでは，タンパク質の立体構造予測，二次構造予測，タンパク質複合体の予測，機能予測，構造を取っていないディスオーダー領域の予測など，色々なカテゴリーがあります．また，立体構造予測でも，構造がわかっているターゲットのタンパク質との配列相同性によってホモロジーモデリングを行うカテゴリーや，第一原理からの予測（タンパク質の分子動力学など物理的な計算による予測）のカテゴリーなどがあります．CASPでは基本的にどのような方法を取ってもよいことになっていますが，アミノ酸配列の相同性を基本とした方法の成績がよく，第一原理による予測法はタンパク質の立体構造の原理としてまだ十分なものではありません．

このように図1.8におけるタンパク質立体構造形成のプロセスについて，高精度の予測ができる単純な原理があるかどうかは，現状ではまだ確定していません．これは次世代生物科学の中心課題の１つとなっています．

1.8　部品の集合から生物システムへのプロセス

21世紀に入り，生物のシステムが研究対象となってきました．生物の素子であるタンパク質は，別のタンパク質と結合して情報を伝達したり，基質である低分子と結合し，代謝反応を行ったり，DNA分子と結合して遺伝子の制御を行ったりします．生物のシステムを素過程に分解すると，おおむねタンパク質が他の分子と結合し，何らかの機能を果たすことに帰着されます．その素過程をパスウェイと呼び，複数のパスウェイによって，より高次の働きが生まれます．そして，多くのパスウェイで構成されるシステムをネットワークと呼びます．生物の働きによって，遺伝子ネットワーク，代謝ネットワーク，信号伝達ネットワークなどに分けることができます．生物の各システムのネットワークは，タンパク質，代謝物，DNA（遺伝子）などの相互作用で構成されていて，その入力と出力の関係（図1.10）をパスウェイの組合せとして明らかにする学問分野がシステムズバイオロジーです．

タンパク質同士の結合関係は，それぞれのタンパク質の機能を知らなくても質量分析その他の実験によって解析できます．そのようにして得られたネットワークは，タンパク質相互作用ネットワークです．それらは，相互作用するタンパク質（ノード）をエッジで結合する形でグラフ的に表現することができます．そして，ノードごとのエッジ数の分布（次数分布）を調べることによって，ネットワークを特徴付けることができます．ランダムネットワークでは，大半のノードが同じくらいの数のエッジを持っていて，非常にエッジの多いノードは少なくなっています．これに対して，スケールフリーネットワークでは，新しいノードが次々と追加されても，ネットワークの形状は変わらず，フラクタル性を持っています．このタイプのネットワークでは，エッジの少ないノードが多く，非常に多くのエッジを持っているノードが少数ながらあります．人間関係はスケールフリーネットワークと言われていますが，代謝ネットワークなどもこのタイプのものであることがわかってきています．

ネットワークを構成しているすべてのタンパク質について機能の反応が定量的に知られていると，細胞や生物個体に対して何らかの刺激の入力に対して，システムの挙動の出力がコンピュータのシミュレーションで得られるようにな

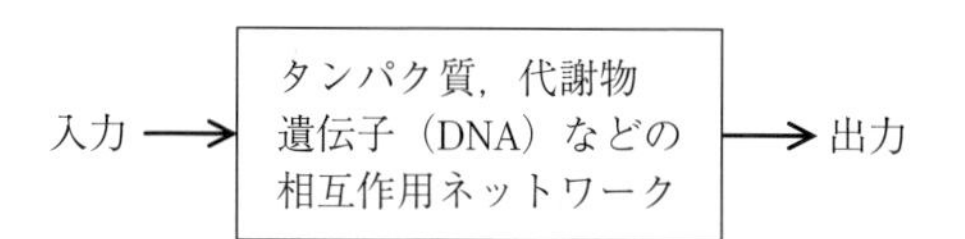

図1.10　生物システム
生物システム，あるいはその部分システムは，多くのタンパク質，代謝物などが相互作用してできている．要素間の相互作用はお互いよく調和が取れていて，システムの入力―出力関係を構成している．

るはずです．システムズバイオロジーの目標はそのようなコンピュータ・シミュレーションということができます．先に述べたとおり，生物の高次な構造や性質に原理があると考えるかどうかによって研究の目標が変わってきます．原理がないと考えると，分子的な素子であるタンパク質の機能の組合せをデータベース化し，それを用いてコンピュータ・シミュレーションで細胞や生物個体の構造・挙動を出力できることが最終目標となるでしょう．しかし，生物を構成するタンパク質や基質の数はとても多く，しかもその相互作用を考えると，シミュレーションの計算は膨大なものになり，事実上不可能なものとなります．実際の生物は，そのような困難には遭遇していないわけですから，この考え方には何か問題があります．

これに対して生物のシステムにも，形成の原理があるとすれば，その原理を解明することが最も大事な目標となります．現実の生物システムが示す調和の取れた反応のネットワークや，環境変化に対する高いロバスト性を見ると，生物システムに原理があるのではないかと考えたくなります．それでは，生物システムの原理は，どのように考えればよいのでしょうか？　生物のシステムは，有限の種類（数百～数万）のタンパク質が組み合わされてできています．そして，タンパク質のアミノ酸配列はDNA塩基配列によって書き込まれており，ゲノムのDNA塩基配列には世代交代のたびに変異が導入され書き換えられています．生物システムがどのように作られているかという問題は，ゲノムのDNA塩基配列に入る変異の仕組みの原理に帰着される可能性があります．つまり，この問題を考えるには，次節で説明する生物の設計図の書換えプロセスにどのような原理があるか？　という問題につながります．

1.9　生物の設計図の書換えプロセス

設計図という言葉には，一度決定したら容易には変更せず，それに基づいてきっちり製品を作るというイメージがあると思います．特に複雑な機械の設計図は一部に変更を加えると，思わぬところに影響が及ぶもので，よほど気を付けなければならなりません．しかし，最近のゲノム解析の結果を見ると，ゲノムは今まで考えられていたよりはるかに流動的なようです．例えば，細胞が分裂・増殖するときにある割合で複製の間違いが起こりますが，細胞内には分子装置（修復酵素）があり，複製の間違いを直しています．そこでは複製がどれだけ正確かということが強調されますが，現実の生物は，むしろゲノム配列を流動的に変化させることを前提とした生き残りの戦略を取っているようにも見えるのです（**図 1.11**）．

それではゲノム配列を変化させるような仕組みにどのようなものがあるか見てみましょう．「一塩基の置換」は，単独の塩基が別の塩基に変化したものです．1つの生物種の中で一定割合を超えて一塩基置換が見られる場合，それを一塩基多型と呼んでいます．ヒトゲノムの30億塩基の配列中では，数百万の一塩基多型があるようです．頻度の低いまれな一塩基置換は，さらに多く存在しています．「インデル」というタイプの変異は，複数の塩基が一度に挿入されたり，欠失したりするものです．ゲノムの一部を逆の配列にするタイプの変異があり，それは逆位と言われます．「重複」では，配列があたかもコピーペーストしたような形で縦方向の重複が起こっています．

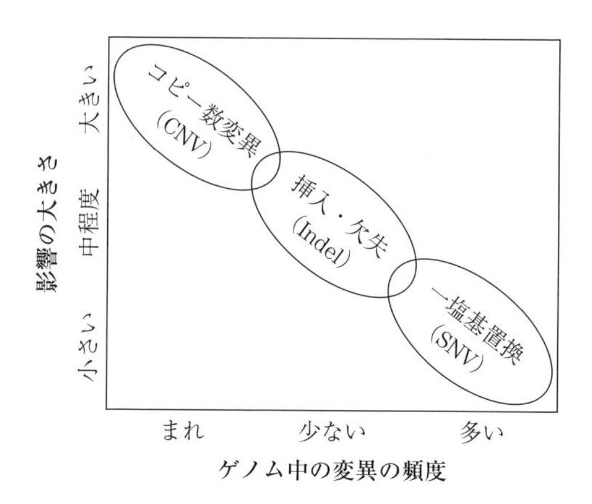

図 1.11　変異とその影響の相関

生物ゲノムは色々なタイプの変異によって変化していく．影響が小さい場合が多い一塩基置換から，影響が大きいが頻度は小さいコピー数変異まで，多様な変異の集積としてゲノムDNA塩基配列ができていて，それが生物の設計図となっている．この図は，頻度と影響の関係のイメージ図であって，個別には非常に影響の大きな一塩基置換なども存在している．

【出典】榊　佳之，菅野純夫，辻　省次，服部正平 編集，『ゲノム医学・生命科学研究　総集編』実験医学増刊号，**31**(15)，p.137，図3（2013）を改変．

ゲノムの流動性で目立つのは，動く遺伝子の単位です．トランスポゾンは，ゲノムの異なる場所に転移することができるひとまとまりのDNA塩基配列です．トランスポゼースと呼ばれる酵素がトランスポゾンの配列の転移を行います．トランスポゾンの多くは，挿入のときに数塩基の配列の重複を作るので，それがトランスポゾンの挿入の証拠となります．真核生物では大きな重複配列が見られますが，これもゲノムの流動性の1つと考えられます．例えば，線虫のC. elegansのゲノムは，近縁のC. briggsaeよりはるかに多くの7回膜貫通型のタンパク質を含んでいます．このタイプのタンパク質が，明らかに重複していると考えられます．

真核生物のゲノムでは，遺伝子の領域中に，イントロンと呼ばれるタンパク質にはコードされない配列が挿入されています．イントロンの出現は，多細胞生物の誕生とかなりよく相関していて，原核生物のゲノムにはイントロンが見られていません．また，真核生物でも単細胞の生物ゲノムの多くにはイントロンは見られません．これに対して，多細胞生物のゲノム中の遺伝子には，多くの場合イントロンが見られます．長い進化の間に，ゲノム配列にイントロンが体系的に導入されただけではなく，1つの遺伝子の中でイントロンの領域の取り方に多様性があり，色々なタンパク質が作られていることもわかってきました．これはオルタナティブ・スプライシングと呼ばれていて，ゲノムの発現の仕方にも流動性があるということがわかります．

これらは1つの生物種内での現象ですが，水平伝搬という現象もみられています．他の生物にあった遺伝子の領域が，ゲノム中に移動してくることがあるのです．ウィルスが宿主生物のゲノムの一部を取り込んで運んでいると言われています．実際，真核生物のゲノムには多くのウィルスから由来するDNA塩基配列が見つかります．組換えという現象は，すべての生物に見られますが，これもゲノムの流動性を高めていると考えられます．相同なDNA塩基配列の部位で組換えが起こるのですが，配列の相同性が完全でなくても組換えは起こるのです．

このように生物のゲノムは，従来から考えられていたように静的なものではなく，はるかに動的なのです．しかし，ゲノムが動的に変化するとすれば，その変化の仕方は動的に制御されなければなりません．環境の変化に対して適応できるようにするために，ゲノムの変化に対する動的な制御の仕組みが進化していると考えられます．生物ゲノムの中の非コード領域の割合が，生物の複雑化に従って増大してきていることは以前からわかっていましたが，非コード領域のDNA塩基配列の多くがRNAに転写されているということが最近わかってきました．その意味はまだ必ずしもわかっていませんが，ゲノムの変化に対する動的制御と関係しているかもしれません．いずれにしても，ゲノムのDNA塩基配列に対する変異が，何らかの意味で制御されているとすれば，制御の仕方がどのくらい標準化されているかということは，非常に興味深い問題です．

次世代シーケンサーって何？

シーケンサーは，塩基配列を決定する機器です．次世代シーケンサー（next-generation sequencer；略して NGS）は，塩基配列決定を行う機器の次世代版です．対比的な用語として旧世代シーケンサーという用語も存在します．これは第一世代（1G）に相当し，第二世代以降のシーケンサーを NGS と呼ぶようです．次世代というと未来の機器というイメージをもつかもしれませんが，多くの大学や研究機関に導入され，日常的に利用されています．現在は，旧世代から次世代へとシーケンサーの世代交代がほぼ終了しています．一部の読者は，現在においても NGS という単語が使われている状況に違和感があるかもしれませんが，すでに普及している名称の変更は簡単ではありません．

シーケンサーの発展は，ISDN・ADSL・無線 LAN（Wi-Fi）・光といった通信規格や速度の世代と比較するとわかりやすいかもしれません．これらはいずれもインターネット接続環境に関するものです．スマホ世代の読者の多くは，3G や 3.9G・4G のような通信規格の世代（G は世代を意味する generation の略です）番号で通信速度をイメージできるでしょう．現在の世代の主流は厳密には 3.9G の通信規格で，Xi・4G LTE・WiMAX というサービス名で提供されています．2015 年には，LTE-Advanced という LTE の次世代規格（4G）である高速通信サービスが提供され始めました．物事は進歩していて，一昔前には考えられなかったような高速・大容量通信が可能になっています．

NGS にもいくつかの世代があります．通信サービス同様，第二世代（2G），第三世代（3G）などの分類分けが存在し，世代が代わると得られるデータの質や量が変わってきます．塩基配列を決定する原理も変わっています．原理が変わると NGS 機器の大きさも格段に小さくすることができます．初期の NGS 機器は大型冷蔵庫以上の大きさでしたが，今日では USB メモリ程度の大きさになっています．コストも大幅に低下しています．例えば，数千億円かけて旧世代シーケンサーを用いて得られたヒトゲノムの配列決定には十数年かかりましたが，今では 10 万円程度かけて数分で終わる時代です．研究の高速・低コスト化によって，旧世代シーケンサーでは難しかった鳥インフルエンザやエボラウイルスなどのゲノム配列を簡単に決定できるようになりました．そのおかげで，その次のステップであるウイルス型の解析や，ワクチン・治療薬の開発にすぐに取り掛かることができるのです．また，骨髄移植や輸血などの際に重要となる赤血球や白血球などの血液型（HLA）を迅速かつ高解像度で行えるため，ドナー探しのコストを大幅に低減させることができると期待されています．また，薬剤過敏症となる可能性の高い患者をあらかじめ選別することで，薬の副作用をできるだけ抑えるような取組みもなされています．

門田幸二（東京大学 大学院農学生命科学研究科）

第1章のまとめ

1. 生物は階層的にできています．単細胞の原核生物とヒトなどの高等生物とでは，構造が非常に異なっているように見えますが，階層的にできているという意味ではすべての生物が類似しています．生物のそれぞれの階層を調べるには，それに対応した適切な観察技術が必要です．
2. すべての生物は細胞をユニットとしてできています．原核生物と真核生物では，細胞の大きさ，内部構造などでかなり違いがあります．真核生物が含む細胞内小器官（オルガネラ）には，核，ミトコンドリアなど共通性があります．
3. 生物は進化のプロセスで，複雑化かつ高度化しました．また，現在の生物の多様性は進化によって生み出されたものです．進化についての解析によって，すべての生物は共通の祖先から生まれたものと考えられています．
4. 生物は分子でできています．どんな複雑な生物の現象も，遡れば分子が引き起こす現象です．遺伝現象では，DNA 分子が遺伝情報のメディアとなっており，生体機能を担う分子はおおむねタンパク質です．
5. 生物は，4つの階層（設計図，材料，部品，システム）と，それらをつなぐ4つのプロセスによって，モデル化することができます．設計図は DNA 塩基配列，材料はアミノ酸配列，部品は折れ畳まれて立体構造を形成し機能するタンパク質，システムはタンパク質などが適切に組み合わされた生物個体です．
6. 生物の設計図である DNA 塩基配列から，生体機能を担う分子機械であるタンパク質のアミノ酸への変換には，セントラルドグマという標準化された仕組みがあります．またその変換ルールは遺伝暗号表に基づいています．
7. 材料から部品へのプロセスは，アミノ酸配列の折れ畳みによる立体構造形成です．立体構造を予測する単純な原理はまだ得られていません．
8. 部品の集合からのシステム形成のプロセスについては，21 世紀に入ってから研究が行われるようになったばかりで，まだ十分な理解に及んではいません．実際の生物のシステムは全体としても部分的にも，非常にロバストで，調和が取れています．

9. 生物ゲノムには流動性があり，各種の変異によって形成されています．一塩基置換，インデル（挿入・欠失），コピー数変異，オルタナティブ・スプライシングなどは，いずれも生物ゲノムによるシステム形成や個性の形成などに寄与していると考えられます．各種の変異の仕組みと，タンパク質の構造形成，システム形成などとの関係が，次世代の生物学における重要な課題です．

第2章 生物系ビッグデータのインパクト

過去における科学の大きな発展の背景には，ビッグデータがありました（図2.1）．古くは17世紀にニュートンが万有引力の法則を発見したところまでさかのぼります．その背景には，天文学のビッグデータがありました．ティコ・ブラーエという占星術者（天文学者）がひたすら空の星を観測し続け，それを引き継いだヨハネス・ケプラーが，天文学のビッグデータに基づき，惑星の運動を正確に説明できる法則（ケプラーの惑星運動の法則）を見出しました．それまで惑星の運動は太陽の周りの円運動だと考えられていましたが，ケプラーは，惑星の運動が太陽を焦点の１つとした楕円運動だということを示したのです．そして，アイザック・ニュートンが，太陽と惑星の間にいわゆる万有引力が働いていると考えれば，惑星運動を完全に理解できることを示しました．

そのおよそ2世紀後（19世紀）には，化学分野のビッグデータが蓄積される

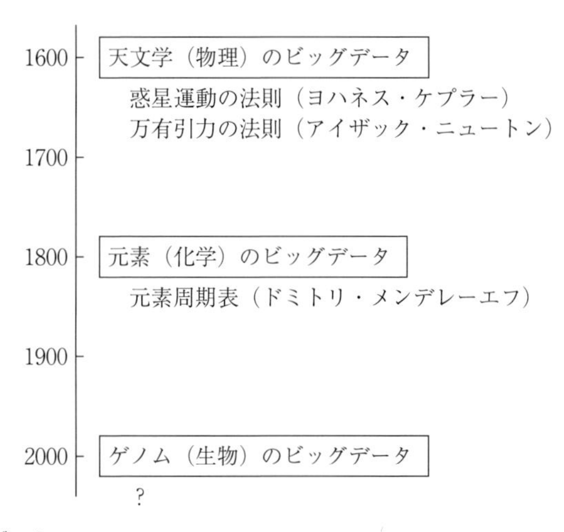

図2.1　ビッグデータ
科学におけるビッグデータとブレイクスルーの関係.

ようになりました．色々な物質は元素からできているということが明らかとなり，それらの元素について類似点や相違点のビッグデータが得られたのです．そして，ドミトリ・メンデレーエフが元素の周期表を発表し，化学に関するビッグデータを統一的に整理しました．それは後に量子化学によって基礎づけられることになりました．このように科学上の大きなブレイクスルーには，それを裏付けるビッグデータが蓄積されていることが多いのです．

それでは生物学の場合はどうでしょうか？　化学におけるビッグデータから，さらに2世紀後の現在（21世紀），従来までとは桁外れに大きな生物系ビッグデータが得られつつあります．前章の図1.8で示した生物の4つの階層（DNA塩基配列，アミノ酸配列，タンパク質の構造や機能，生物個体のシステム）と，それらをつなぐ4つのプロセスについての大量のデータが生産されつつあるのです．このことは，学問の歴史から類推すると，生物科学における新たなブレイクスルーが近いことを予感させます．本章では，次世代の生物科学を考えるうえで貴重な材料である生物系ビッグデータと，今後起こると予測される生物科学のブレイクスルーの方向性（モダンアプローチ）について述べることにします．あらかじめ断っておきますが，この章は考察が中心で，いささか哲学的になります．先に生物科学の知識をまとめた3～8章を読んだ後で，この章を第V部の第9，10章と一緒に読んでいただいてもよいと思います．

2.1　ゲノム配列情報は多様である

一次元のゲノム配列は一見単純のように思われますが，実は意味合いの異なる色々な情報を含んでいます．ゲノムに関連する配列情報を，3つの軸に分類して示したグラフが，図2.2です．図の x，y，z 軸は，それぞれ同一生物種中の全パーソナルゲノム（各個体が持つゲノム），生物界中の全生物種の平均的ゲノム，および各ゲノムにコードされている遺伝子（コード領域）の配列情報と非コード領域の情報を示しています．

したがって，x–y 平面は地上にいる全生物種・全個体のゲノムを示し，y–z 平面と x–z 平面は，さらにゲノム配列に意味付けを加えた情報の集合です．y–z 平面は，生物ゲノムの平均的配列に対して，コード領域の全遺伝子と，それ以外

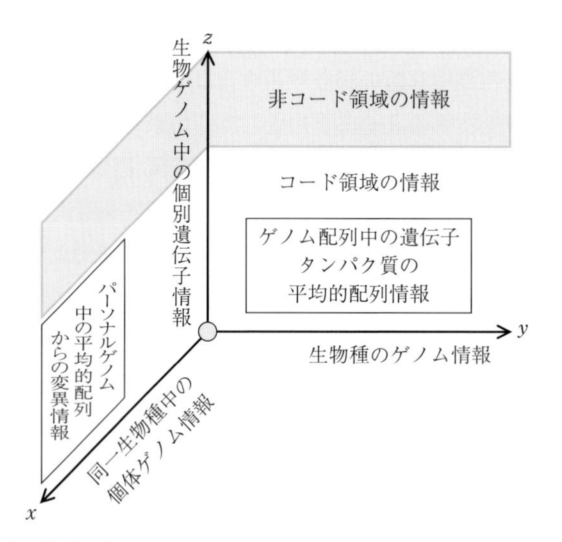

図 2.2　配列とビッグデータ

地球上の全生物個体のゲノム配列は，3次元空間に整理することができる（x：生物種内の全個体のゲノム；y：全生物種の平均的ゲノム；z：ゲノム中の全遺伝子情報）．これから問題となるのは，この空間の全体に成り立つ原理（秩序）を探索することである．

の非コード領域で生物的意味のあるユニットのすべてを展開した遺伝情報の集合です．遺伝子でも意味のわかっていないものがありますし，非コード領域で意味のわかっていない配列も少なくないので，それらの将来わかるはずの遺伝子情報も含めて，すべての情報を z 軸方向に展開したと考えてください．最後に，x–z 平面は，同じ生物種の個体のパーソナルゲノムに対して，コード領域における全遺伝子と，非コード領域における全配列を展開したものです．ただ，同じ種におけるパーソナルゲノムは，配列としては非常に類似なので（ヒトの場合は 99.9%は同じ），配列自体の集合というよりむしろ配列の変異の集合と考えたほうがわかりやすいかもしれません．図 2.2 における x–y–z 空間をすべて埋め尽くすだけの大量データが，（現実には難しいですが）私たちの視野に入ってきたということは本当に画期的なことです．

1990 年にスタートしたヒトゲノム計画以前も，配列情報は解析されていました．しかし，初期のデータの多くは図 2.2 の y–z 平面上の一点，つまり生物種の個々のタンパク質のアミノ酸配列や立体構造・機能などについての解析が中心でした．また進化の系統樹を解析する場合は，同じタンパク質のアミノ酸配列について複数の生物種のデータを比較し，その類似度から系統樹を得ていました．別の側面として，遺伝病の原因遺伝子変異の探索では，図2.2の*x*–*z*平面上で，ヒトの遺伝病と関係する配列中の1つの変異を探索していました．

これに対して，ヒトゲノム計画で考えられていたことは，図2.2のヒトの平均的なゲノム配列とそこに含まれるすべての遺伝子・アミノ酸配列を解析してしまうと同時に，モデル生物の全ゲノム（*y*–*z*平面全体）を解析するという画期的なものでした．もちろんすべての生物種についての解析は無理なので，進化における系統樹の分岐の意味がわかるようにモデル生物を選択し，それらのゲノム解析を行ったわけです．その後，高速シーケンサーの登場によって，ヒトゲノム計画当時に考えていたことをはるかに超える大容量のデータが得られるようになりました．非常に多くの生物ゲノムが解析できるようになっただけではなく，同一種（例えばヒト）のパーソナルゲノムにおける平均的な配列からのずれ（変異）の分布も解析できるようになりました．つまり，図2.2における*x*–*z*平面を埋めるようなゲノム解析も可能になってきたのです．

従来は，ゲノム解析のデータでもタンパク質のアミノ酸配列をコードした領域に重点を置いて情報解析されてきました．20世紀の間は，非コード領域には反復配列が多く，特に重要な役割はないと想像されていました．しかし，最近の解析によれば，非コード領域もおおむねRNAに転写されていて，重要な役割を果たしている可能性が示されています．また生物ゲノムの非コード領域の大きさを比較して見ると，原核生物では全体の10%程度に過ぎないのに対して，高等生物になるほど非コード領域の割合が多くなっています．ヒトゲノムの場合，非コード領域の割合は98%にも及んでいます．図2.2の*y*–*z*平面の全体，つまり非コード領域も含めて理解していく必要性が認識されているのです．他方，ヒトの健康・病気に関心がある医科学の研究者は，別の問題に直面しています．ヒトのパーソナルゲノムを解析していくと，全体の0.1%ほどで変異の多型が見出されます．そして，病気のリスクに関係するような変異の多くが非コード領域にあり，それらを含んだ多くの変異の組合せが多因子病のリスクを決定していると考えられるのです．病気のリスクと関係した変異の組合せを抽出する有効な情報解析法の開発は，難しいが非常に興味深い課題となっています．

2.2　生物と機械の違い！

前節では，生物の設計図である配列情報にも，色々な種類の情報があるということを述べました．それでは，生物系ビッグデータを有効に情報解析し，生物を理解するにはどうすればよいでしょうか？「生物は機械とはまったく違う！」とよく言われます．確かに色々な側面で，生物と機械は異なっています．しかし，生物を理解するためには，生物と機械の相違点をよく考えてみる必要があると思います．生物と機械が誰によって設計されているかということを考えてみます．図 2.3 を見てください．機械は明らかに人間のインテリジェンスによって作られています．最近の高級車は，色々な仕組みを組み込んでいますが，それはいきなりできたものではありません．車も進化してきており，これまで多くの優秀な技術者が設計図の追加や書き換えを行い，その結果として現在の車があるわけです．

それでは人間を含む生物の設計図は誰が書いたのでしょうか．この疑問に対

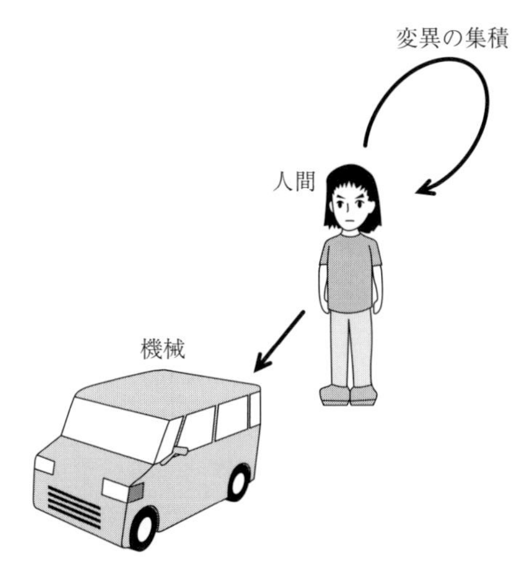

図 2.3　ヒトの設計図
機械の設計図は人間が作る．生物の設計図は変異の集積として作られている⁉

する答えとして，「神」を登場させると，そこで科学の発展は止まります．現代の生物科学者は，「生物の設計図はゲノムのDNA塩基配列であり，それは膨大な数の偶然的な変異が起こることで形成された」と考えています．しかし，実際に「進化のプロセスで配列に起こった膨大な変異がどのようなものだったか？」について，私たちはまだほんのわずかしか知りません．ただ，ごく最近になって生物系のビッグデータが得られるようになり，状況は大きく変わってきました．生物系ビッグデータは，生物個体全体を理解するための十分な情報を含んでいるはずだからです．これに対して，従来から行われてきた情報解析の方法は，個々の遺伝子やタンパク質を理解するには有効なのですが，生物個体や生態系の調和の取れたシステムを理解するにはあまり有効ではないように見えます．生物系のビッグデータが宝の持ち腐れとならないように，新たな情報解析の方法を考え出さねばなりません．設計図を十分読み込むことは，これからの課題なのです．

20世紀後半の生物科学では，生物を分子に分解し，それらの要素を一つひとつ詳細に調べることで，大きな発展が見られたということを述べましたが，ゲノムの全DNA塩基配列が得られた現在も，この要素還元的な考えの影響が強く残っています．生物全体における調和の取れた色々なプロセスを理解しようとするとき，ゲノムの全DNA塩基配列を遺伝子の単位に分解し，その意味を解明した後に，全体を再構成しようという，やはり要素還元的な考え方が主流なのです．この考え方はわかりやすいのですが，コンピュータによるシミュレーションで，要素から生物を完全に組み立てようとすると，コンピュータの能力が全然足りません．近い将来にそれが可能になる見込みもありません．しかし，生物自体は作るのに時間が足らないというような困難はなく，生きています．ゲノム配列は非常にスマートに書かれた設計図です．その姿かたちを作ったり，環境の変化に対して素早く応答したり，次の世代の個体を作ったり，より環境に適合した生物を進化させたりすることを，可能にするような設計図となっているのです．せっかくゲノム配列のすべてを手に入れられるようになったのですから，自然が作り出してきたスマートな設計方法をそこから素直に学ぶべきでしょう．

高級車のような高度な機械は，部品の設計図を用意しただけでは，全体を作り上げることはできません．全体の組み立てや，動的な挙動をあらかじめ設計しておかねばなりません．それと同じように，生物のスマートな設計図であるDNA 塩基配列を読み込むには，その部品である遺伝子を理解すると同時に，ゲノム全体をどう見るかという観点で，新しい解析の考え方を導入することが必要なのです．

2.3　ゲノムの配列空間はとても小さい！

生物ゲノムは，非常に特殊な性質を持ったDNA 塩基配列です．生物体は「生きるという状態」を取った物体（分子集合体）ですが，ゲノムDNA 塩基配列は，分子集合体が「生きるという状態」を実現するための設計図となっているのです．したがって，生物を理解するには，生物ゲノムがどのくらい特殊かを知ることが，まずは大事です．そこで，生物として生き延びることができない配列も含んだすべてのDNA 塩基配列を考え，その中で生物ゲノムがどのように位置づけられるかを考えてみます．DNA 塩基配列という設計図がどのくらいスマートにできているかを知るには，「全配列空間における生物ゲノムのランドスケープ（風景）」を考えてみなければならないというわけです．

まずヒトのパーソナルゲノムが現在どのくらいあるか考えてみましょう．それは地球上の人口だけありますから，およそ70億（7×10^{9}）個あるということになります．これに対し，生き延びていけるかどうかは別として，ヒトゲノムと同じだけの大きさの30億文字からなるDNA 塩基配列の組合せはいくつあるかを考えます．1つの塩基について4つの可能性（A，T，G，C）があるので，すべての配列は，$4^{3\times10^{9}}$個となります．この数は本当に膨大なものなので，ヒトゲノムの数は完全に無視できるくらいで，ヒトゲノムは無茶苦茶特殊な配列なのです．それでは次に，この数を地球上の全生物個体の数と比較してみます．もちろん全生物個体の正確な数はわかりませんが，それよりは小さいという不等号の形で数値を与えることができます．生物ゲノムの数は，地球を構成する原子の数よりはるかに小さいことは間違いないので，それを計算してみます．地球の半径は約6400 km，原子の半径は約0.1 nmです．その比は6.4×10^{16}となります．そうすると地球を構成する原子は，非常に大雑把ですが10の50乗となります．生物ゲノムの数は，この数よりははるかに小さいのですから，生きていけない配列も含めたすべてのDNA塩基配列の組合せの数（$10^{3\times10^9}$）に対して，全生物個体のゲノムの数はやはり無視できるほど小さいのです．配列空間のランドスケープにおいて，生きていける生物の配列は無視できるほど小さい井戸の中にあると言ってよいでしょう．言い換えると，生物ゲノムの配列は非常に特殊な配列で，配列空間のランドスケープから見ても考えられないほどスマートな設計図になっているのです．

図2.4は，ゲノムの配列空間のランドスケープをモデル的に示したものです．横軸は，$4^{3\times10^9}$という膨大な配列の空間を一次元に展開したものです．また，縦軸は生物が生きていけるゲノムと，生きていけないゲノムをプロットしたと考えてください．実際に生きていけるゲノムのサブ空間は本当に小さな領域で，本当はグラフの中で見えないくらいです．それを拡大してみたのが下のグラフです．もちろん生物には多くの種類があり，ランドスケープはこのような単純

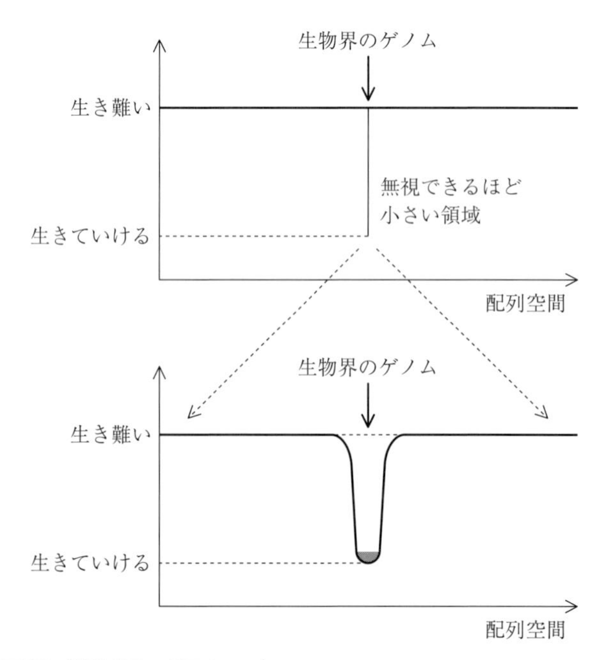

図2.4　配列空間におけるランドスケープ
DNA塩基配列の配列空間における生物界のゲノムは無視できるほど小さい領域である．

なものではありません．ただ生物ゲノムのランドスケープには大事な特徴があり，それをわかりやすく表現するために配列空間の谷間の底を平らにしてあります．

ある生物個体のゲノムは，それを生み出す親のゲノムに何らかの変異が加わってできています．数十億年に渡って，生物は次の世代の個体を生み続け，その度に少しずつ変異を加えてきました．そして，現在の生物個体のゲノムは変異の集積以外の何ものでもないのです．また生物が誕生して以来のすべての生物個体を考えてみると，親のゲノムに対して少しずつ変異が入ったゲノムを持っていて，それらは全体として配列空間の中でのランダムウォークとみなすことができるのです．

それらの変異には，さらに厳しい制約がかかっています．実際の変異のほとんどは中立なのです．つまり，生きていくという意味で有利でも不利でもない変異がほとんどです．これは変異の「中立説」と言われていて，大きな論争の後，現在では「中立説」が確立しています．巨大な配列空間の中で，無視できるほど小さな領域として，生物ゲノムの井戸ができていて，それを形成する変異のほとんどは中立なので，井戸の底はおおむね平らだということになります．**図 2.5** に示したように，ランダムウォークによって配列空間中の生物の井戸から外れた生物ゲノムは，生命を持った生物個体のシステムを形成することができず，死ぬ（生まれない）運命となります．それが配列空間における生物ゲノムの井戸の端を決めることになります．

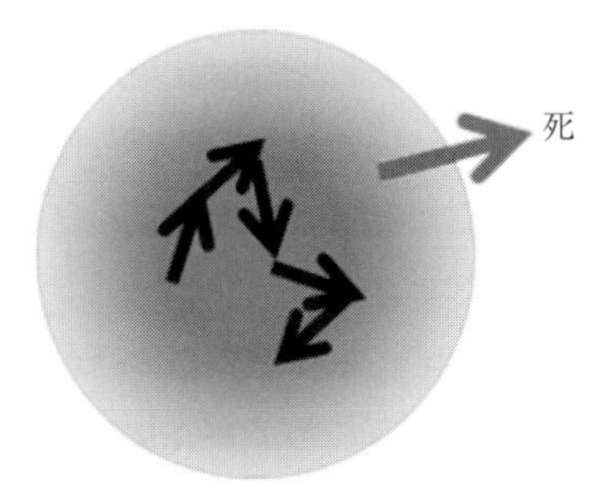

図 2.5　配列空間におけるランダムウォーク
生物個体のゲノム配列は配列空間中でのランダムウォークの各点に相当している．

次に，配列空間における井戸の端は，どのようにして形成されているかが問題となります．従来からの進化論では，「自然選択」が直接井戸の端を決めると考えています．つまり，「環境との相互作用で生き延びることができないゲノム配列は残らない」というメカニズムで配列空間の井戸ができるというわけです．ただこれに対して，まったく異なる考え方も可能です．配列の変異が細胞内の何らかの仕組みで制御されていて，それが井戸の端を決めているという考え方です．単純な自然選択で生物ゲノムの井戸の端が決まっているのか，あるいは変異に対する何らかの細胞内の仕組みが，配列空間の井戸の端を決めているかは，生物を理解するうえで本質的な問題です．しかも，配列空間の井戸がどのように形成されているかという疑問は，生物系ビッグデータから答えを抽出できる問題であり，次世代生物科学における最大の課題の１つとなるでしょう．

2.4　偶然性と必然性の関係

全ゲノムの配列が，生物に対する非常にスマートな設計図になっていて，それを構成する全遺伝子（全タンパク質のアミノ酸配列）の情報を書き込んでいるだけではなく，生物個体という生体システムの調和の取り方も設計しているということを述べました．そういうことを可能にしている生物ゲノムの配列空間は，可能な全配列空間の中ではほとんど無視できるほど小さな領域に過ぎないということも述べました．しかし，生物ゲノムの全体像を理解するには，もう１つ難しい問題について考えねばなりません．生物は次の世代の個体を作るときに，偶然的な変異をたくさん導入することがわかっています．つまり，配列空間の中で生物ゲノムは，ランダムウォークしています．これに対して，次世代の個体の姿かたちや性質には必然性があり，「カエルの子はカエル」です．この偶然性の集積による必然性の発生は，どのようにして可能になっているのでしょうか．単に生物個体レベルだけではなく，細胞レベル，生体高分子レベルのすべてで同じことが言えます．生物は，偶然性の中に必然性を組み込んでいるので，それを自然に理解できることが必要なのです．

実は，生物における「偶然と必然」の関係は，以前から難しい問題として科学哲学のテーマとなってきました．最終的に「神」を登場させて理解しようとする議論も少なくありません．しかし，偶然性の集積による必然性の発生というのは，色々な現象で実際に起こっているということを，まず理解していただきたいと思います．例えば，アーチェリーの競技を見てみましょう（図2.6A）．アーチェリーでは丸い的があり，できるだけその中心に当たるように矢を放ちます．1回の試技だけでは，矢はどこに当たるかはわかりません．しかし，ある程度の技術がある人がたくさんの矢を放てば，的の中心の周りに散らばることになるでしょう．そして，矢が当った位置の頻度をプロットすると，正規分布となります．この正規分布というのは，的のあるランダム過程の特徴です．つまり，正規分布であるという意味では偶然性が支配しているのですが，的の周りに分布するという意味で明確な必然性があります．一般論として，ランダム過程に的がなければ，的の周りに分布するということもなくなり，偶然性が完全に支配することになり，可能な空間に均等に分布することになります．これに対して，的のあるランダム過程では的の周りの正規分布が観測されます．

つまり，生物における設計図を考えるには，「生物における変異が，的のあるランダム過程か？　あるいは的のないランダム過程か？」ということが本質的

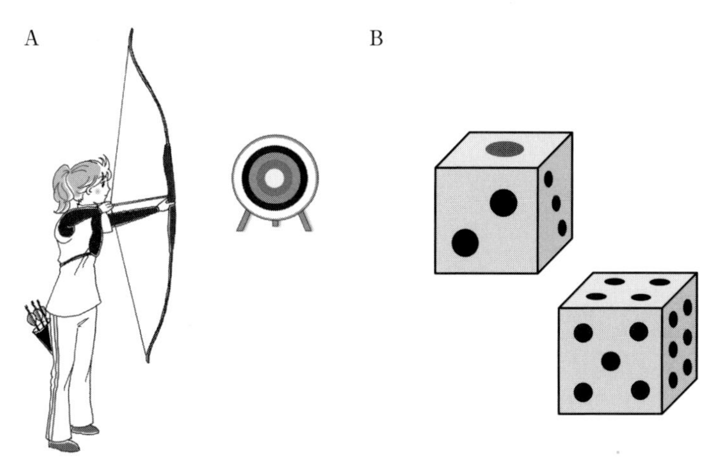

図2.6　弓とサイコロ
偶然性の意味を考えるうえでの比喩．アーチェリーの矢が当たった位置の分布（A）と，サイコロ（B)．サイコロでは，フェアなサイコロとイカサマのサイコロとで偶然性の意味合いが違ってくる．（図の提供：一部，加藤敏代氏より．承諾を得て掲載.）

な問題となります．しかし，「多くのゲノムの変異が的のあるランダム過程かもしれない！」という議論は，これまで体系的に行われたことはありません．科学史を思い起こすと，量子力学の発展の途上で，アインシュタイン博士は「神はサイコロを振らない！」と述べたそうです．今では量子力学的現象は本質的に偶然性を含んでいることがわかっています．科学の歴史を見てみると，基本的なところで誤解が生じることもあるのです．科学史のうえで，進化論も非常に多くの議論がなされてきています．その中で，生物の進化は遺伝子変異のサイコロを振る過程であるということは確立しています．したがって，生物における変異では，偶然性の意味合いが問題となります．先に述べた量子力学の場合は，サイコロを振っているかどうか自体が議論になったのですが，生物の変異の場合，それがサイコロを振る過程であるかどうかではなく，ランダム過程に的があるかないかが問題となるのです．

ちょっとしつこいかもしれませんが，「変異は的のあるランダム過程か？」という疑問についてもう少し考えます．的のあるランダム過程というのをサイコロで考えてみると，「サイコロを振る過程に的がある」というのは，「サイコロがイカサマだ！」ということと同じです．図 2.6B では，2 つのサイコロを示していますが，サイコロの目の配置が 1 の向こうは 6，2 の向こうは 5，3 の向こうは 4 という普通の配置で，すべての目が同じ 1/6 の確率で出るとすれば，そのサイコロはフェアなサイコロです．これに対して，1 の向こうは 1，2 の向こうは 2 など，手前と向こう側が同じ目だとしたらどうでしょうか．2 つのサイコロを振ったときに，ゾロ目（2 つのサイコロが同じ目になること）は絶対に出ません．さらにこの場合は，ゾロ目が出ないばかりか，必ず 3 以下と 4 以上の組合せしか出ません．完全にイカサマのサイコロです．つまり，このようなイカサマのサイコロを使えば，3 以下の目と 4 以上の目のペアしか出ないという非常に偏ったサイコロのペア（的のあるランダム過程）が簡単にできるわけです．

ここで問題を DNA 塩基配列の変異に戻してみますと，DNA 塩基配列は 4 つの目（A，T，G，C）からなるサイコロのようなものです．自然が細胞内に何らかの分子装置を作り，そのサイコロの振り方（遺伝子変異）に偏りを起こすようになっているとしたら，生物における遺伝子変異は「的のあるランダム過程」だということになります．実際の生物ゲノムに対する変異が，フェアなサイコロか，イカサマのサイコロかという問題をあらかじめ知っていないと，生物ゲノムの本当の解析法を開発できないということは直感的にわかっていただけると思います．

しかし，問題提起がこのような形になると，誠実に研究を行っている研究者は，非常に強い抵抗を感じるかもしれません．研究そのものにねつ造があったと疑われたら，研究者生命は永久に失われます．ですから研究は厳密に再現性を確認し，理論的な整合性をしつこく考察します．そのような日常的な性癖の中で，研究者が「まさか自然の過程でイカサマはないだろう！」と思い込んでも不思議ではありません．また，20 世紀には，「遺伝子変異は的のあるランダム過程かもしれない」と思っても，それをチェックするだけの十分なデータがありませんでした．しかし，今は違います．生物系ビッグデータは，それをチェックできるだけの大容量の情報を含んでいます．研究者の倫理の問題とは無関係に，現実の生物ゲノムに対する変異がフェアなサイコロなのか，イカサマのサイコロなのかを解明することは，原理的には可能な状況です．それで次に，「遺伝子変異に的がない場合と的がある場合の違いが，生物系ビッグデータにどのように反映されるだろうか？」という疑問について，考えてみます．

2.5　遺伝子変異におけるランダム過程とビッグデータ

的がなく完全にランダムな変異に対する自然選択という進化メカニズムと，的のあるランダム変異による進化メカニズムが，ゲノム形成という観点からどう違うかを図示したのが，**図 2.7** です．図 2.7A は，ゲノム中の個々の遺伝子に対して「環境からのプレッシャーによる自然選択」が働いているという考え方です．これが進化のプロセスに対する考え方として，現在一般に認められています．この考え方の場合，個々の遺伝子とその変異の数は膨大で，環境の多様性はさらに大きいので，単純な原理を期待することはとても難しくなります．これに対して，図 2.7B は先にも述べた的のあるランダム変異によって配列が変化していくプロセス，言い換えれば，「細胞内の仕組みによる変異の偏り」によって配列が変化していくプロセスです．この場合は，細胞内の変異の偏りを作る仕組みが，自然選択によってできていて，それが個々の遺伝子全体に網をかける形で制御しているというわけです．そして，図 2.7B 中の網掛けをした部分は，全生物に共通の仕組みによって起こるプロセスなので，ゲノム配列の中に何らかの原理が見出されることになります．これを情報科学的に言えば，「生物は環境を教師として細胞内の変異制御システムが学習する学習機械」と言うことができます．そうすると生物の進化は，非常に高度な学習機械によって起こることなので，個々の変異はすでに学習が済んだ仕組みによって生み出されることになり，このプロセスの制御は「フィードフォワード」制御と表現することができると思います．

もしこのように遺伝子変異のプロセスが「フィードフォワード」制御によって起こっているとしたら，ゲノムのビッグデータの解析にどのような違いが生

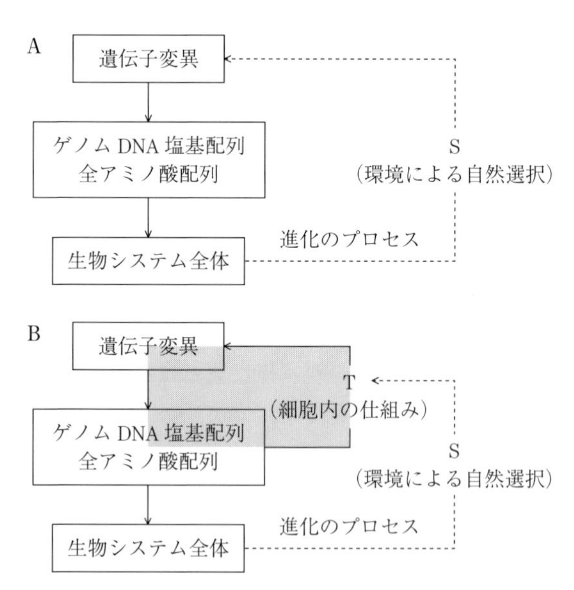

図 2.7　細胞内の仕組み
進化のプロセスにおける環境による自然選択（S）の役割についての２つの考え方．A：個々の遺伝子変異が自然選択を受けているという考え方．これは「自然選択によるフィードバック」モデルと言える．B：個々の遺伝子変異は細胞内の仕組み（T）によって体系的に偏っているが，その仕組みは環境による自然選択によって進化したという考え方．これは「細胞内の仕組みによるフィードフォワード」モデルと言える．

まれるでしょうか．もし変異を偏らせるような細胞内の仕組みがあったとすると，つまり「細胞内の仕組みによるフィードフォワード」によって変異が導入されているとすると，遺伝子変異の偏りは環境によらず，また生物種にもよらず非常に体系的なものになるはずです．これに対して，遺伝子変異の偏りが自然環境によって選択されているとすると，つまり「自然選択によるフィードバック」によって変異ができているとすると，遺伝子や環境には非常に多様なものがあり，変異の起こり方を簡単に予測することはできません．そして，少なくとも極限環境生物と通常環境生物での変異の偏りは，フィードフォワード説とフィードバック説で大きく違ってくると予測されます．フィードバック説が正しければ，極限環境生物と通常環境生物での変異の偏りは，相当違うものになることが予測されますが，フィードフォワード説が正しければ，変異の偏りを生み出す仕組みが同じですから，多様な生物ゲノムにおける変異の偏りは同じとなるでしょう．現在は１つの生物のゲノム（ヒトゲノム）に集中して研究が行われていることが多くなっています．しかし，それよりはるかに多くの生物ゲノムのビッグデータ全体を比較検討することが，ヒトのシステムのみならず生物システムの成立を理解するうえで非常に重要だと考えられるのです．

2.6　配列と物理の関係

前節で述べたように，変異の偏りが生物ゲノムによらず（生物の環境によらず），体系的であるかどうかを調べることは非常に大事なのですが，その方法については十分注意を払う必要があります．ゲノムの DNA 塩基配列やアミノ酸配列をデータベース化するとき，文字のテキストとして記述されます．しかし，細胞内の分子装置は，配列を必ずしも文字として認識していません．例えば，DNA とタンパク質の結合では，分子間の静電的な相互作用が寄与していますが，それは個々の塩基やアミノ酸というよりもう少しぼやっとした認識です．また，膜タンパク質が膜に埋め込まれるときには，個々のアミノ酸ではなく，ある程度大きな領域が疎水性のクラスターを形成していなければなりません．そのように，ここで注目する細胞内分子装置が，もし相手の分子の物理的性質を認識しているとすれば，変異の偏りのあり方も配列の物理的性質の分布に注目して解析するべきです．細胞内に変異を偏らせる仕組みがあるとしても，「その要因は何か？」についての正しいイメージを持っていないと，全ゲノムのビッグデータの解析から，ランダム変異の《的》を明らかにすることはできないからです．

そのことを理解してもらうために，ここで1つのグラフ（図2.8）を示しておきたいと思います．このグラフは，生物ゲノムから得られるすべてのアミノ酸配列（全タンパク質）が，平均としてどのくらいの疎水性を持っているかを調べたものです．横軸には生物ゲノムの遺伝子数，縦軸にはゲノムからの全アミノ酸の平均疎水性をプロットしてあります．このグラフは，原核生物から真核生物のヒトまでのさまざまな生物について，ゲノムからのすべてのタンパク質のアミノ酸配列について平均疎水性を計算したものです．つまり，各生物が持つタンパク質がどのくらい水に親和性があるかについて，全体の平均を示しています．疎水性インデックスの平均値は，真核生物ゲノムでは－0.4の周りにあり，原核生物では－0.3～0.1の範囲にあります．つまり，それぞれの生物集

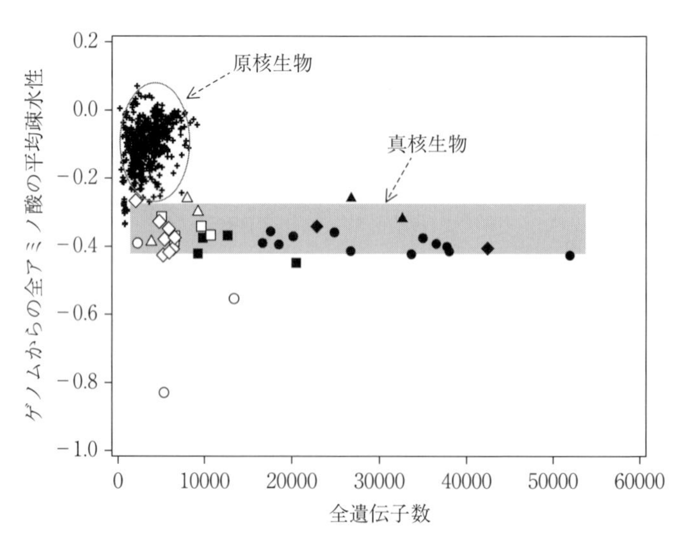

図2.8　ゲノムの平均疎水性

生物ゲノムから得られる全アミノ酸配列の平均疎水性は，原核生物と真核生物で明確に分かれている．配列の物性分布が体系的に異なることは，ゲノム配列の物性を制御する仕組みがあることを示唆している．（図の提供：澤田隆介博士より．承諾を得て掲載．）

団で特有の疎水性を持っていることがわかります．

図2.8は，2つのことを示唆しています．第1に，ゲノムに書き込まれた個々のアミノ酸配列（タンパク質）の平均疎水性はばらついているのですが，ゲノム全体の平均疎水性を求めてみると，非常に体系的な傾向があるのです．ここでプロットしてある生物には，極限環境微生物なども多く含まれているのですが，それらも通常環境微生物と大局的には同じ傾向になっています．つまり，個々の遺伝子やタンパク質の解析だけでは見えないゲノム全体のルールがありそうなのです．第2に，ここで解析したのは疎水性という物理化学的な性質だということも大事なポイントです．疎水性インデックスというのは，電荷ほどきちんと定義されたパラメータではないのですが，水との親和性を表現するパラメータとして確立していて，タンパク質の構造形成や分子認識で非常に重要な性質であることがわかっています．生物ゲノム配列に対する変異の偏りを解析するときにも，このような物理化学的なパラメータを用いる必要があると考えられるのです．

これまでの生物科学は，個々の遺伝子あるいはタンパク質の立体構造や機能に注目して非常に精緻にできた生物のシステムの姿を解明してきました．しかし，なぜそのような精緻な生物システムができたかという疑問については，ほとんど触れることなく進んできたように思います．しかし，図2.8で垣間見える生物システムの姿は，今後の生物科学の進むべき方向を示していると考えられます．第1に，生物システム全体の調和を理解するには，ボトムアップのアプローチで生物を分子レベルから組み立てるという考え方だけではなく，設計図であるゲノム配列全体がどのように作られてきたかを考えるトップダウンのアプローチが必要です．第2に，配列を解析するときに，単なる文字配列とみなすのではなく，配列の持つ物性の分布が，ゲノム全体として制御されているということを，配列の情報解析に取り込む必要があるのです．

2.7　複雑な生物系のシミュレーション

生物は，言うまでもなく複雑かつ多様です．そうした複雑かつ多様な現象を再現する方法として，計算機によるシミュレーション手法が用いられます．生物の複雑さの大きな特徴として，深い階層によってシステムが形成されているということがあります．このような階層的で複雑な系のシミュレーションには，普通は粗視化という考え方が用いられます．例えば，循環器系を巡る血液の流れのシミュレーションをするのに，血液および血管を構成する細胞のすべての分子をユニットとしてシミュレーションをするのは現実的ではありません．血しょう部分を連続体の液体と考え，血球や血管の表面は変形可能な連続体の粘弾性物質と考えるのが適切でしょう．つまり，それらを構成する分子は塗りつぶした粗視化を行うことで，かなりよいシミュレーションが可能となります．

1つのタンパク質の立体構造を予測する問題でも，同様のことが言えます．タンパク質は数千程度の原子からなっていて，非常に大きな分子なのですが，原子間の相互作用をすべて取り込んだシミュレーションが不可能ではありません．そこで，タンパク質を囲む多くの水分子も含めた分子動力学シミュレーションも行われますが，立体構造予測という観点から見ると，当たることもあり，当たらないこともあるという結果です．つまり，信頼できるタンパク質の立体構造予測には，まだこの種のシミュレーションは使えないということになります．

ただ粗視化という観点から，次のような興味深いことがわかっています．タンパク質のアミノ酸配列を数残基ごとのフラグメントに切り出し（コンピュータ内でのことですが），同じアミノ酸配列断片を立体構造のわかっているタンパク質から検索し，それをつなぎ合わせることで意外と正しい立体構造が予測できるというのです．断片の大きさや配列上の位置の取り方，検索するタンパク質のデータセットなど，これも容易な解析法ではないと思いますが，これを抽象化すると，タンパク質の構造には数残基程度の大きさのユニットがあると考えることができます．第3章では膜タンパク質の構造について，アミノ酸配列の物性分布を数残基程度のフラグメントに粗視化することで高精度に予測する方法を示します．また，第4章では水溶性タンパク質の立体構造の中で二次構造を壊しやすいフラグメントを，やはり数残基程度のフラグメントに粗視化し，物性分布を解析することで高精度に予測する方法を示してあります．このように生体の巨大分子も，分子に沿った物性分布の粗視化を用いて予測やシミュレーションが可能となると考えられるのです．図2.9は，シームレスにシミュレーションを行うのに適切と考えられる粗視化のユニットを示しました．

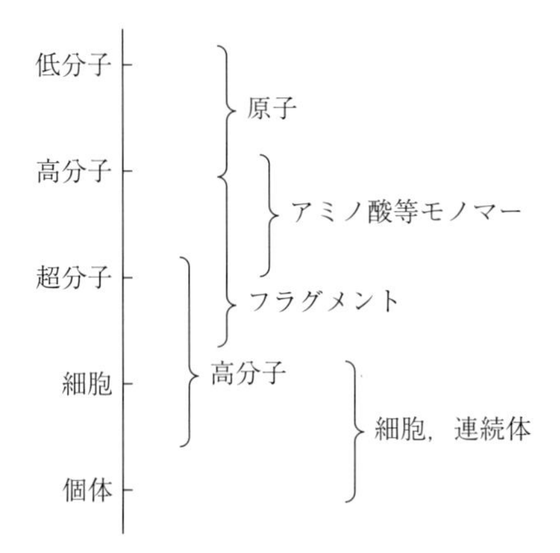

図 2.9　シミュレーションで用いるべきユニットのスケール
生物の現象におけるシミュレーションの粗視化のユニットの大きさ．各現象によって，それを理解するための適切なユニットの大きさは変わってくる．

さて前節では，生物の進化や多様化には，ゲノム配列に対する自然選択（環境からの影響）だけではなく，細胞内の仕組みによる遺伝子変異の集積も大きく影響しているという可能性について議論しました．それでは進化におけるゲノム配列の変化のシミュレーションはできるでしょうか．もちろん現状では，1つの細胞のシミュレーションが難しいのですから，生物の実体がどのように進化し，多様化していくかということのシミュレーションは無理です．しかし，ゲノムの配列の変化は，意外と単純な問題かもしれません．もちろん自然選択による生物の進化を考える限り，そのシミュレーションはできません．自然選択というのは，ゲノム配列が決まった後に，実体としての生物ができ，それがさまざまな環境の中で生き延びるかどうかということによるフィードバックです．したがって，実体としての生物のシミュレーションができない限り，自然選択のシミュレーションは不可能です．しかし，細胞内に遺伝子変異の偏りを作る仕組みがあるということが，生物の進化や多様化の主なメカニズムだとすれば，そのシミュレーションは可能となるでしょう．それにつながるような研究成果を第9章で紹介したいと思います．

第2章での議論は，かなり読みづらく厄介なものだったのではないかと思います．しかし，生物科学の知識を説明する第Ⅱ～Ⅳ部（第3～8章）の前に，生物の最も基本的な問題についての仮説を示しておきたかったのです．現在の生物科学の知識体系にも，実は色々な疑問や未解決問題が残されています．それらと第２章における仮説との関係は第Ｖ部で詳しく議論したいと考えています．

生物学にはどんなデータがあるの？

生物学にはいろんな種類のデータがあります．データ量として一番多いのは，遺伝子の塩基配列データです．次世代シーケンサーで解読された塩基配列は，公共データベースに登録されているものだけでも2015年5月現在で約2.3ペタバイト（ペタはテラ（T）の1000倍）にもなっています．これらのデータは生物種ごとや実験手法ごとにデータが整理され，誰でも自由に利用できるようになっています．なかでもゲノム配列はまとめて整理され，ゲノムブラウザと呼ばれるツールから自由に閲覧できるようになっています．

ゲノム配列に加えて，転写されたRNAの量を測った遺伝子発現量のデータも生物学の研究にとって重要です．山中伸弥先生のiPS分化誘導4因子発見の糸口となったのは，この遺伝子発現量のデータを活用したことでした．

多くの遺伝子はタンパク質をコードしており，コドン表に基づいて塩基配列を翻訳していくことによりアミノ酸配列の並び（タンパク質一次構造）が予測できます．このアミノ酸配列データのほかにそのタンパク質がどういった機能を持つのかといった情報も，遺伝子の分子的な機能やどのような生物学的なプロセスを担っているか，細胞内局在などの観点からデータベース化されています．そして，そのタンパク質の三次構造（立体構造）データも，その構造が発表された論文や結合している低分子化合物などの情報とともに日々データベースに収録されています．

論文に関して，その要旨の部分が昔から米国NIHのPubMedというデータベースに収録されてきました．最近では図や表を含めた論文全文のデータもPubMedCentral（PMC）として加わり，誰でも利用可能です．

利用可能なデータベースには論文発表されていないデータも多数収録されており，発見の宝庫となっています．例えば，タンパク質をコードしていないノンコーディングRNAと呼ばれる生体内で大事な機能を担っているかもしれないが，現時点ではまだそのしくみが未解明のRNA分子がそれです．転写されたRNA配列データ中にノンコーディングRNAは含まれているはずなのですが，それをどう使って見つけるか，それ自体が研究になっている状況です．データがたくさん蓄積していっている今，それらをうまく使った研究によって，今後も山中先生の発見のような新しい発見がきっと生まれていくことでしょう．

坊農秀雅

（情報・システム研究機構 ライフサイエンス統合データベースセンター）

第2章のまとめ

1. 科学の歴史を見ると，関連するビッグデータに基づいて，基本的な法則が見出されることが少なくありません．21 世紀に入ってから，生物系ビッグデータが生み出されつつあります．そのきっかけは高速シーケンサーが開発され，DNA 塩基配列が大量に解析され，多様な配列情報が得られるようになったためです．それによって生物科学の大きなブレイクスルーが期待されます．
2. DNA 塩基配列は生物の設計図となっています．そこには部品であるタンパク質のアミノ酸配列の情報が書かれていますが，それだけではなく生物全体の組み立てや動的な挙動などの情報も書かれています．DNA 塩基配列は非常にスマートな設計図となっていて，それを解明することが今後の情報解析の主な課題となります．
3. 生物として生き延びることができるゲノム配列と，生き延びることができない DNA 塩基配列を比較すると，配列の可能な全組合せの中で，生物のゲノムは完全に無視できるほど少なく，生物ゲノムは非常に特殊な配列です．つまり，ゲノム配列は非常にスマートな設計図なのです．そして，次世代の生物個体を作るときに起こる遺伝子変異は，配列空間の中のランダムウォークとみなすことができます．
4. 生物では，遺伝子変異という偶然性のプロセスと，確実に次世代の個体が形成されるという必然性のプロセスが本質的に組み合わされています．このことから，《的のあるランダム過程》によって生物ができているという仮説が生まれます．
5. もし生物ゲノムの変異が，《的のあるランダム過程》だとすれば，それは変異の起こり方が体系的に偏っていることに相当します．このことを生物系のビッグデータから確かめることが，次世代の生物科学の大きな課題となります．
6. ゲノム配列からの全アミノ酸配列の平均疎水性を解析してみると，原核生物と真核生物で体系的な違いが見られます．遺伝子変異に何らかの制御があるのではないかということを示唆しています．また，遺伝子変異の偏りを調べるときに，アミノ酸配列の物性分布の解析が必要だということを示しています．

7. 生物に見られる複雑な現象を理解するのに，シミュレーションが有力な手法となりますが，生物の階層に対応して，対象としての現象のユニットを適切に変化させ，粗視化のシミュレーションを行う必要があります．変異を《的のあるランダム過程》と考えるモデルでは，進化におけるゲノム配列の変化をシミュレーションすることが可能となります．

第I部の演習問題

1. 生物に関する原理が，意外にも19世紀のある一時期に集中して報告されている．以下の人名をキーワードとして，どのような生物の原理に関する研究が，何年に報告されたかをまとめよ．

① チャールズ・ダーウィン
② ルイ・パスツール
③ グレゴール・ヨハン・メンデル
④ フリードリッヒ・ミーシャー
⑤ ピエール・ポール・ブローカ

2. 生物は階層的にできていて，それによって高度な複雑さと秩序を併せ持つことができる．生物の階層構造についての以下の記述で，正しいものはどれか？（1つとは限らない）

① 真核生物は階層的にできているが，原核生物は階層的ではない．
② 細胞内部には階層構造がない．
③ 生物の階層構造は，ゲノムのDNA塩基配列で設計されている．
④ 生物のすべての階層を観測するには，光学顕微鏡があれば十分である．
⑤ 生物の階層構造は，宇宙の階層構造の一部である．

3. 地球誕生の10億年後には，生物がすでに存在していたと考えられている．その後，何段階かの大進化が起こり，より複雑化・高度化した生物が生まれ，それらが多様化した．生物の大進化についての以下の記述が正しいものはどれか？（1つとは限らない）

① カンブリア大爆発というのは微生物の大繁殖である．
② 地球大気中の酸素が増加し，二酸化炭素が減少したのは，光合成を行う

ラン藻類が誕生したからである.

③ 生物の歴史には，5 回の大絶滅時期があったと言われているが，それらはすべて大隕石の衝突が原因とされている.

④ 現在のすべての生物は 1 つの共通祖先から進化したと考えられる.

⑤ 人類は生物進化の初期からいた.

4. 生物についての分子レベルの重要な研究は，20 世紀中頃にノーベル賞を受賞している．以下の人名についてどのような研究が，いつノーベル賞を受けたかまとめよ.

① ジェームス・ワトソン，フランシス・クリック，モーリス・ウィルキンソン

② ハーゴビンド・コラーナ，ロバート・W・ホリー，マーシャル・ニーレンバーグ

③ マックス・F・ペルーツ，ジョン・ケンドリュー

④ フランシス・ジャコブ，ジャック・モノー

⑤ アンドリュー・F・ハクスリー，アラン・ロイド・ホジキン

5. 遺伝情報の流れを表すセントラルドグマによれば，DNA の塩基配列の遺伝子領域が RNA 塩基配列に転写され，それが遺伝暗号表に基づき，アミノ酸配列に翻訳される．3 塩基を 1 つの単位（コドン）として翻訳される理由は，塩基が 4 種類に対してアミノ酸が 20 種類だからである．このことについて以下の問いに答えよ.

① コドンが 3 塩基で構成される理由を論理的に説明せよ.

② 遺伝暗号表におけるアミノ酸の配置を見ると，アミノ酸の物理的性質が表中で偏っているが，その理由を科学的に推論せよ.

6. ゲノムの DNA 塩基配列に対して変異が入るということは，生物の設計図を書き換えていることに相当する．この生物の設計図の書き換えについて，

正しい記述はどれか？（1つとは限らない）

① DNA 塩基配列に対する変異は，ランダム過程である．

② 遺伝子の変異に対して，修復酵素があり，完全に修復されている．

③ 生物のゲノム塩基配列は，人が遺伝子組換え技術で作り出したものである．

④ ゲノムの DNA 塩基配列が生き残るかどうかは，環境条件によって選択されているが，それぞれの遺伝子が個別に選択されている．

⑤ ゲノム配列から遺伝暗号表を通して全アミノ酸配列に翻訳すると，配列の物性分布に秩序が見られる．

第Ⅱ部 生物の分子的実体

生物は分子でできています．遺伝子の本体はDNA分子であること，DNA塩基配列が最終的にアミノ酸配列に翻訳されること，それが立体構造を形成しタンパク質となって生体機能を担うこと，多様なタンパク質が適切に組み合わされて生物個体ができていることなど，生体分子に関する多くのコンセプトが，20世紀中頃に確立しました．そして，これらのコンセプトを拠りどころとして，さまざまな生物現象の原因となる分子や分子複合体の探索が進み，それらの立体構造に基づく機能の解析も行われるようになりました．分子生物学や生物物理学などの，分子に根差した学問分野も，この時期に急速に発展しました．また，20世紀末頃以降のノーベル賞の多くが，生体分子複合体の発見とその構造解析を理由としています．これらのことは，生物を構成する生体分子や分子複合体の世界の奥深さを垣間見せてくれています．

最近の研究によれば，生体分子や分子複合体の立体構造は，決して静的なものではなく，柔らかく動的なものだということが明らかになっています．生体物質の柔らかさの典型的な例は，生体膜の流動性です．生体膜の流動性は，疎水性相互作用という水と両親媒性分子が共存したときに起こる独特な分子間相互作用による現象です．疎水性相互作用は，タンパク質内部などでも重要な役割を果たしていて，生物体を形成する物理的メカニズムを考えるうえで欠かすことができません．DNA二重らせん構造は塩基対の水素結合で形成されています．また，生体エネルギーを担う高エネルギー物質（状態）では，静電相互作用が重要な役割をはたしています．これに対して，タンパク質の構造形成では，それらの相互作用のすべてが組み合わされていて，非常に多様な構造のタンパク質が存在しています．

第Ⅱ部では，生物を構成する分子，その動的構造，および構造を形成する分子間相互作用について述べます．

第3章 ダイナミックな生体膜

細胞に必ず存在する構造体の1つは，生体膜です．細胞内部には，DNAや多様なタンパク質があり，調和の取れた生化学反応のプロセスを行っていますが，それらを細胞の領域に閉じ込めているのが細胞膜です．したがって，すべての細胞は細胞膜を持っています．細胞には，色々な形態のものがありますが，それは細胞膜が非常に柔軟であることから可能になっているのです．細胞膜は，分子量数百の脂質分子と分子量数万程度の膜タンパク質からなっています．図3.1は生体膜のモデル図で，脂質二層膜と膜タンパク質の関係を示したものです．脂質二層膜は，一様な厚さを持った2次元の膜で，膜タンパク質は脂質二層膜に埋め込まれた機能分子です．膜タンパク質の代表的な機能は，情報伝達，物質輸送，エネルギー変換などです．

生体膜は，多様な脂質分子と膜タンパク質からなっていて，複雑な構造体なのですが，すべての膜は安定した2次元の構造を形成していて，膜面内で分子が拡散できるという独特の動的性質を示します．本章では，生体膜の独特の動

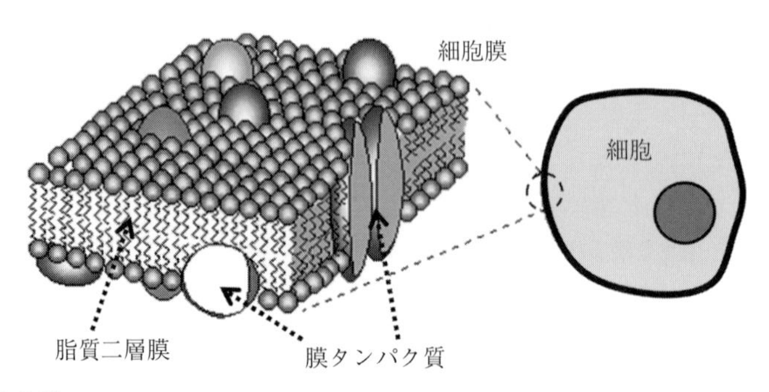

図3.1　生体膜
生体膜では脂質二層膜に膜タンパク質が埋め込まれていて，膜タンパク質が情報伝達，物質輸送，エネルギー変換などの機能を担っている．

的構造と，そのメカニズム，膜タンパク質の機能の特徴などについて述べることにします.

3.1　生体膜と脂質膜の動的性質

生体膜の主成分である脂質は，**図3.2**のような極性基（水と親和性が高い基）と疎水基（水と親和性が低い基）が共有結合でつながれた構造をしています．一般にこのような分子を両親媒性分子と呼んでいます．一例として図3.2に示した脂質は，オレオイル・パルミトイル・フォスファチジルコリンで，極性基がフォスファチジルコリン基，疎水基がオレイン酸（二重結合数が1）とパルミチン酸（二重結合数が0）で，それらがグリセロールでつながれています．生体膜を形成する脂質には多様なものがあり，極性基，疎水基，それをつなぐ部分（例えば，グリセロール）のそれぞれに多様性があります.

二本の炭化水素鎖を持つ脂質分子が水と共存すると，**図3.3**A に示すような安定な脂質二層膜構造を形成します．脂質二層膜の厚さは脂質の炭化水素鎖の

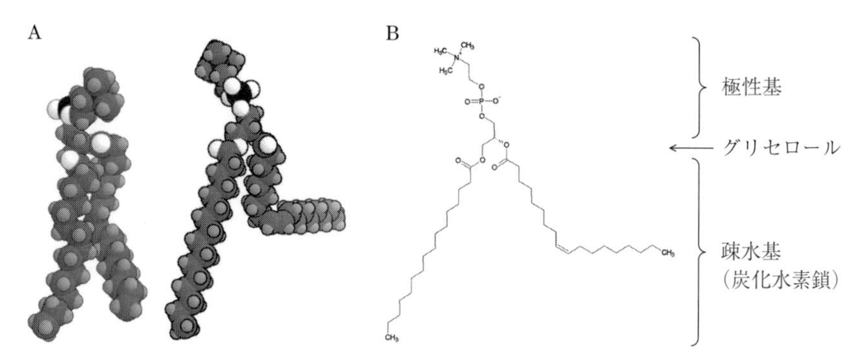

図3.2　脂質分子
脂質分子の一例（オレオイル・パルミトイル・フォスファチジルコリン）の実体モデル（A）と分子構造（B）．極性基がフォスファチジルコリン，疎水基がオレイン酸（二重結合数1）とパルミチン酸（二重結合数0）の脂質である．炭化水素鎖の単結合はトランス構造とゴーシュ構造を取ることができるので，実際には色々な立体構造となりえる．単結合をすべてトランス構造にした場合が右側の立体構造で，オレイン酸の二重構造で大きく折れ曲がっている．実際には単結合の部分で折れ曲がれることで，コンパクトになることができる（左側）.

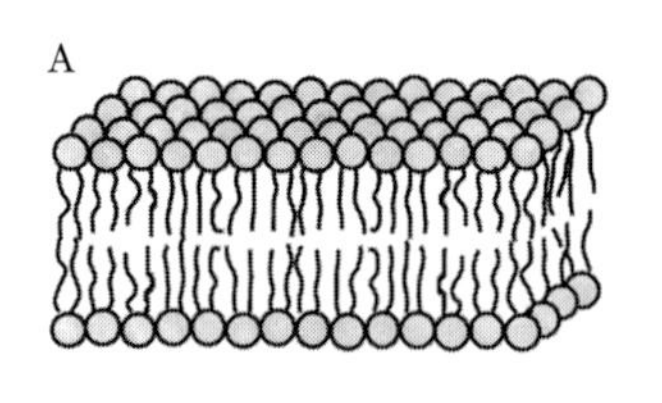

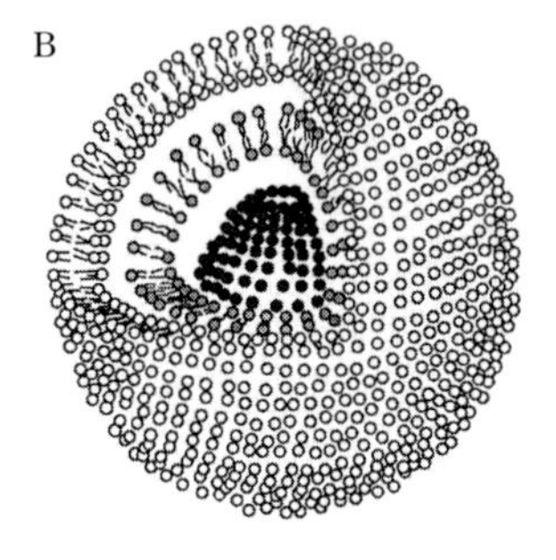

図 3.3　脂質二層膜
脂質二層膜のモデル図（A），脂質—水の 2 成分系でできるリポソーム（B）．

長さによって変わりますが，数 nm 程度で，非常に薄い膜構造なのです．しかし，膜の内部は疎水性の領域となっていて，親水性の分子が膜を横切る方向の拡散係数は非常に低くなっています．例えば，細胞内の水溶性のタンパク質が細胞膜を通って漏れ出すということはないし，水溶性のイオンが膜を横切る方向の拡散係数は非常に低くなっています．これが細胞膜の最も基本的な働きです．ただ，水溶性の分子やイオンに対する輸送体が膜内にある場合は，膜を通す輸送は速く，高度の制御を受けています．脂質と水を共存させると，図 3.3B に示したような袋状のリポソームが自己組織的に形成されます．細胞膜が安定に形成されるのは，この脂質—水系の性質によります．

細胞の大きさは μm の桁なので，細胞という大きな袋を非常に薄い細胞膜が保っているということになります．そして，膜構造に安定性を与えているのは，主に脂質二層膜です．1970 年代に入って，脂質二層膜は膜構造として非常に安定だが，膜に溶けた分子は膜面内で自由に拡散できるということがわかってきました．この独特の膜構造を一般化して，Singer と Nicolson は膜の流動モザイクモデルを提案しました．その根拠となる実験事実はいくつかありましたが，

McConnellらは，脂質にラベル（スピンラベル）を付け，スピンラベル同士がどのように隣り合っているかを調べました．近接するスピンラベルの距離によってESRスペクトルが変化することを利用して，最初にスピンラベルが付いた脂質が集合した状態から，どのように脂質が拡散していくかを調べたのです．脂質分子は，5 μmの細胞の端から端まで拡散するのに6 s程度しかかからないという高い二次元の流動を示していました．また，膜タンパク質の膜面内の拡散も，蛍光抗体を用いた実験で証明されました．FryeとEdidinは，別々の細胞の表面抗原を異なる色の蛍光抗体でラベルして，細胞融合をしてみました．最初は，各細胞ははっきり異なる色なのですが，細胞融合のあと次第に拡散し，蛍光が混じりあいました．細胞膜内の膜タンパク質も，脂質分子よりは遅いですが，やはり二次元の自由拡散をしていることがわかりました．

生体膜内の分子の運動性をモデル図で示したのが，**図3.4**です．脂質分子の並進の拡散定数は10^{-8} cm^{2}s^{-1}程度で，少し粘度の高い液体中の拡散と同じくらいです．また，膜内の膜タンパク質の拡散定数は，他の分子で運動を制限されていなければ，10^{-10} cm^{2}s^{-1}程度です．膜内の分子は回転の拡散もしています．脂質の炭化水素鎖はタンブリング運動をしており，その特徴的な時間は1 ns程度です．またタンパク質の回転拡散の時間は，10～100 μsです．

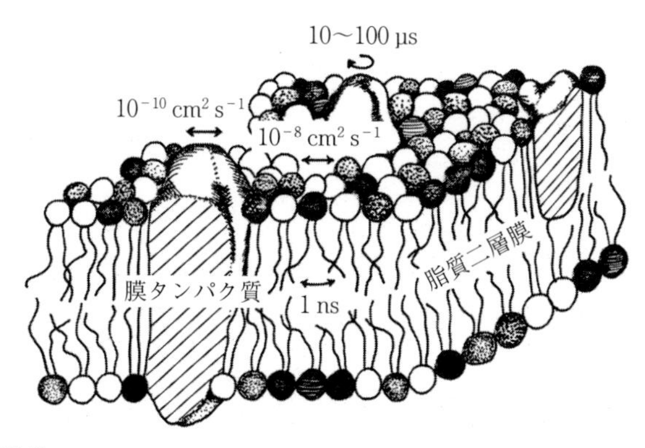

図3.4　膜の流動性
膜中の分子は各種の運動性を示す．脂質分子とタンパク質の2次元拡散定数は10^{-8} cm^{2}s^{-1}および10^{-10} cm^{2}s^{-1}の桁であり，タンパク質の面内の回転，脂質の炭化水素鎖のタンブリングは速い．

生体膜の中では，このような分子の自由拡散を妨げるような分子間相互作用があります．一般に膜タンパク質は単独で機能するより，複合体を形成して機能している場合が多いようです．光合成や電子伝達など生体エネルギー変換のシステムや，信号伝達システムなどの膜タンパク質は高度な複合体を形成している場合が多いのです．また，ラフトと呼ばれる膜のヘテロな分子複合体が認められています．それはコレステロールやスフィンゴ脂質を多く含んでいることや，機能する膜タンパク質を集積していることなどの特徴を持っています．そして，それらの集合体中では膜の分子運動は制御されています．

3.2　生体膜を作る相互作用

細胞膜の基本構造となる脂質二層膜は，数 nm という非常に薄い構造でありながら，安定で親水性分子に対する障壁となっています．さらに，膜面内には自由拡散できるという興味深い動的構造を示します．これは水と両親媒性分子が共存したときに働く疎水性相互作用と呼ばれる見かけの引力によるものです．水分子は全体的には中性ですが，酸素原子の側が負電荷，水素原子の側が正電荷に分極しています．水分子はこの大きな分極のせいで，イオンや分極した分子との親和性が高いという性質を持っています．逆に，炭化水素鎖など分極のない分子や基は水との親和性は低く，水と炭化水素鎖が共存すると相分離現象を示します．この現象だけを見ると，油の分子同士に引力が働いて相分離をするように感じられ，それを疎水性相互作用と呼んでいます．昔から，お互いに混じり合わないことのたとえに，「水と油」という言葉がしばしば使われます．これは疎水性相互作用によるものですが，実際には分子間の引力によるものではなく，熱力学的な見かけの相互作用です．疎水性相互作用は，生体内の色々なプロセスで顔を出すので，それについてもう少し立ち入って考えておきたいと思います．

図 3.5 は，脂質分子が水に溶けている場合の，水分子の配置をモデル的に示したものです．脂質分子を水に溶かしていくと，溶液の自由エネルギーが上昇していきます．そして，ある濃度以上で，脂質は凝集状態の脂質二層膜を作ります．一般に分子が完全な相溶性を示さず，臨界濃度がある場合，分子を溶媒

図3.5　水分子の配置
炭化水素鎖の周囲における水分子の電子双極子の分布（イメージ図）.

に溶かしていくと系の自由エネルギーは上昇していきます．そして，その自由エネルギーの上昇分は，凝集状態を作る臨界濃度（分子の溶解度）から評価することができます．また，その温度依存性を測定すると，自由エネルギーへのエンタルピー（結合エネルギー）の寄与と，エントロピー（系の乱雑さを示す熱力学量）の寄与に分けて評価することができます．そこで，脂質膜やその他の両親媒性分子を水に溶かしたときの自由エネルギーとそれに対するエンタルピーとエントロピーの寄与を調べてみると，水に溶かしたときの自由エネルギーの上昇分はおおむねエントロピーの寄与によるということがわかります．

エントロピーは秩序の度合いを表す熱力学パラメータです．脂質分子が水と共存したときに，系のエントロピーが減少するということは，系に何らかの秩序が発生していることを意味しています．現在考えられている秩序は，炭化水素鎖の周辺に生まれる水分子の配置の秩序です（図3.5）．水分子は液体状態では常に動いているので，図3.5のようにその電気双極子の分布は静的に固定しているわけではありません．しかし，炭化水素鎖が水と接触している境界で，平均的に配置の秩序の度合いが高くなっているのだと考えられます．そこで，炭化水素鎖同士が凝集すると，炭化水素鎖と水が接触している領域が減少し，境界にある秩序化した水が減ることになります．そのため水分子の配置による負のエントロピーの寄与が小さくなり，系の自由エネルギーが低い安定な状態になります．これが疎水性相互作用なのです．結果的に，疎水性相互作用は分子間の距離ではなく，炭化水素鎖などの疎水性部分の分子表面積に比例して強くなるという特徴があります．疎水性相互作用は，脂質が膜を形成する場合にだけ働くわけではありません．タンパク質を構成するアミノ酸には，炭化水素鎖の側鎖を持っているものがあります．それらのアミノ酸が水に露出していると，炭化水素部分の表面積に比例して疎水性相互作用が働きます．それによってタンパク質の立体構造形成，周りのタンパク質との結合や，脂質膜との結合などに重要な寄与をします．

3.3　両親媒性分子のセミミクロ構造に対する分子の形の効果

現代の物理学には，ソフトマター物理という分野があります．ソフトマターは，「柔らかい物質」ということで定義されており，非常に多様な凝縮系の物質を含みます．両親媒性分子が水と共存したときにできるセミミクロな凝集体もソフトマターで，脂質二層膜もその一部です．**図 3.6** に示した球状ミセルの溶液，棒状構造が蜂の巣状に配置したヘキサゴナル相，膜状構造（脂質二層膜）が積み重なったラメラ相も，両親媒性分子からなるソフトマターです．同じ両

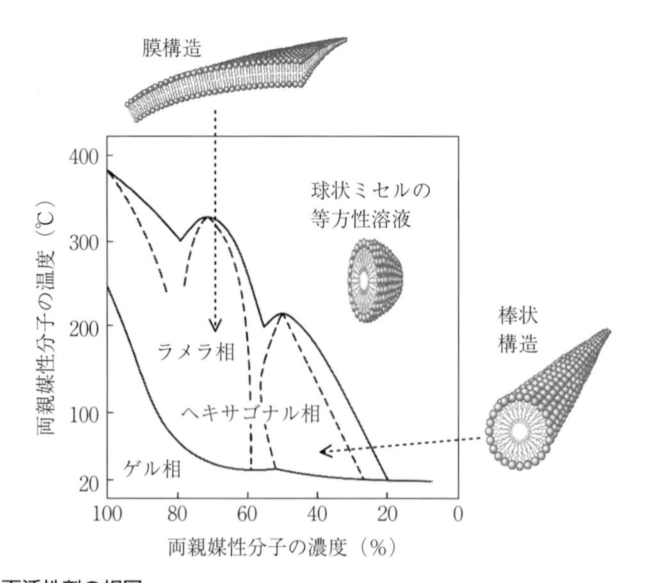

図 3.6　界面活性剤の相図
両親媒性分子の水中におけるセミミクロ構造（ミセル，ヘキサゴナル，二層膜）．

親媒性分子でも，色々な形態のソフトマターが形成されるのです．また，タンパク質は巨大分子ですが，各アミノ酸の側鎖には炭化水素鎖からなるものが多くあるので，タンパク質自身が両親媒性分子とみなすことができます．そして，タンパク質も実際に力学的に柔らかいソフトマターです．

それでは両親媒性分子が形成するセミミクロな構造体の形はどのようにしてできるのでしょうか．この問題は，後に議論するタンパク質の姿かたちの問題と深く関係しているので，本章の主題である生体膜から少しずれますが，ここで議論しておきたいと思います．二層膜構造を作りやすい脂質分子は，1つの極性基に2つの炭化水素鎖が結合した分子です．これに対して，1つの極性基に対して1つの炭化水素鎖が結合した脂肪酸などでは，球状のミセルを作りやすいことがわかっています．

炭化水素鎖が水と接触すると疎水性相互作用により系の自由エネルギーが上昇するので，両親媒性分子と水の共存系では，炭化水素鎖を極性基によってできるだけ覆い尽くせるような形態のセミミクロ構造が形成されます．図3.6は両親媒性分子が作る典型的なセミミクロな構造を示しています．濃度が薄いほうから，球状ミセルの溶液，棒状構造によるヘキサゴナル相，膜構造によるラメラ相とセミミクロ構造の形が変化していきます．これは系の水の割合が非常に少ない領域での相変化ですが，その原因を簡単に説明することができます．水が十分ある状態では，球状ミセルを形成して，疎水性領域を極性基で覆い尽くすことができますが，水の割合が減っていくと，両親媒性分子が作るセミミクロ構造の形を，球から棒状構造，膜状構造へと次元を下げていかないと，疎水性領域を極性基で覆い尽くせなくなっていくのです．

以上は，同じ両親媒性分子で，水の割合を変えた場合のセミミクロ構造の変化ですが，両親媒性分子の構造の違いでもセミミクロ構造は変化します．両親媒性分子の炭化水素鎖はかなりフラフラと動いています．図3.4における脂質の炭化水素鎖のタンブリング運動がかなり早いのです．しかし，両親媒性分子の炭化水素鎖は，平均的に構造体の表面に対して垂直に向き，少し横に広がった形になります．今度は，両親媒性分子の極性基から炭化水素鎖に向けて分子を眺めて見ます．脂質分子の場合は，炭化水素鎖が2本あるので，極性基とほぼ同じくらいの面積を占めることになります．つまり，球状ミセルの構造体に脂質分子を詰め込もうとすると，どうしてもミセルの曲率の分だけ炭化水素鎖が水に露出することになります．それよりも脂質二層膜構造を取って，炭化水素鎖と水の接触を避けたほうが系の自由エネルギーが下がり安定となるわけです．それが，2 本の炭化水素鎖を持つ脂質分子が膜構造を取りやすい理由です．これに対して，脂肪酸のように炭化水素鎖部分の占める面積が極性基より小さい分子では，球状ミセルに畳み込むことができます．そのために水の割合が高い溶液では，脂肪酸などではミセル溶液を作りやすいのです．

この両親媒性分子が水と共存したときのセミミクロ構造の姿かたちに対する理論的考察は，J-N. Israelachivilli によるものです．非常に簡単な考え方ですが，多くの両親媒性分子に対してよく現象を説明しています．それと同時に，両親媒性分子の疎水性部分と極性部分の大きさの比だけでセミミクロ構造の形態が決まるということは，疎水性相互作用という見かけの相互作用の性質を如実に示しています．炭化水素鎖のような疎水性部位が水と接触しないような配置を取りさえすれば，形態は融通無碍に変えることができるというのが疎水性相互作用の性質なのです．先に述べた通り，脂質二層膜構造は水中で炭化水素鎖に対して働く疎水性相互作用によってできています．脂質分子が面内で配置を変えるような構造変化をしたとしても，炭化水素鎖と水との接触のしかたは変わりません．したがって，脂質分子の面内拡散に対して，系の自由エネルギーは変わらないので，脂質分子の流動性が保たれるのです．また，疎水性相互作用によって膜内に組み込まれた膜タンパク質の場合も同じ事情で面内拡散が可能です．

先に述べたように，タンパク質も広い意味で，両親媒性分子です．タンパク質は非常に複雑な折れ畳みをする分子で，色々な相互作用（静電相互作用，水素結合，ファンデルワールス力，疎水性相互作用など）が組み合わされてできています．タンパク質の立体構造は非常に多様なのですが，その融通無碍な構造形成には，脂肪酸などの両親媒性分子が示す融通無碍なセミミクロ構造と共通性があります．タンパク質の構造形成に対しても，疎水性相互作用の寄与を十分考える必要があるのです．

3.4　生体膜の脂質組成

生体膜内に見られる脂質は多様です．生体膜を構成する脂質は，極性基と炭化水素鎖およびそれをつなぐ骨格部位からなっています（図3.2，**図3.7**A）．脂質で最も一般的な骨格部位は，図3.7Aに示した，グリセロールです．多くの脂質はリン脂質や糖脂質ですが，これらはグリセロール骨格に1つの極性基と2本の脂肪酸が結合した構造となっています．それ以外にスフィンゴ脂質があり，神経細胞の細胞膜の重要な成分となっています（図3.7B）．またコレステロール（図3.7C）など環状の骨格を持つ中性脂質も膜の構成分子として重要です．

グリセロリン脂質では，リン酸の先に1つの水素が付いただけのフォスファチジン酸（PA），コリン基が付いたフォスファチジルコリン（PC），エタノールアミン基が付いたフォスファチジルエタノールアミン（PE），アミノ酸のセリンが付いたフォスファチジルセリン（PS），もう1つのグリセロールが付いたフォスファチジルグリセロール（PG），糖のイノシトールが付いたフォスファチジルイノシトール（PI），さらに2つのフォスファチジン酸がグリセロールで結合したカルジオリピンなどがあります．

脂質二層膜の性質は，極性基の種類と脂肪酸の長さと不飽和度によって異なってきます．リン脂質の場合，脂肪酸の長さは典型的には炭素数10から24です．炭素数18の場合，飽和脂肪酸はステアリン酸，不飽和結合が1つあるオレイン酸（*cis*－9）となります．不飽和結合の部分がシス型だと炭化水素鎖が折れ曲がり，膜を形成したときに整列しにくくなり，膜全体が柔らかくなります．炭素数18で，さらに不飽和結合2つだとリノール酸（*cis*，*cis*－9，12），不飽和結合3つだとリノレン酸（*cis*，*cis*，*cis*－9，12，15），4つだとアラキドン酸（*cis*，*cis*，*cis*，*cis*－5，8，11，14）となります．

ステロールは5個の炭素がユニットとなったイソプレンから生合成されます．ステロールで代表的なものは，コレステロールで，生体膜の主成分の1つです．コレステロールは，生体膜の最も大事な役割は，膜の力学的性質を決めていることです．一言で言うと，膜を安定化させていて，生体膜内のラフト構造の中に多く見られることがわかっています．もう1つのコレステロールの役割は，性ホルモンなどの生体活性のある重要な分子の材料となっていて，身体の制御

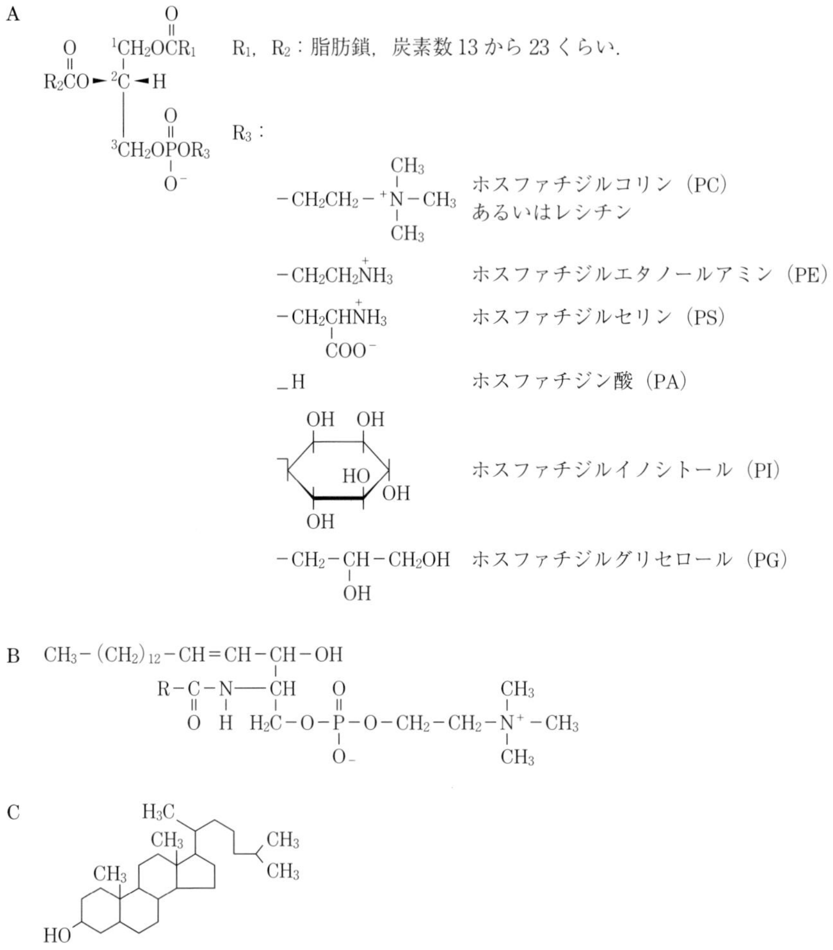

A

R_2CO–^2C–H, $^1CH_2OCR_1$ (C=O), $^3CH_2OPOR_3$ (P=O, O^-)

R_1, R_2：脂肪鎖，炭素数 13 から 23 くらい.

R_3：

$-CH_2CH_2-{}^+N(CH_3)_3$　ホスファチジルコリン（PC）あるいはレシチン

$-CH_2CH_2\overset{+}{N}H_3$　ホスファチジルエタノールアミン（PE）

$-CH_2CH(COO^-)\overset{+}{N}H_3$　ホスファチジルセリン（PS）

$-H$　ホスファチジン酸（PA）

（イノシトール環：OH, OH, HO, OH, OH）　ホスファチジルイノシトール（PI）

$-CH_2-CH(OH)-CH_2OH$　ホスファチジルグリセロール（PG）

B　$CH_3-(CH_2)_{12}-CH=CH-CH(OH)-CH(NH-C(=O)-R)-H_2C-O-P(=O)(O^-)-O-CH_2-CH_2-N^+(CH_3)_3$

C　（ステロイド骨格：HO, CH_3, CH_3, H_3C, CH_3, CH_3）

図 3.7　脂質分子の組成

グリセロリン脂質（A），スフィンゴミエリン（B），コレステロール（C）の分子構造.

に役立っていることです.

3.5　脂質膜の相転移と相分離

細胞の膜は，色々な脂質で構成されていますが，細胞や細胞内小器官によって脂質組成はかなり大きく違います．脂質組成の違いは，膜の性質にどのような影響を与えるのでしょうか．また，脂質組成によって，膜タンパク質との相互作用や，溶媒との相互作用は変わるのでしょうか．この問題に関しては，1960年代から色々な研究が行われ，膜は相転移や相分離など，大変興味深い現象を示すことがわかりました．

一般に物質は，その状態によって性質が大きく変わります．例えば，同じ水が温度によって，氷（固体），水（液体），水蒸気（気体）と状態を変え，それにつれて性質が大きく変わります．それと同じように脂質と膜タンパク質によってできた生体膜でも，色々な環境条件によって状態が変わります．脂質だけから作られる脂質二層膜も，その脂質組成，温度，溶媒条件（pHやイオン濃度など）によって，膜面内の相分離や相転移などの現象が見られるのです．代表的な相転移現象は，ゲル相（低温側）と液晶相（高温側）と呼ばれる2状態間の相転移です（図3.8）．ゲル相では脂質の炭化水素鎖がパックしていて面内できれいに秩序を持つのに対して，液晶相では炭化水素鎖が溶けていて平均的に膜面に垂直の方向に向いていますが，膜面内における秩序はありません．ゲル相は2次元の結晶で，液晶相は2次元の液体と言うことができます．脂質膜の相転移温度は，炭化水素鎖の長さや不飽和度に対して体系的に変化します．炭化水素鎖が長くなると，相転移温度は上昇し，不飽和結合が入ると相転移温度が低下します．例えば，フォスファチジルコリンの場合，脂肪酸が炭素数14のミリスチン酸では相転移温度が約25℃です．また，炭素数16のパルミチン酸では約41℃，炭素数18のステアリン酸では約55℃となります．

生命現象は非常に複雑なものが多いのですが，脂質二層膜の示す相転移現象

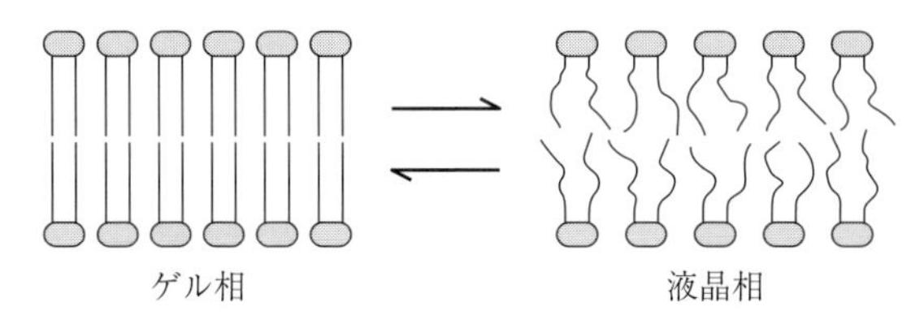

図3.8　脂質膜相転移
脂質膜相転移のゲル相と液晶相．

は物理的にも非常に興味深いものです．色々な物質が相転移現象を示しますが，最も単純な相転移現象は気体と液体の相転移でしょう．気体—液体相転移点（沸点）の低温側では液体，高温側は気体です．相転移温度は系の圧力に依存していて，圧力が高いほうが相転移温度は高くなります．（富士山の山頂では水の沸点が100℃よりはるかに低いのですが，それは気圧が海面付近よりずっと低いからです．）そして，系の圧力を上昇させると臨界点に到達し，その状態では相転移の潜熱がゼロになってしまいます．そうなると，気体と液体の変化に対する復元力がなくなり，非常に揺らぎの大きな状態が実現します．気体—液体相転移の臨界点で超音波測定を行うと音速が異常に低く，超音波の吸収が異常に高くなります．

相転移現象は，物質が異なっても共通性が高い現象です．そこで，脂質二層膜の相転移現象でも同様の性質を示すかどうかを調べるために，超音波測定を行った結果が図3.9です．図3.9Aはジパルミトイルフォスファチジルコリン（DPPC）の脂質二層膜の懸濁液について，超音波の音速と吸収係数の測定を行ってみた結果ですが，気体—液体相転移の場合とまったく同じ音速の異常な減少と吸収係数の異常な上昇が見られました．さらに詳細に，脂質二層膜の超音波の緩和強度と緩和時間を測定してみると，高温側で臨界現象を特徴づける臨界指数は－1だということがわかりました．また脂質二層膜の臨界現象は厳密には臨界点ではありませんが，非常に臨界点に近く，顕著な臨界現象を示すと同時に，小さいが相転移点における潜熱が観測されます（図3.9B）．

生体物質も物理的な原理から外れることはできません．しかし，生体分子の複雑さから生体現象はいわゆる物理学の対象となるような物質とはかなり異なると考えられがちです．脂質二層膜を見ると，そのような常識が必ずしも正しくないことがわかります．もう1つ脂質膜に関連する物理現象を示しておきましょう．それは溶媒条件による脂質膜の相分離現象です．生体膜の脂質部分は，色々な脂質の混合系になっています．中でも極性基に電荷を持つ脂質と，電荷を持たない脂質では，溶媒条件によって挙動が大きく異なります．フォスファチジルコリン（PC）は，正電荷の基と負電荷の基を1つずつ持っていて，全体として電気的に中性です．これに対してフォスファチジルセリン（PS）は，負電荷を持っています．PCとPSを混合して液晶相の脂質二層膜を形成させると，

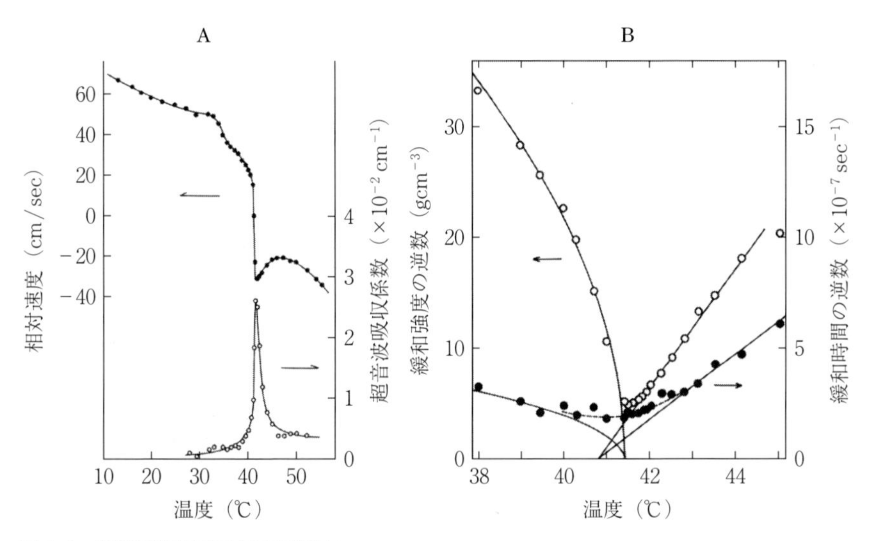

図 3.9　脂質膜相転移の超音波測定

脂質二層膜のゲル—液晶相転移における臨界現象．DPPC のリポソーム懸濁液に対する超音波測定を行うと，相転移点近傍で音速の異常な減少と吸収係数の異常な増大が見られ（A），臨界現象が観測される．緩和強度と緩和時間は臨界指数 − 1 を示す（B）．

【出典】（A）S. Mitaku, *Mol. Cryst. Liq. Cryst.*, **70**, 21–28, Fig. 1（1981）.（B）S. Mitaku, T. Jippo and R. Kataoka, *Biophys. J.*, **42**, p.142, Fig. 6（1983）.

2種類の脂質分子は混ざり合います．これに対して，溶媒にカルシウムイオン（Ca^{2+}）を加えていくと，PC と PS が相分離します．PS の極性基の負電荷がカルシウムイオンによって架橋され，相分離が起こると考えられるのです．この現象は示唆的で，膜タンパク質などでも詳細に調べてみると，電荷による構造形成や相分離などが起こることがわかります．

生体膜の脂質相は 0〜25％のコレステロールを含む場合が多いことがわかっています．一般に脂質膜がコレステロールを含むと，脂質膜相転移がはっきりしなくなり，膜は丈夫になります．生体膜は一様ではなく，膜タンパク質の濃度が高いラフトと呼ばれる領域があることがわかってきています．このラフト部分ではコレステロール濃度も高いということが示されています．生体膜の機能素子は膜タンパク質なのですが，脂質部分の状態やダイナミクスなども，かなり重要なのです．

3.6 膜タンパク質の基本構造とヘリックス間結合

脂質二層膜が安定に形成されるのは，脂質分子が両親媒性分子であり，水と炭化水素鎖の間に疎水性相互作用が働くからであるということを先に述べました．水が炭化水素鎖などの疎水基と接触しないように，ミクロ分離構造を形成するのです．それでは膜タンパク質は，なぜ脂質膜中で安定な立体構造を作るのでしょうか．

生体膜に結合するタンパク質には，大きく分けると3つのタイプがあります．

(1) 本来水溶性タンパク質ですが，膜の表面に物理的な相互作用（静電相互作用など）で結合するタイプのものは，表在性膜タンパク質と呼ばれます．生体膜の裏打ちタンパク質などがそれで，イオン濃度やpHなどの溶媒条件によって膜から外すことができます．

(2) 脂質膜に埋め込まれたタイプの膜タンパク質は内在性タンパク質と呼ばれます．狭い意味での膜タンパク質は，この内在性膜タンパク質です．細胞内外の物質輸送や情報伝達，エネルギー変換など，生体膜の本質的な機能を担う膜タンパク質の多くは，このタイプのものです．

(3) 本来は水溶性タンパク質ですが，脂質と共有結合し膜に錨をおろすような形で結合するタイプのタンパク質があります．この場合は脂質との結合を乖離させると水に溶けます．タンパク質が膜に結合すると膜面に束縛されるので，分子の拡散は2次元となり，3次元の拡散より，分子間衝突の確率が高くなります．その結果，膜面での反応が確実になります．

以下では，内在性膜タンパク質について考えることにします．内在性膜タンパク質は，一般に細胞内と細胞外の両方に顔を出しています．つまり，細胞内外に水溶性ドメインを持っており，膜に埋め込まれたαヘリックス構造が両者の水溶性ドメインをつないでいます．ただ膜に埋め込まれている部分と水溶性部分の割合や，細胞質ドメインと細胞外ドメインの割合などは，膜タンパク質の種類によって大きく異なっています．そして，それらは機能とかなり相関があります．膜タンパク質を特徴づけるもう1つのパラメータは，膜貫通ヘリックスの本数で．これもまた膜タンパク質の機能と強い相関があります．

ゲノム全体における膜タンパク質の割合は，全タンパク質の約4分の1です．これは原核生物，真核生物を問わず一様であり，進化の過程で膜タンパク質の割合が大きく揺らがないように制御されているらしいことを示唆しています．**図3.10**は，大腸菌のゲノムにコードされた膜タンパク質における膜貫通へリックスの本数分布です．生物種によって膜貫通へリックスの本数分布はそれぞれ異なっていますが，大きな特徴は原核生物から真核生物まで共通です．膜貫通へリックスの本数で，最も頻度が大きいのは1本型膜タンパク質です．そして，膜貫通へリックスの本数が増えるにつれて，ほぼ単調に頻度が減っていきますが，12本型膜タンパク質あたりまではあまり数は減らず，その先急激に数が減っていきます．生物によっては，7本型膜タンパク質が数分布のピークになっている場合があります．このタイプの膜タンパク質は，細胞内外の情報伝達の機能を持つものが多く，機能的な重要性から重複しているのだと考えられます．また，膜貫通へリックスの本数が6本の倍数，つまり6本，12本，24本などの膜貫通へリックスを持つ膜タンパク質も比較的多く，それらは一群の輸送系の膜タンパク質となっています．

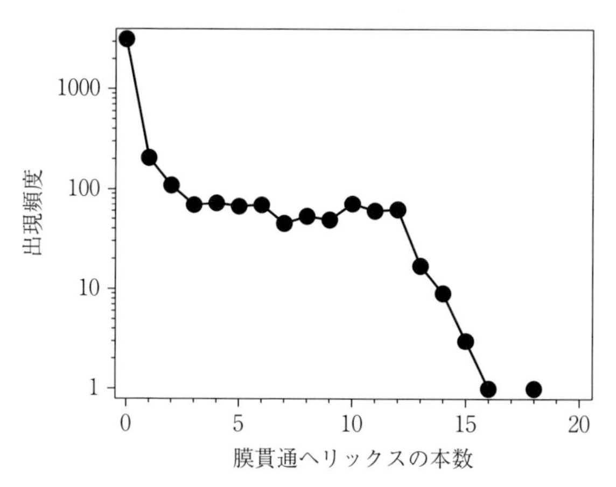

図3.10　膜貫通領域本数分布
大腸菌の全アミノ酸配列に対する解析による膜タンパク質の膜貫通へリクス本数分布．
【出 典】R. Sawada and S. Mitaku, *Computational Biology and Applied Bioinformatics*, *InTech*, p.280, Fig. 1 (2011).

膜タンパク質の構造形成は，2段階に起こっていると考えられています．第1に，先に述べたように脂質膜は脂質という両親媒性分子と水が共存することによって形成されます．それと同じように膜貫通ヘリックスはその中心部分には疎水性側鎖が集中していて，両端には親水基を含んだ両親媒性側鎖がかたまるという，膜の疎水—親水に適合したアミノ酸分布を持っています．これによって局所構造としての膜貫通ヘリックス構造ができます．第2に，膜貫通ヘリックス同士が結合して膜タンパク質の立体構造ができたり，周りの膜タンパク質と結合して，高次構造を形成したりします．この2段階の膜タンパク質の立体構造形成は，Popot らが行ったバクテリオロドプシンという7本型膜タンパク質についての再構成実験で証明されています．

膜タンパク質構造の予測を行うには，ヘリックス形成に関与する局所的な相互作用と，ヘリックス間の結合に関与する相互作用を明らかにすることが重要です．前者については，脂質二層膜との類推から，中心には疎水性領域があり，両端には両親媒性アミノ酸のクラスターの存在が重要だと推定されます．これに対して，ヘリックス間の結合についての情報を得るには，膜タンパク質に対して膜貫通ヘリックス構造は保ちつつ，三次構造だけが壊れるような条件を明らかにし，それに関係する相互作用を解明すればよいと考えられます．実際にバクテリオロドプシンについて変性の実験を行ってみると，**図3.11**のような有機溶媒条件下で，三次構造だけが壊れるような実験結果が得られました．アルコールを中心として，極性基を持つ（つまり弱い両親媒性を持つ）有機溶媒に，変性剤としての働きがありました．グラフの横軸は，溶媒中の変性剤濃度 C_{w}，縦軸はその変性剤の分配係数 κ です．変性が起こる変性剤濃度は分配係数と逆比例の関係にあることがわかります（両対数グラフになっていることに注意）．

$$C_{\mathrm{h}} = \kappa C_{\mathrm{w}} \tag{3-1}$$

実は溶媒中の濃度と分配係数をかけた量は，膜内に分布される有機溶媒の濃度 C_{h} なので，この実験で変性剤となる両親媒性有機溶媒の極性基の膜内濃度が約 1 mol/L のところで膜タンパク質が変性するということがわかります．つまり，膜内に存在する極性相互作用（水素結合のネットワークなど）によって三次構

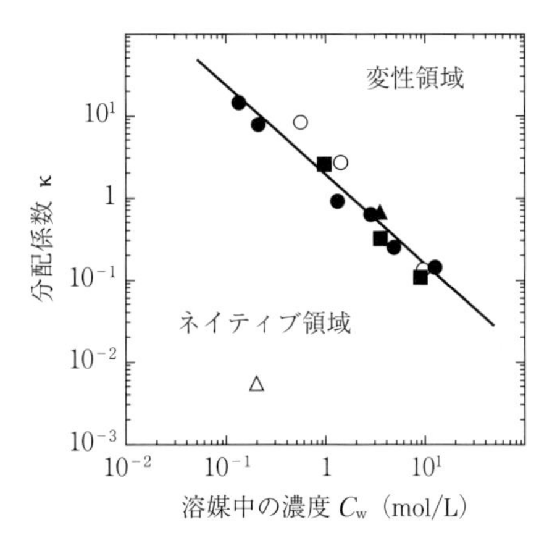

図 3.11　膜タンパク質変性濃度
バクテリオロドプシンの三次構造変性の条件．膜への分配係数と変性濃度は反比例しており，変性剤（および含まれる極性基）の膜内濃度は一定（約 1 mol/L）である．
【出典】S. Mitaku, K. Ikuta, H. Itoh, R. Kataoka, M. Naka, N. Yamada and M. Suwa, *Biophys. Chem.*, **30**, p.75, Fig. 7（1988）.

造が形成されていて，それが膜内に分配されたアルコールなどの変性剤の極性基によって切断されると考えられるのです．さらに，この変性では三次構造だけが変性しており，膜タンパク質では二次構造と三次構造の安定化に関わる物理的相互作用が比較的単純なメカニズムによるということが示唆されます．つまり，膜タンパク質の二次構造（膜貫通ヘリックス）は，疎水性アミノ酸のクラスターに働く疎水性相互作用でできており，三次構造には極性相互作用の寄与が大きいと考えられます．タンパク質の4分の3を占める水溶性タンパク質では，このような単純な相互作用の役割分担を簡単に見出すことが難しいのですが，脂質二層膜に埋め込まれた膜タンパク質では環境からの強い制約のせいで単純な秩序構造形成が行われているようなのです．

3.7　アミノ酸配列からの膜タンパク質の予測

前節で述べた通り，膜タンパク質のアミノ酸配列には，物理的性質の独特の分布があります．膜貫通ヘリックスの中心部分には疎水性のアミノ酸のクラスターがあり，そのクラスターの両端には両親媒性の側鎖が分布しています．個々のアミノ酸の分子構造を示したのが**図 3.12** です．アミノ酸は側鎖によって色々な物性を持ちます．図 3.12 では，大雑把ですが物性によってアミノ酸が分類してあります．上の 11 種類のアミノ酸は極性側鎖を持っています．その中で網掛けをされているアミノ酸は電荷を持っています．3 つのアミノ酸，リジン（Lys，K)，アルギニン（Arg，R)，ヒスチジン（His，H）は正に荷電しており，2 つのアミノ酸，アスパラギン酸（Asp，D)，グルタミン酸（Glu，E）は負に荷電したアミノ酸です．アスパラギン（Asn，N)，グルタミン（Gln，Q)，セリン（Ser，S)，スレオニン（Thr，T）は電荷を持っていませんが，親水性のアミノ酸です．また，チロシン（Tyr，Y)，トリプトファン（Trp，W)

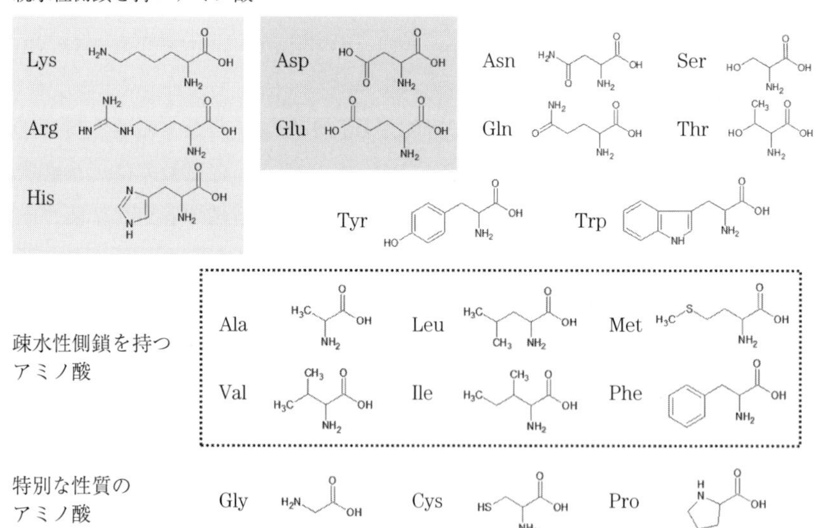

図 3.12　アミノ酸の構造
20 種類のアミノ酸側鎖のグループ．親水性側鎖を持つアミノ酸の中で，網掛けされているものは電荷を持っている．枠で囲まれているアミノ酸は典型的な疎水性アミノ酸である．Tyr と Trp は親水性側鎖を持ちながら疎水性の高いアミノ酸である．（図の提供：広川貴次博士より．承諾を得て掲載．）

は疎水性の側鎖なのですが，中に弱いが親水性の部分があります．他方，四角に囲った6種類のアミノ酸は，疎水性のアミノ酸です．アラニン（Ala，A），バリン（Val，V），ロイシン（Leu，L），イソロイシン（Ile，I），フェニルアラニン（Phe，F），メチオニン（Met，M）などは，度合いは違うが疎水性の側鎖を持っています．残りの3つのアミノ酸はそれぞれ特徴的な物性を持っています．システイン（Cys，C）はS–S結合（共有結合）を側鎖同士で形成し，タンパク質の立体構造の自由度を大きく制限します．グリシン（Gly，G）は側鎖が水素原子なので，側鎖による立体障害を周りに与えないので，この周りではタンパク質のセグメントが柔らかくなります．これに対して，プロリン（Pro，P）はイミノ酸でαヘリックスやβシートなどの局所秩序構造に組み込まれにくい性質があり，二次構造ブレイカーと言われます．

膜タンパク質の膜貫通領域を形成する疎水性アミノ酸のクラスターは，フェニルアラニン，ロイシン，イソロイシン，メチオニン，バリン，アラニンなどが比較的多く分布したセグメントです．しかし，特殊な例を除くと，特定の配列が特に好まれるということはないようです．また，膜貫通領域の両端に多く配置されている両親媒性アミノ酸は，リジン，アルギニン，ヒスチジン，グルタミン酸，グルタミンなどの極性が強い基を持ち，それと主鎖の間が自由度のある炭化水素鎖でつなげられているアミノ酸です．チロシンとトリプトファンは弱いが極性の基を持ち，それと主鎖の間が大きな環状の疎水基でつながれていて，これも両親媒性アミノ酸ということが言えます．疎水性アミノ酸や両親媒性アミノ酸のクラスターを定量的に解析するために，各アミノ酸に疎水性インデックスと両親媒性インデックスが開発されています．特に疎水性インデックスについては，色々なものがこれまで発表されていますが，ここではKyteとDoolittleによるインデックスを示しておきます（**表3.1**）．両親媒性インデックスについては，極性基の強さによって2種類のものが作られているので，それも表3.1に示します．また，物性として最も基本的パラメータである電荷についても示しました．

アミノ酸の物性を特徴づけるインデックスを利用することには2つの意味があります．第1に，アミノ酸配列の相同性などを解析する場合は，文字配列をあからさまに用いて検索を行うことが多いのですが，それでは配列の持つ物性

表 3.1　アミノ酸の疎水性，両親媒性，電荷

アミノ酸の疎水性と両親媒性のインデックスおよび電荷.

アミノ酸	疎水性	両親媒性		電荷
		強い	弱い	
リジン（K）	−3.9	3.7	0	1
アルギニン（R）	−4.5	2.5	0	1
ヒスチジン（H）	−3.2	1.5	0	1
グルタミン酸（E）	−3.5	1.3	0	−1
グルタミン（Q）	−3.5	1.3	0	0
アスパラギン酸（D）	−3.5	0	0	−1
アスパラギン（E）	−3.5	0	0	0
トリプトファン（W）	−0.9	0	6.9	0
チロシン（Y）	−1.3	0	5.1	0
セリン（S）	−0.8	0	0	0
スレオニン（T）	−0.7	0	0	0
プロリン（P）	−1.6	0	0	0
グリシン（G）	−0.4	0	0	0
アラニン（A）	1.8	0	0	0
メチオニン（M）	1.9	0	0	0
システイン（C）	2.5	0	0	0
フェニルアラニン（F）	2.8	0	0	0
ロイシン（L）	3.8	0	0	0
バリン（V）	4.2	0	0	0
イソロイシン（I）	4.5	0	0	0

についての議論ができません．アミノ酸配列の物性を特徴づけるインデックスを用いると，配列の持つ物性分布について色々な解析が可能となります．第2に，膜貫通ヘリックスのように，タンパク質ではある程度の大きさのセグメントの性質を考えなければならない場合があります．タンパク質のアミノ酸配列を物理的に解析するのに，折れ畳まれた立体構造に対して原子間の相互作用をあからさまに計算することもできますが，そのような計算では膨大な数の立体

構造があり，現実的な時間で計算ができなくなります．しかし，アミノ酸が持つ物性（例えば，電荷や疎水性など）をインデックスとして利用すれば，タンパク質の立体構造の特徴や色々な性質が非常に簡単に解析できるようになります．そのような解析は一見あまりにも単純に見えるのですが，タンパク質の物性の分布を調べるのに便利であるだけではなく，高精度な構造予測が可能になる場合もあるのです．

実際に，膜タンパク質（バクテリオロドプシン）のアミノ酸配列に対して，物性のインデックスの移動平均プロットを作ってみると，**図3.13**のようになります．インデックスの移動平均を疎水性の場合で示すと，式（3-1）のようになります．アミノ酸配列の各アミノ酸に対して，その両端3残基を加えた7残基について疎水性インデックスの平均を取ります．両親媒性インデックスでも同じ操作をします．そして，各アミノ酸の位置に平均値を与えたプロットを，移動平均プロットと呼んでいます．

$$< H(j) >_7 = \frac{\sum_{i=-3}^{3} H(i+j)}{7} \tag{3-1}$$

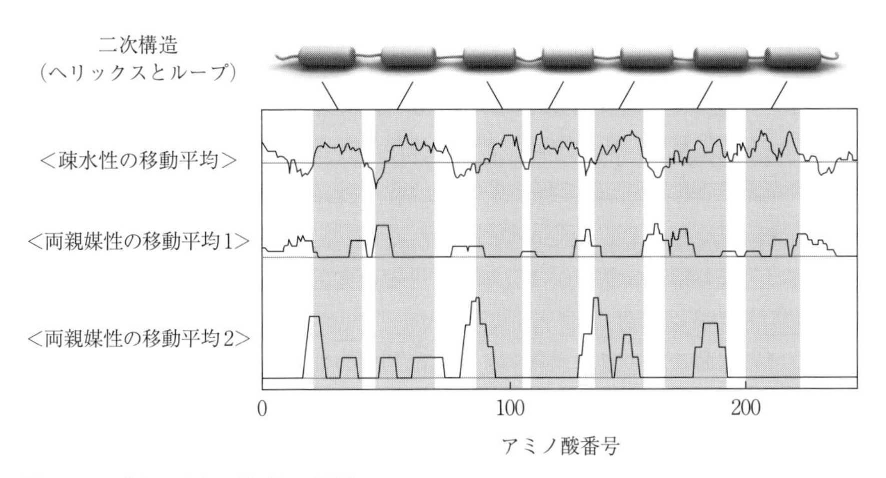

図3.13　バクテリオロドプシン予測
膜タンパク質（バクテリオロドプシン）のアミノ酸配列に対する疎水性と両親媒性のインデックスの移動平均プロット．両親媒性の1と2は，表3.1における強い両親媒性と弱い両親媒性に相当する．網掛けの領域が膜貫通領域である．

ここで，$H(j)$はjj番目のアミノ酸の疎水性インデックス，$\langle \quad \rangle_7$は7残基の平均値を意味しています．実際に膜貫通領域と各インデックスのプロットの対応を図3.13で見てみると，疎水性インデックスの山が膜貫通領域とよく対応しており，両親媒性インデックスの山が膜貫通領域の両端に対応しています．この図では必ずしもはっきりはしませんが，統計的に解析してみると，強い両親媒性の山は膜貫通領域の外側に，弱い両親媒性の山は膜貫通領域の内側に配置しており，その違いは膜タンパク質予測で大事なポイントとなります．

アミノ酸配列の各種インデックスの移動平均プロットに見られた膜タンパク質の特徴を用いて，膜タンパク質の予測システムを開発したものが，SOSUIシステムです（インターネットでSOSUIと検索すれば出てきます）．この予測システムは，物性のインデックスだけを用いた非常に簡単なアルゴリズムによるシステムなのですが，それにもかかわらず95%を超える予測精度が得られています．この予測システムは，膜タンパク質を脂質二層膜の形成メカニズムと同じように，疎水性と両親媒性という物理的パラメータだけで，統一的に理解できることを示した初めての例であるという意味で重要です．

3.8 膜タンパク質の機能

膜タンパク質は，脂質二層膜に埋め込まれていて，多くの重要な生理機能を担っています．それらの膜タンパク質の機能を大きく分類し，モデル的に示したものが図3.14です．細胞内外の情報伝達，物質輸送，およびエネルギー変換という細胞にとって本質的な機能が膜タンパク質で行われています．そして，膜タンパク質の機能の多くは，これら3種類の機能のいずれかに分類することができます．

細胞は外界の情報を受け取り，それに対して応答することができます．私たちの五感である視覚，聴覚，触覚，味覚，嗅覚は，それぞれの機能を担う細胞が刺激を受容しています．そして，それぞれの細胞の細胞膜に，信号を感じる受容体タンパク質があるのです．例えば，視覚では目の網膜にある視細胞が，光の刺激を受容します．視細胞が持つ膜（実際には細胞内小器官である円盤膜）にロドプシンがあり，光を吸収しそれを刺激として細胞内に一連の反応が起こ

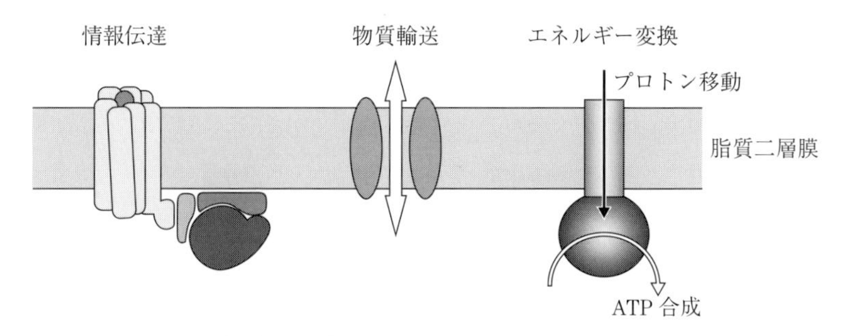

図 3.14　膜タンパク質の機能のモデル
膜タンパク質は脂質二層膜に埋め込まれていて，情報伝達，物質輸送，エネルギー変換などの機能を担っている．

ります．そして，最終的に膜の電気信号が変化し，これが脳に神経の信号として伝わるのです．図 3.14 の左側に示した膜タンパク質は，ロドプシンと刺激を受けたときに信号をさらに細胞内に伝えるタンパク質（G タンパク質）が結合した様子をモデル的に示しています．ロドプシンと似た信号伝達を行う膜タンパク質は 7 本の膜貫通領域を持っている場合が多く，ヒトなどではゲノム中に 1000 種類以上の 7 本膜貫通型の受容タンパク質があります．これとは異なるタイプのものとして，1 本の膜貫通領域を持つ一群の受容タンパク質があります．インシュリンの受容タンパク質はその例です．また，各種の増殖因子などの受容体は，このタイプのものです．7 本膜貫通型の受容体では，細胞外からの信号によりタンパク質自体の構造変化が起こり，それを細胞内にあるメッセンジャー分子が認識します．これに対して，1 本膜貫通型の受容体は，信号分子（タンパク質）が結合することによって二量体化します．その結果，受容体タンパク質は細胞内でも近接することになり，それによって細胞内のセグメントにリン酸化が起こります．その状態変化が細胞内で分子認識されるのです（**図 3.15**）．

膜における物質輸送は，実際に細胞膜を通して分子やイオンが移動します．輸送体タンパク質によって輸送されるものとしては，水分子からタンパク質分子までさまざまな大きさの分子があります．ナトリウム，カリウム，カルシウムなどのイオンの細胞内外の輸送も，非常に重要な生理的プロセスです．細胞内外や細胞小器官内外には，分子やイオンの濃度勾配があります．その濃度勾

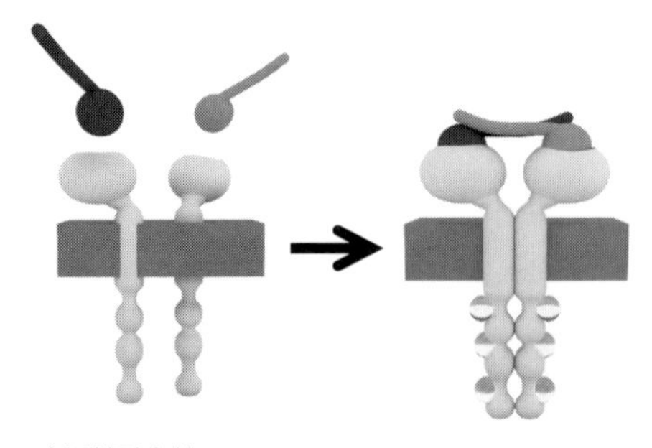

図 3.15　1 本型膜タンパク質受容体
1 本膜貫通型の受容体は，細胞外で信号の分子（タンパク質）を結合して二量体化する．そして，近接した細胞内ドメインにリン酸化が起こる．（図の提供：澤田隆介博士より．承諾を得て掲載.）

配に従って輸送される場合は受動輸送と呼ばれ，何らかのエネルギーを使い濃度勾配に逆らって輸送される場合は能動輸送と言われます．前者はチャネル，後者はポンプと言われることもあります．

イオンチャネルで最初に立体構造が解かれたのは，カリウムイオンチャネルです．この膜タンパク質は 4 つのドメインが集まって 1 つの孔を形成しています（図 3.16）．チャネルタンパク質は，一般に選択性が非常に高いという特徴があります．ナトリウムイオンとカリウムチャネルでは，いずれも 1 価のイオンであり，化学的な性質は非常に似ています．しかし，カリウムチャネルはナトリウムイオンを通さず，カリウムイオンだけを通します．イオンが水中に溶けやすい理由は，水分子が分極していてイオンに対して水和するからです．例えば，カリウムイオンの正電荷に対して分極した水分子の負の部分電荷が配置することによって，系の自由エネルギーを下げるのです．これに対して，カリウムチャネルの中心の孔は 4 方から水素結合性の基が付き出ていて，カリウムイオンに対する水和とそっくりの水素結合のカゴ状の環境を作ります．つまり，水中での水和をはぎ取ってもカリウムイオンにとって居心地のよい環境をチャネル内に作っているわけです．これに対して，ナトリウムイオンの水和の様子は，カリウムイオンの水和とは異なっているために，カリウムチャネルの中にナトリウムイオンが入り込むことができません．これによってイオンに対する

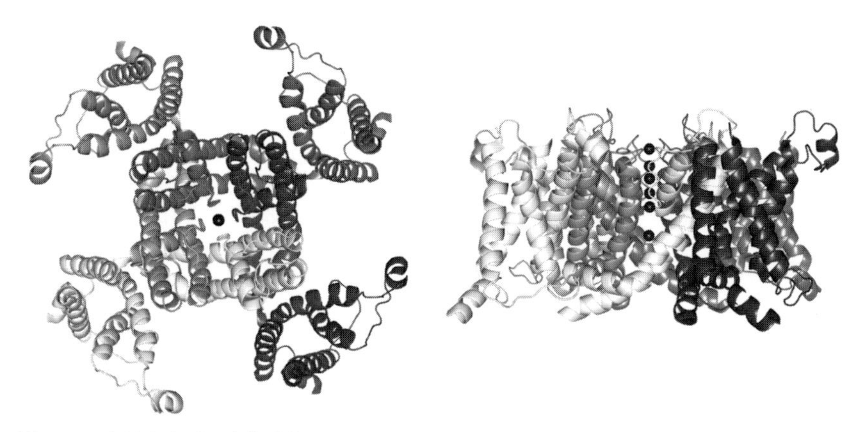

図 3.16　カリウムチャネル CG

カリウムチャネルの立体構造（PDB：3 lut）．四量体の中心にカリウムイオンを通す孔があり，カリウムイオンの安定な存在位置がはっきりわかる．ここでは，膜貫通領域のみを表示している．（図の提供：広川貴次博士より．承諾を得て掲載．）

非常に高い選択性が実現されているのです．

トランスロコンという膜タンパク質組込み装置は，一種の輸送タンパク質と見ることもできます．タンパク質の合成については第4章でまとめて述べますが，タンパク質のアミノ酸配列はリボソームというタンパク質合成装置（RNAからアミノ酸配列への翻訳装置）で作られます．合成中のアミノ酸配列に次のアミノ酸が追加されるときに，GTPという高エネルギー物質の分解によってエネルギーが消費されます．そして，膜タンパク質が合成されるときには，アミノ酸配列を合成中のリボソームがトランスロコンと結合し，合成と同時にアミノ酸配列を膜に組み込んでいきます．つまり，合成に使うエネルギーを用いて，アミノ酸配列を膜内に組み込んでいくのです．親水的なセグメントは膜の反対側に押し出され，膜貫通領域の端が切り出されると，分泌型タンパク質として細胞外（もしくは小胞体内）に移送されることになります．

能動輸送の仕組みには，いくつかのタイプのものがあります．高エネルギー物質（一般にはATP）を分解し，そのエネルギーを用いて膜を横切って輸送する場合が狭義の能動輸送となります．ある分子を輸送するのに，別の分子あるいはイオンの濃度勾配を用いる輸送システムもあります．それは広義の能動輸送となります．このときに，2種類の分子あるいはイオンが同じ方向に輸送される場合共輸送，逆方向に輸送される場合逆輸送と呼ばれます．

ニコチニックアセチルコリン受容体のようにイオンチャネルタイプの受容体というものもあります．これは筋肉細胞の表面にあり，脳からの神経の信号（アセチルコリン）を受容して，イオン透過性を変え，膜電位変化を直接引き起こします．アセチルコリン受容体は，複数の膜貫通へリックスが束となった膜タンパク質ですが，細胞外側（シナプス側）のドメインが大きく，アセチルコリンを結合します．そうすると，構造変化が起こり，イオンの透過性を変えるゲート部分の穴が開くのです．

タンパク質の姿形はどのくらいわかっているのかな？

タンパク質の立体構造が原子分解能で明らかになったのは1950年代で，ペルーツとケンドリューの2人がX線結晶構造解析法により，ヘモグロビンとミオグロビンの立体構造を決定しました．それから約70年，いくつのタンパク質の立体構造が決定されてきたかわかりますか？　世界中で決定されたタンパク質の立体構造情報は，Protein Data Bankというデータベースに蓄えられますが，2015年5月現在で約11万件ものデータが保存されています．ヒトの遺伝子の数が2万とも3万ともいわれていますから，その数を上回るデータが蓄積されているわけです．もちろん，データベースには細菌のタンパク質の情報も含まれますし，同じタンパク質の情報が複数含まれることもあるので，ヒトのタンパク質の立体構造がすべてわかっているわけではありません．それでも相当に多くのタンパク質の立体構造がわかってきたことになります．タンパク質の立体構造を知るというのは，立体構造と機能の関係を理解し，生物の仕組みを原子のレベルから説明しようという試みの一部です．ただ昔は，それまでに知られていない立体構造を見つけ出すことに今より重きが置かれていたように思います（新種の発見のようなものです）．しかし，最近ではそのような切り口も少しずつ減ってきました．タンパク質の立体構造の分類が進んだ結果，分類上の新規構造が減ってきたことも原因の一つでしょうが，立体構造と細胞機能の関わりが研究の主題になり，研究者の注意が新規な構造に向かなくなってきたということもあるでしょう．ただ，タンパク質の立体構造の分類を考えたとき，それが全体で何種類あるのかということに関して，経験的予測は別にして，理論的にこの問題に答えることはできていません．最近では天然変性タンパク質という，一定の立体構造を持たないタンパク質に注目が集まったり，プリオンのように複数の立体構造を取りうるタンパク質の存在が明らかになったりするなど，研究領域の状況も変化しつつあります．このような新しい発見との関係も含め，タンパク質の立体構造の構築原理が大きく注目されることもあるでしょうし，そのような原理がタンパク質の進化を含めた細胞機能の進化の研究と統合されることで，新しい分野を切り開くことになるかもしれません．

千田俊哉
（高エネルギー加速器研究機構　物質構造科学研究所）

第3章のまとめ

1. 細胞膜は，脂質二層膜に膜タンパク質が埋め込まれた構造を取っています．脂質二層膜を作る脂質は，水に溶けやすい親水基と水に溶けにくい炭化水素鎖が共有結合した両親媒性分子です．脂質分子の炭化水素鎖（疎水基）が水中にあると，疎水性相互作用という水の配置による見かけの相互作用が働くことで，炭化水素鎖を内側とした二層膜構造が形成されます．
2. 水中では両親媒性分子の自己集合によるミクロ相分離構造が形成されますが，両親媒分子の親水基と疎水基の大きさの違いによってミセル，ヘキサゴナル，ラメラ（二層膜）などの色々な形態が形成されます．そのようにしてできたミクロ相分離構造の内部では，分子の流動性が見られます．細胞膜においては，脂質分子もタンパク質も高い流動性を示します．
3. 細胞膜の脂質分子は，グリセロールを骨格としたリン脂質が多い．そして，親水基と炭化水素鎖の両方に多様性があります．コレステロールは膜の重要な成分で，ホルモンの合成の材料ともなっています．
4. 脂質二層膜は組成によって，ゲル—液晶相転移を示します．生体由来の物質で非常に鋭い相転移を示す物質として多くの研究が行われました．多成分系の脂質二層膜ではカルシウム濃度による相分離現象も見られます．また，細胞膜でのラフト構造は，細胞内での相分離現象と考えられ，コレステロールや膜タンパク質が集積しています．
5. 膜タンパク質は脂質二層膜に組み込まれたタイプのタンパク質です．膜内の領域は，疎水性が高いアミノ酸のクラスターとなっており，その両端に両親媒性アミノ酸のクラスターが位置しています．ヘリックス間は膜内での極性相互作用で結合していることが，変性の実験からわかっています．膜貫通ヘリックスの本数と膜タンパク質の機能には相関があります．
6. 膜タンパク質の膜貫通ヘリックス領域は，アミノ酸配列によって決まっています．アミノ酸の疎水性インデックスおよび両親媒性インデックスに対する移動平均プロットによって高精度に予測することができます（SOSUIシステム）．

7.　膜タンパク質は，細胞にとって非常に重要な機能を担っています．大きく分けると，細胞内外の情報伝達，物質輸送，エネルギー変換などが，主な膜タンパク質の機能となっています．

第4章 生体機能を担うタンパク質

生物は配列空間（DNA 塩基配列やアミノ酸配列）と実体空間（タンパク質や生物個体）の間をまたがって存在しています．第1章の図1.8に示したように，DNA 塩基配列が生物の一次元の設計図となっており，それから翻訳されたアミノ酸配列が分子機械（タンパク質）の材料となります．それらは配列空間を形成しています．これに対して，アミノ酸配列が折れ畳まれて機能するタンパク質となり，多様なタンパク質がシステムを形成して生物個体ができます．そして，個々のタンパク質や生物個体は，3次元の実体空間で非常に複雑な構造体です．最終的に生物を理解するには，この配列空間と実体空間の全体を矛盾なく説明できなければなりません．本章では，生物の最も重要な要素であるタンパク質について考えてみたいと思います．

タンパク質は合成の段階ではアミノ酸配列として配列空間にあり，それが折れ畳まれると柔らかいがきれいな秩序を持つ立体構造を形成します．そして，変異によって配列が変わっても立体構造は保存されやすいという意味で非常にロバスト（強靭）です．しかも，タンパク質は実体空間の中でさまざまな生体機能を果たします．そういう意味で，タンパク質は生物の中でも特別の存在です．したがって，タンパク質についてよく知ることができれば，生物全体の理解への大きなステップとなります．本章では，タンパク質が持つ階層構造（一次構造，二次構造，三次構造，四次構造），構造モチーフ，柔らかさとゆらぎ，生体機能を可能にする分子認識などについて述べます．

4.1 タンパク質の階層構造

タンパク質に階層構造があることは，その立体構造から明らかです．タンパク質をコンピュータ・グラフィックスで表現するときに，階層構造のどの階層を見たいかによって，色々なモードの表現が可能です．図4.1には，例として

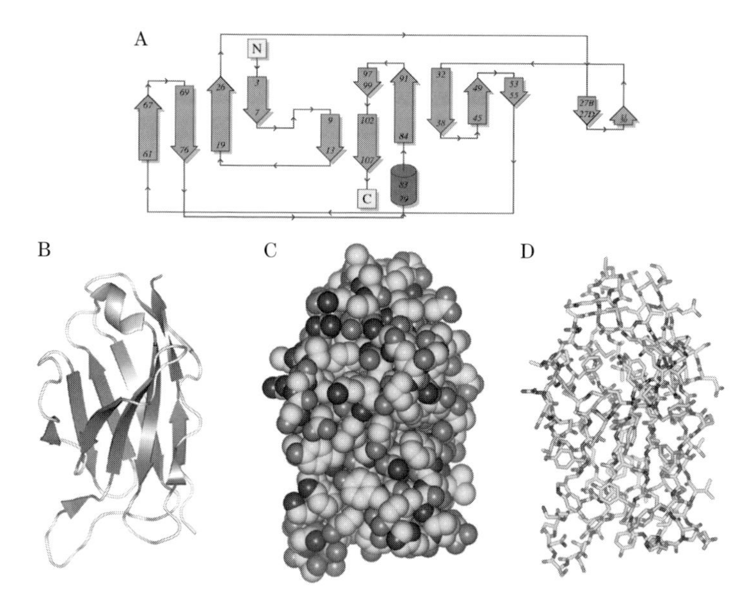

図4.1　タンパク質の表現

タンパク質の構造をいくつかの表現方法で示したものである．例として用いたタンパク質は，免疫グロブリンの軽鎖の可変領域である，PDB：1eeq)．A：一次構造と二次構造の関係を示すトポロジー図（PDBデータベースのPDBsumより）．B：リボンモデル（立体構造中の二次構造を見やすい）．C：実体モデル（タンパク質の実体を見るのによい）．D：ボールスティック（奥まで透けて見えるので原子の位置関係を見やすい）．（図の提供：広川貴次博士より．承諾を得て掲載．）

免疫グロブリンの軽鎖の可変領域を示しました．アミノ酸配列（一次構造）が二次構造（αヘリックスやβシート）を形成し（図4.1A：トポロジー図），それがさらに折れ畳まれることによってタンパク質の三次構造（分子の立体構造）ができます（図4.1B：リボンモデル）．タンパク質の全体の形を眺めるには実体モデル（図4.1C），原子のつながりを見るにはボールスティックモデル（図4.1D）が適切です．タンパク質はさらに他のタンパク質やその他の分子（DNAや低分子など）と結合することができます．複数のタンパク質が結合して複合体を形成するとき，それを四次構造と呼びます．

タンパク質がこのような階層構造を作る理由を，アミノ酸の分子構造から考

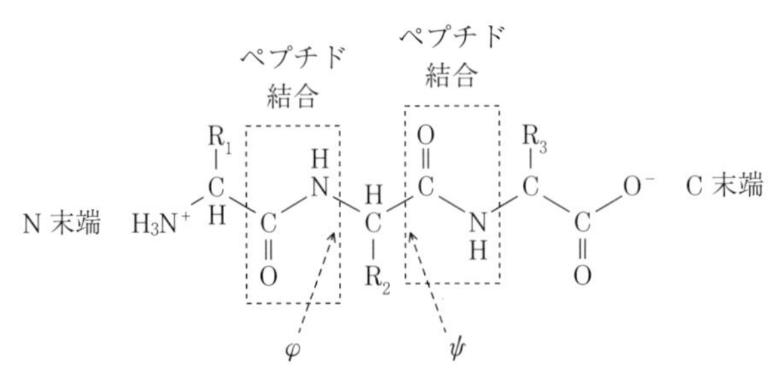

図 4.2　ペプチド結合
アミノ酸配列と立体構造を作るペプチド結合と二面角（φ，ψ）．

えてみます．**図 4.2** は，3 つのアミノ酸が結合した様子を示しています．各アミノ酸はアミノ基，側鎖が付いた α 炭素，およびカルボキシル基からなっています．生物を構成するタンパク質のアミノ酸は，図 3.12 および表 3.1 に示したように 20 種類の異なる側鎖のいずれかを持っています．図 4.2 では側鎖を R_n で示してあります．また，隣り合うアミノ酸はペプチド結合（CO–NH）で結合されていますが，ペプチド結合の C–N のボンドは回転しづらく，平面構造を形成しています．これに対して，ペプチド結合の間にある α 炭素の両側の二面角（φ と ψ）は回転することができます．この回転は基本的には自由なのですが，立体障害などによって，トランス，ゴーシュ（＋ −）の 3 つの角度を取りやすくなっています．これらの二面角が，タンパク質の立体構造全体に大きな自由度を与えていて，さまざまな働きを持つ分子機械として機能することを可能にしているのです．

図 4.1B のリボンモデルからもわかるように，タンパク質は α ヘリックスや β シートなどの単純な二次構造が組み合わされた形をしているのが普通です．アミノ酸配列のどの領域がどのような二次構造になるかは，アミノ酸の組合せと周りの環境によって決まっていますが，二面角（φ，ψ）から見るとそれぞれ狭い領域にあります．それをわかりやすく示したのがラマチャンドランプロットです．タンパク質立体構造データベース PDB の PDBsum から容易にラマチャンドランプロットを得ることができます（**図 4.3**）．このラマチャンドランプロットは，免疫グロブリン軽鎖可変領域に含まれるアミノ酸を用いましたが，図 4.1A，B からもわかるように，免疫グロブリンは β シートが支配的なタンパク

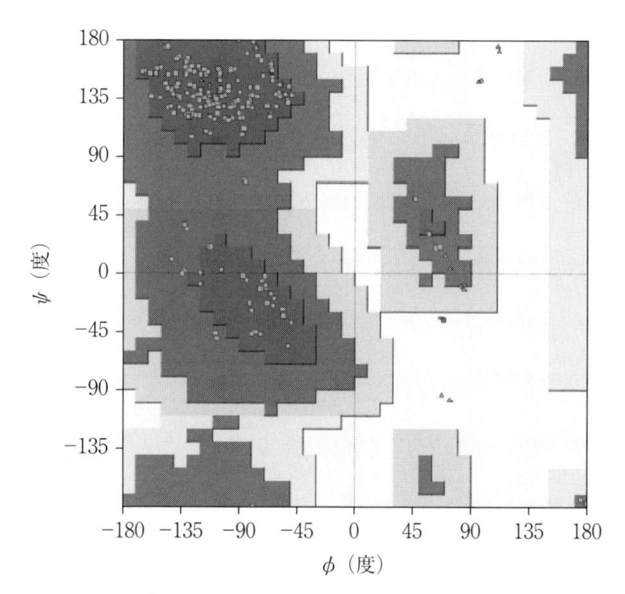

図 4.3　ラマチャンドランプロット

立体構造を取ったタンパク質におけるアミノ酸の二面角（ψ，ϕ）の分布を示したラマチャンドランプロット．図 4.1 で示した免疫グロブリン軽鎖の全アミノ酸の二面角からプロットしたものである（PDB データベースの PDBsum より）．

質です．図 4.3 の左上部分に高頻度の領域がありますが，これが β シートに特徴的な二面角です．もう 1 つ左側の真ん中あたりに高頻度の領域がありますが，β シートをつなぐ短い α ヘリックス様の構造に相当しています．このタンパク質ではかなりブロードに分布していますが，しっかりした α ヘリックス構造を特徴づける二面角ははるかに，狭い領域に集中しているのが普通です．

二次構造における水素結合の様子を示すと，**図 4.4** のようになります．二次構造は，主鎖のアミノ基とカルボキシル基の水素結合で特徴づけられています．α ヘリックスは，注目するアミノ酸における主鎖のカルボキシル基の酸素と，4 残基先のアミノ酸におけるアミノ基の水素の間で水素結合が形成されています．その結果，α ヘリックスは 3.5〜3.6 残基をピッチとしたヘリックス構造となります．β シートについては，反平行 β シートと平行 β シート構造があります．平行 β シートでは，長い別の構造（ループや α ヘリックス）で戻ってこなけれ

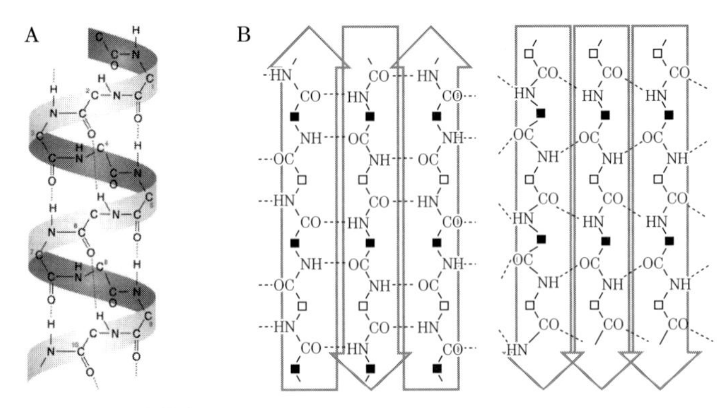

図 4.4　タンパク質二次構造

アミノ酸配列が形成する α ヘリックス（A）と β シート（B）の主鎖構造．β シートについては，矢印で示す通り，反平行と平行の 2 種類の構造がある．図中の□と■は側鎖が結合している Cα だが側鎖の結合した方向が手前と向こうと逆になっている．（図の提供：広川貴次博士より．承諾を得て掲載．）

ばならないので，タンパク質全体として独特の立体構造を形成することが少なくありません．

タンパク質の構造形成には，主鎖の水素結合以外に，側鎖も大きく関与しています．まず側鎖の大きさによる立体障害が，重要な要因の 1 つとなります．図 4.2 における側鎖（R_1，R_2，R_3 ……）は図 3.12 に示した通り，大きさがかなり違います．一番小さなグリシン（Gly）では，側鎖はなく水素だけなのに対して，大きな側鎖であるトリプトファン（Trp）では，周りの高分子鎖と重なることができないので，二面角に制限を与えます．一般に小さな側鎖が並んだアミノ酸配列のクラスターは，高分子鎖として自由度が大きく柔らかいセグメントとなります．これに対して，大きな側鎖であるトリプトファン（Trp），チロシン（Tyr），フェニルアラニン（Phe）などの環状側鎖を持つアミノ酸のクラスターや側鎖間の共有結合を形成するシステイン（Cys）などを含むアミノ酸配列のクラスターは，自由度が制限され硬いセグメントとなります．また，プロリンは二次構造の中に納まりにくいイミノ酸なので，配列中にプロリンがあると，二次構造が壊れる傾向があります．他方，グリシンなどの小さいアミノ酸は並んでいると，その付近は二次構造などの局所構造が柔らかすぎてやはり壊されやすくなります．

二次構造や三次構造などのタンパク質の立体構造形成には，側鎖の親水性や疎水性の度合いも重要な要因となります．ロイシン（Leu），イソロイシン（Ile），メチオニン（Met），バリン（Val）などは，炭化水素鎖だけで形成されている側鎖なので，疎水性の高いセグメントを形成します．また，リジン（Lys），アルギニン（Arg），ヒスチジン（His）は正の電荷を持ち，アスパラギン酸（Asp），グルタミン酸（Glu）は負の電荷を持っていて，水との親和性が高いと同時に，電荷を持った他の分子と電気的な相互作用をすることができます．また，アスパラギン（Asn），グルタミン（Gln），セリン（Ser），スレオニン（Thr）などは，正味の電荷を持ちませんが，親水的な基を持っていて，水に溶けやすいセグメントを形成します．

三次構造や四次構造の形成は，セグメント同士の結合（分子認識）の問題になります．それには複数の側鎖間の相互作用が関与してくるので，それを理解し予測することはより難しい問題となりますが，それを解決していくための考え方を，以下に示していきたいと思います．

4.2　同じ構造要素は同じメカニズムでできているか？

タンパク質の立体構造がどのようなメカニズムで決まっているかという疑問については，多くの研究が行われてきました．一見単純な関係として，一般にアミノ酸配列がよく似たタンパク質は，立体構造も似ているということがわかっています．アミノ酸配列の相同性とタンパク質の立体構造の相同性の間に，もしよい相関があれば，タンパク質の研究は非常に簡単になります．容易に解析可能なアミノ酸配列を調べ，それに似たタンパク質の立体構造をすぐに推定することができると考えられるからです．2000年頃からタンパク質の立体構造解析の研究計画が組織的に行われました．その目的の1つは，配列の相同性と構造の相同性の関係を明らかにするということでした．図4.5はその結果をまとめたものですが，配列の相同性から立体構造の相同性を推定するという目論見は，外れてしまったようです．ここでプロットされているのは，立体構造の相同性が5Å以下という十分相同性の高いタンパク質ペアです（RMSDという

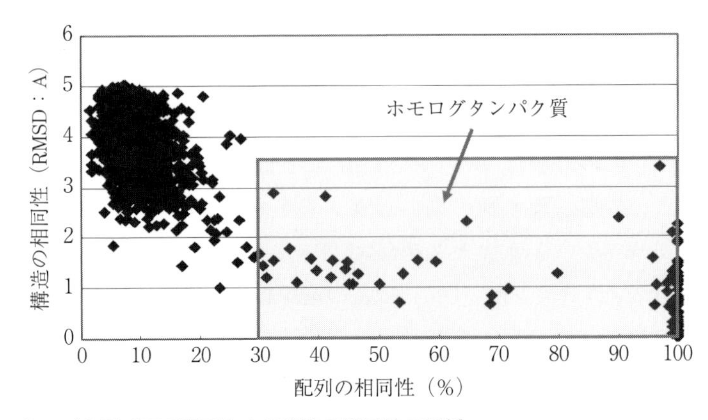

図 4.5　タンパク質ペアの配列と立体構造の相同性の関係

立体構造が似たタンパク質のペアについて，アミノ酸配列の相同性（横軸）と立体構造の相同性（縦軸）の関係を示した散布図．RMSD というパラメータはペアのタンパク質の立体構造が似ているほど小さい．ここでは RMSD が 5 A 以下のペアをプロットしている．立体構造の相同性が高いペアが配列の相同性が高いとは限らないことがわかる．

【出典】広川貴次，美宅成樹，『web で実践 生物学情報リテラシー』中山書店，p.40，図 3-1 (2013) を改変．

パラメータではペアの立体構造が似ているほど小さい数値となります）．配列の相同性が 30%以上のタンパク質ペアの場合，構造の相同性もほとんど 3 A 以下であり，配列から構造への推定も根拠がありそうです．しかし，配列の相同性が 20%以下でも，構造に相同性があるタンパク質のペアが大量に見出されるのです．つまり，配列の相同性から立体構造を一対一に推定することはできないのです．配列の相同性は低いが，立体構造の類似性が高い一例を，**図 4.6** に示しておきます．このタンパク質のペアは，機能は違いますが，主鎖の構造はとても似ています．しかし，アミノ酸配列の相同性は 5.6%とまったく異なっています．このようなタンパク質のペアが少なくないのです．

ただこれは，概念的にはそれほど難しい問題ではありません．タンパク質の立体構造は，アミノ酸配列の各部分と他の部分との相互作用，あるいは環境との相互作用によって，形成されています．そして，異なる相互作用のバランスで類似の構造が作られることもあるからです．例えば，構造的には同じ α ヘリックスであっても，どのようなアミノ酸配列が構造の安定化に寄与するかは，

加水分解酵素（PDB：1xyf）　　成長因子（PDB：1bar）

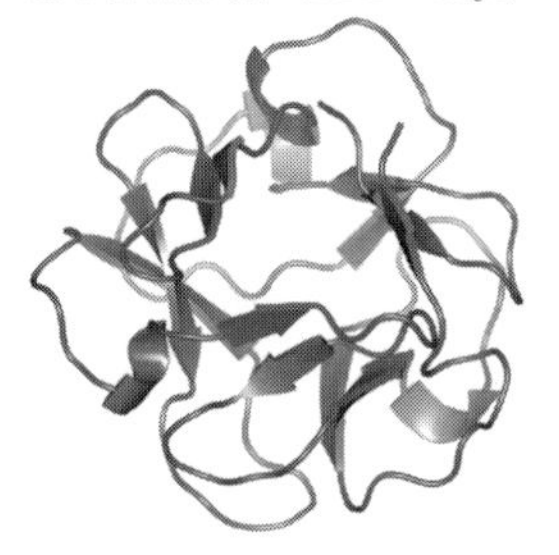

```
1XYF.A    -GQIKGVGSGRCLDVPNASTTDGTQVQLYDCHSATNQQWTYTDA----GELRVYG-DKCL
1BAR.A    PKLLYCSNGGYFLRI-----LPDGTVDGTKDRSDQHIQLQLAAESIGEVYIKSTETGQFL

1XYF.A    DAAGTGNGTKVQIYSCWGGDNQKWRLNSD----GSIVGVQSG---LCLDAVGGGTANGTL
1BAR.A    AMDTD---GLLYGSQTP-NEECLFLERLEENGYNTYISKKHAEKHWFVGL-----KKNGR

1XYF.A    IQL--YSCSNGSNQRWTRT-----
1BAR.A    SKLGPRTHFGQKAILFLPLPVSSD
```

配列の相合性＝5.6％

図 4.6　立体構造は似ているが，アミノ酸配列の相合性が低いタンパク質ペアの例
加水分解酵素（PDB：1xyf）と成長因子（PDB：1bar）ではアミノ酸配列のアライメントによる配列類似性は5.6％だが，立体構造は似ている．このようなタンパク質ペアが少なからず見られる．（図の提供：広川貴次博士より．承諾を得て掲載．）

環境によって変わるのです．前章の図3.16に，膜タンパク質（カリウムチャネル）の立体構造を示しましたが，この場合は膜を貫通するαヘリックスが束になって立体構造を形成しています．膜の中心付近は水のない脂質の炭化水素鎖が作る疎水性環境なので，膜貫通ヘリックスの中心部分も疎水性のアミノ酸のクラスターとなっています．水溶性タンパク質でもαヘリックスがよく見られますが，それらは水に露出しているので，αヘリックス領域のアミノ酸配列も親水性のアミノ酸を多く含んだクラスターとなっています．**図 4.7** はカルモジュリンの立体構造（A）と，多くのタンパク質で見られるコイルドコイル構造の立体構造（B）を示しています．カルモジュリンの中心のαヘリックスは完全に水に露出していて，それを形成しているアミノ酸配列は非常に親水性の高いアミノ酸からなっています．また，コイルドコイルのαヘリックスは水に露出した面と隣り合うαヘリックスに向いた面とがあるため，親水性アミノ酸と疎水性アミノ酸が周期的に現れる両親媒性ヘリックスとなっています．このよ

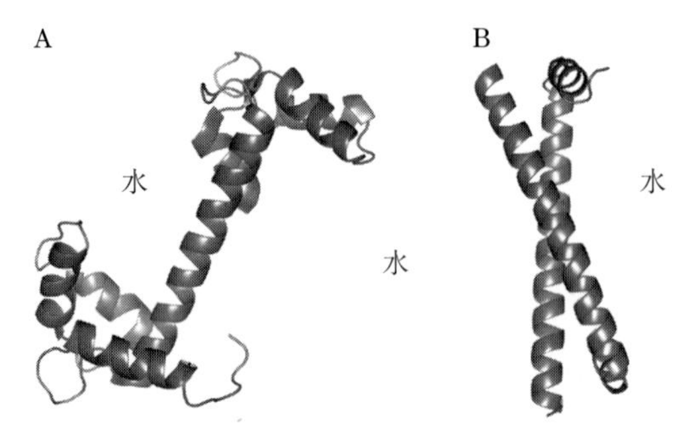

図 4.7　カルモジュリンとコイルドコイル

カルモジュリンの中心のαヘリックス（A）は完全に水に露出しているが，コイルドコイルのαヘリックス（B）は部分的にしか水に露出しておらず，それに応じてアミノ酸配列の特徴も変わっている．同じヘリックス構造でも，周りの環境が変わるとアミノ酸配列は異なるのである．（図の提供：広川貴次博士より．承諾を得て掲載．）

うに，膜タンパク質のαヘリックス，カルモジュリンのようなダンベル型のタンパク質のαヘリックス，さらにコイルドコイルを形成するαヘリックスでは，同じαヘリックスでもまったく異なるアミノ酸配列で形成されているのです．

複数のメカニズムで同じ立体構造（フォールド）ができるということは，非常に大事なポイントなのでもう少し考えてみます．アミノ酸配列からタンパク質の立体構造ができるとき，αヘリックスやβシートなどの単純な局所構造が組合せられているのですが，それと同じくらい大事なのが，ターンやループなどのゆらぎの大きな不定形の部分です．これらはしばしばタンパク質の構造や機能を決める部分でもあるからです．ターンやループなどの不定形の構造と，αヘリックスやβシートなどの秩序構造の境界には，しばしば二次構造ブレイカーと言われるプロリンがあります．またグリシンのクラスターなども一種の二次構造ブレイカーだと考えられていて，それらも秩序構造と不定形の構造の境界にあることが多いのです．さらにさまざまなタンパク質の立体構造を調べてみると，プロリン（Pro），グリシン（Gly）以外にも，小さな極性アミノ酸のクラスター（Ser，Thr，Asp，Asn），両親媒性アミノ酸のクラスター（Arg，Lys，His，Glu，Gln）などが，前後のアミノ酸の配置によって二次構造ブレイカーとなります（図 4.8）．

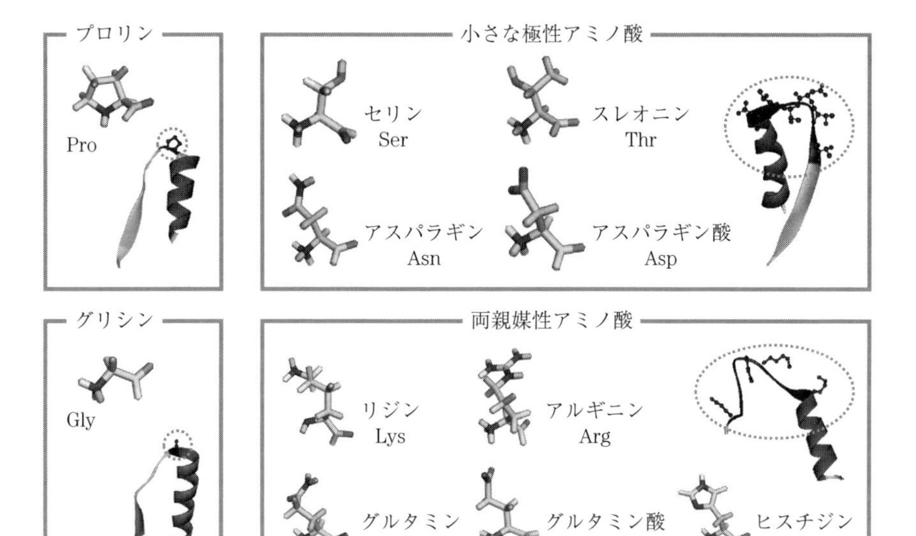

図 4.8　二次構造ブレイカー

タンパク質の局所秩序構造（αヘリックスやβシート）と不定形の構造（ターンやループ）の境界にしばしば出現するアミノ酸もしくはそのクラスターには，プロリン，グリシン，小さい親水性残基のクラスター，両親媒性残基のクラスターなどがある．（図の提供：今井賢一郎博士より．承諾を得て掲載．）

プロリンは単独で90%を超える確率で二次構造ブレイカーとなります．ここでは，実際のαヘリックスやβシートの端のアミノ酸からN端とC端の側にそれぞれ3残基以内にプロリンがある場合，そのプロリンが二次構造ブレイカーとなっていると定義しています．他のアミノ酸クラスターは，無条件に二次構造ブレイカーになることはないので，その周囲の電荷分布など物性分布の文脈を解析しなければなりません．判別分析の手法で解析してみると，それぞれ90%以上の精度で二次構造ブレイカーを予測することができます．この考え方で二次構造ブレイカーがどのように予測できるかについての例（Gタンパク質）を，図 4.9 に示しています．二次構造ブレイカーには，プロリン，グリシン，両親媒性アミノ酸のクラスター，および小さな極性アミノ酸のクラスターの4種類のものがあるとして，実際のタンパク質のアミノ酸配列を解析してみた結

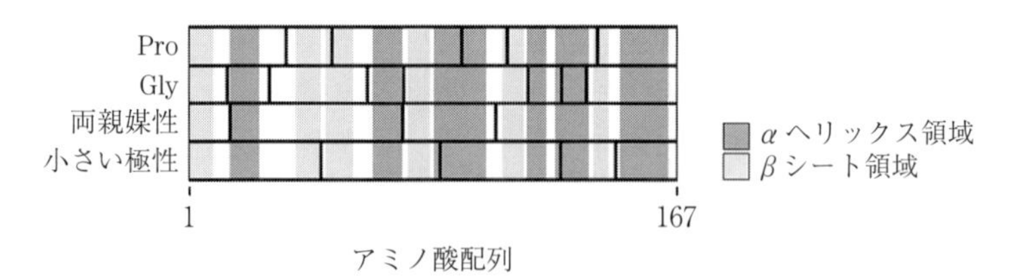

図 4.9　G タンパク質における二次構造ブレイカーの分布
4 種類の二次構造ブレイカーを考慮して G タンパク質（PDB：1KAO）のアミノ酸配列を解析した結果，二次構造（αヘリックスやβシート）の端または二次構造間に二次構造ブレイカーが位置付けられている．（K. Imai and S. Mitaku, *BIOPHYSICS*, **1**, 55–65（2005）に記載の解析システムを元に作図した解析結果．今井賢一郎博士提供，承諾を得て掲載．）

果が，このグラフの縦棒です．また立体構造解析から得られている二次構造を網掛けの濃淡で示してあります．このタンパク質ではほとんどすべての二次構造間のターンあるいはループ領域に予測された二次構造ブレイカーがきれいに配置されています．そして，図 4.9 に示した G タンパク質だけではなく，他のタンパク質でもよい精度で二次構造ブレイカーが高精度に予測されています．立体構造はよく似ているが，アミノ酸配列の相同性がほとんどないようなタンパク質のペア（例えばミオグロビンとヘモグロビン）で調べてみると，ほぼ同じ位置に二次構造ブレイカーが位置付けられています．しかし，二次構造ブレイカーの種類はバラバラなので，アミノ酸配列の相同性がまったくないにもかかわらず立体構造が非常に似ていることの理由が理解できます．図 4.5 に示したようにアミノ酸配列が変わっても，立体構造が変わらないという現象が起こり得る理由の 1 つはここにあるのです．

4.3　三次構造形成を考える手がかり：ダンベル型タンパク質

同じ二次構造や二次構造ブレイカーが，色々なメカニズムで作られる可能性があるとしても，それによって三次構造（立体構造）を理解したということにはなりません．図 4.7 にも示したカルモジュリンは，カルシウムイオンと結合することによって，他のタンパク質と結合できるようになります．その様子を

図 4.10 に示しました．カルモジュリンの立体構造を理解するには，そのダンベル型の構造がどのように安定化されているかということと同時に，カルシウムが結合すると大きな構造変化をして，他のタンパク質と基質として結合することができることも説明できなければなりません．カルモジュリンは，その立体構造と溶媒条件による大きな構造変化の様子が，他のタンパク質と比べていささか特殊であるように見えますが，特殊な立体構造だからこそタンパク質という物質の特徴をよく示すということもあります．分子間相互作用からこの形態を考え，それを基にタンパク質を理解するための基本的な考え方について検討してみましょう．

図 4.11 は，カルモジュリンのようなダンベル型タンパク質のモデル図です．このような形態が安定に形成されるためのポイントは，真ん中の棒状部分が硬いか柔らかいかということです．本当の金属のダンベルでは棒状部分は非常に硬く，それによってダンベル型の形が保たれています．これに対して，タンパク質であるカルモジュリンは 1 個の分子であり，常に熱的な構造ゆらぎにさらされています．また図 4.10 に示したように，カルモジュリンは溶媒条件によって大きな構造変化をし，中央の長いヘリックスがぐにゃっと曲がり，基質のタンパク質をとり囲んだ形の結合をします．実は，中央ヘリックスは柔らかいのです．そのような棒状ヘリックスを含んだダンベル型タンパク質が安定になる

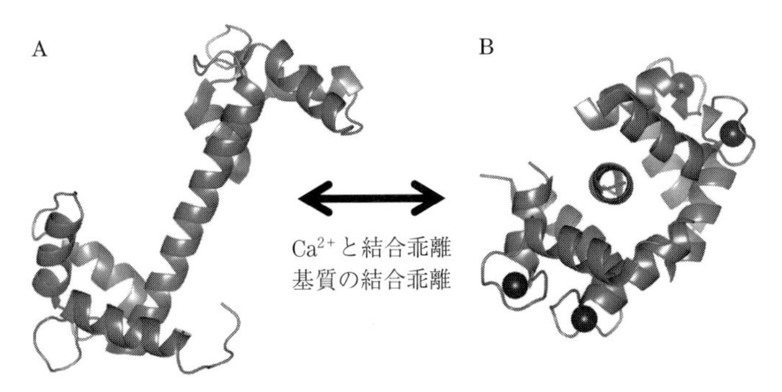

図 4.10　カルモジュリンの構造変化
カルモジュリンのダンベル型構造（A）と，カルシウムイオンが結合し基質が結合した折り畳み構造（B）．（図の提供：広川貴次博士より．承諾を得て掲載.）

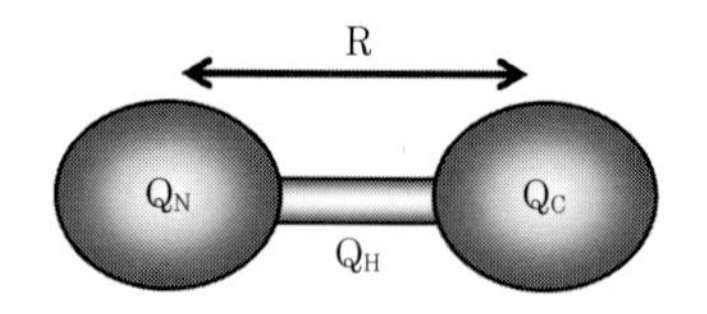

図 4.11　ダンベル型タンパク質
ダンベル型タンパク質のモデル図．Q_N，Q_C，Q_H はそれぞれ N 端，C 端，中央へリックスの電荷数，R はドメイン間の距離．（N. Uchikoga, S. Takahashi, R–C. KE, M. Sonoyama, and S. Mitaku, *Protein Science*, **14**, 74–80（2005）の記述を元に作図した．）

には，棒状ドメインと両端の球状ドメインがこの形態を安定化するように相互作用するしかありません．

図 4.11 におけるモデル図の 3 つのドメインがどのような電荷分布をしているかを調べてみると，3 つのドメインがいずれも正味の電荷が負となっています．電子の電荷を −1 として各ドメインの電荷の正味電荷を勘定してみると，カルモジュリンの場合 N 端側のドメインが −12，C 端側のドメインが −9，中央へリックスのドメインが −2 です．電磁気学で出てくる最も基本的な法則であるクーロン力によれば，2 つの電荷が同じ符号だと斥力，異なる符号だと引力となります．カルモジュリンの 3 つのドメインはお互いクーロン力によって反発しているということがわかります．特に球状ドメインの負電荷は大きく，全体の構造が揺らいでいても，ダンベル型の形状は球状ドメイン同士の斥力によって保たれていると考えられるのです．実際に，ドメイン同士の斥力のポテンシャルエネルギーを計算してみると，熱エネルギーの数十倍となります．溶媒の誘電率やイオンによる遮蔽効果があり，斥力はこの計算よりはかなり小さくなると考えられますが，中央へリックスの電荷による斥力も考慮すると，カルモジュリンのダンベル型構造はへリックスの硬さで保たれているのではなく，球状ドメインの斥力で安定化されているのです．そして，同じ形態のタンパク質について調べてみると，すべて電荷の分布が偏っていて，斥力による構造形成が成立しているようなのです．

カルモジュリンがカルシウムイオンと結合すると構造変化をしやすくなることも，この斥力モデルで簡単に説明できます．カルモジュリンの球状ドメインは，それぞれ2個のカルシウムオンの結合部位を持っています．したがって，カルシウムイオンが結合すると，N端側の球状ドメインの電荷は−12から−8へ，C端側の球状ドメインの電荷は−9から−5となります．つまり，クーロン力は，(8×5)／(12×9)＝0.37倍となります．斥力が3分の1ほどに弱くなり，ダンベル型の形態が崩れやすくなるのです．しかも，カルモジュリンは100種類もの多様な基質と結合することができますが，基質のタンパク質の結合部位はいずれも正電荷を持っています．カルシウムがあると，カルモジュリンのダンベル型形態が崩れやすくなり，基質とは電気的に結合しやすくなると考えられるのです．

特殊なケースでわかったことを，より一般的な理解に広げるには，一度抽象化する必要があります．ダンベル型タンパク質でわかることは，タンパク質に関連する問題は，適切なスケールでとらえるべきで，問題によっては大きく粗視化する必要があるということです．

4.4　三次構造形成の2つの側面：フォールドと機能部位

タンパク質はアミノ酸配列によってさまざまな立体構造を取り，分子素子としての機能を果たしています．そして，タンパク質の立体構造の多様性は，意外と単純なメカニズムで実現されています．三次構造は多様なのですが，αヘリックスとβシートなどの局所秩序構造をターンやループなどの不定形の構造でつないでいるだけなのです．一般に単純なユニットを階層的に組み合わせると，複雑な構造を簡単に作ることができ，半導体素子のLSIなどはその典型的な例ですが，生体系の複雑さも同じです．ただ，タンパク質の場合は自己組織化によって複雑な立体構造ができていることが大きな特徴となっています．そのことからタンパク質の三次構造形成には，次のような2つの側面があります．フォールドというタンパク質の立体構造のグローバルな側面と，機能部位における高分解能が必要となる側面の2つです．つまり，タンパク質の立体構造を，フォールド—機能部位という階層で考えると，フォールドは活性部位（機能）を保持するためのグローバルな構造であり，機能の活性部位はフォールドの中に作られた局所的構造です．当然，フォールドの構造より活性部位の構造のほうが，高い分解能で見る必要があります．図 4.1 では，いくつかのタンパク質の表現の仕方を示しました．フォールドを見るには原子やアミノ酸を塗りつぶしてしまったリボンモデルがわかりやすく，活性部位を見るには原子をあからさまに表す実体モデルやボールスティックモデルで表現します．見たい構造の特徴によって，粗視化の度合いを変える必要があるのです．

見たい構造の特徴で粗視化の度合いを変えると言うと，便宜的な表現方法だけの問題だと思うかもしれません．しかし，構造形成のメカニズムを理解するうえでも，粗視化の度合いを変える必要があるということを示しているのが，前節のダンベル型タンパク質の形成メカニズムです．ダンベル型というのは，このタンパク質のフォールドを意味しています．そして，ダンベル型タンパク質のドメイン間には斥力が働いていて，それによってダンベルの姿かたちが形成されています．そのドメイン間斥力の原因となる電荷は，アミノ酸の酸性側鎖のカルボキシル基が解離することで生まれます．しかし，フォールドを考えるのに必ずしも個々のアミノ酸の電荷の位置関係を知る必要はありません．ドメイン全体の負電荷の大きさとドメイン間の距離がわかれば，おおむね斥力の強さは評価できます．このフォールドの本質は，球状ドメインを 1 つの球と見る粗視化で理解可能なのです．

他のフォールドにおいても，アミノ酸配列の物性分布の粗視化によって理解できる例をもう 1 つ示しておきましょう．図 4.12 は，インターフェロン α2A の電荷分布の解析と立体構造を示したものです．三角マップの各点の濃淡は対角線からの距離に対応する長さのセグメントの平均電荷を示しています．右下の隅は，タンパク質全体の平均電荷を表していますが，ほぼ色は白なのでタンパク質全体としては中性だということがわかります．このタンパク質は，5 本のヘリックスバンドルですが，ヘリックスの電荷分布はヘリックスごとに偏った電荷を持っていることがわかります．そして，正電荷のヘリックスと負電荷のヘリックスが引力によって近寄るような関係が見て取れます．もちろん結合相手の分子との活性部位は，アミノ酸や原子をあからさまに見ることが必要ですが，フォールドのレベルではかなりの粗視化をするとわかりやすい場合があるということを理解していただけるのではないでしょうか．

アミノ酸配列から立体構造への折れ畳みに影響するアミノ酸の物理的性質は，

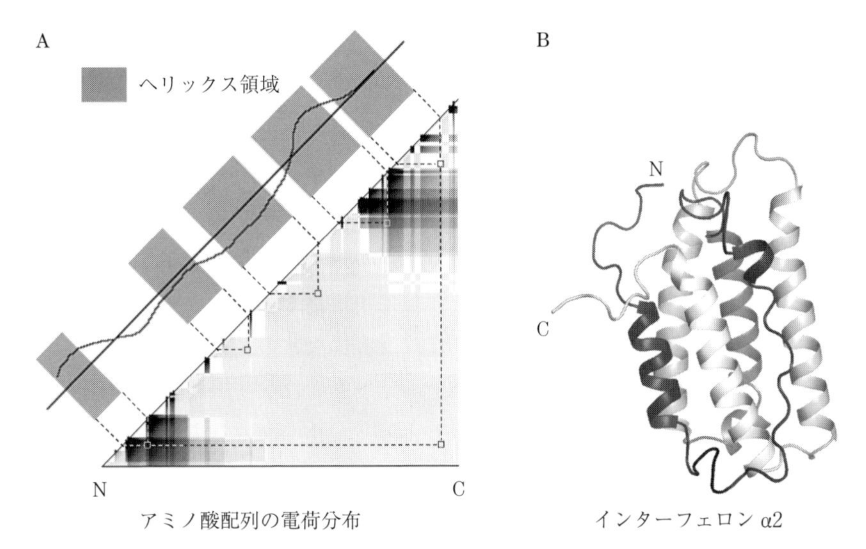

図 4.12　インターフェロン α2 のアミノ酸配列の電荷分布を粗視化解析したグラフと，立体構造の対応関係

A：アミノ酸配列の電荷分布解析は，対角線より離れるほど大きな領域の平均を取るという粗視化解析であり，正電荷が多い領域は濃い色のグラデーションで，負電荷が多い領域は薄い色のグラデーションで表される．それぞれの□は，各ヘリックス領域及び5本のヘリックスを含む領域の電荷分布を示す．また，電荷分布の上のグラフは，10–15 残基のセグメントの平均電荷分布の変化を表したものである（正電荷は正の値，負電荷は負の値）．それぞれのヘリックスが偏った電荷分布を持っていることがわかる．B：濃いグレーの正電荷を持つヘリックスと薄いグレーの負電荷を持つヘリックスが交互になっている．ヘリックス間の配置は電荷による引力で構造形成していることを示唆している．（図の提供：今井賢一郎博士より．承諾を得て掲載.）

電荷だけではなく，水に対する親和性（疎水性・親水性），大きさによる立体障害，水素結合，S–S 結合など色々なものがあります．水に対する親和性が構造形成に強く関係するタンパク質は膜タンパク質で，生体膜を議論した章で示したように，粗視化解析によって高精度予測が可能です．このようにアミノ酸配列からタンパク質への構造形成には，粗視化された物性分布と，二次構造ブレイカーの分布とが深く関係していると考えられるのです．

4.5 タンパク質の機能活性部位の形成メカニズム

タンパク質の立体構造のフォールドとその要素としての局所構造などが，どのような特徴を持っているか，どのような物理的相互作用で形成されているかなどについて説明してきましたが，タンパク質の最も重要な特徴は機能を持っていることです．酵素タンパク質では，基質の分子を結合させたり，分解したりします．輸送タンパク質では，膜を通してイオンや小分子，あるいはタンパク質などの生体高分子などを移送します．受容体などのシグナル伝達を行うタンパク質は，外界からや細胞間のシグナル分子を受け取り伝達します．運動系のタンパク質は，生体内のエネルギーを利用して動きます．DNA 分子と結合して遺伝情報を処理することや，光合成のために光を受容して電子伝達をすることなども，生物にとって非常に重要な機能ですが，これらもタンパク質が行っています．生物は，多様な立体構造のタンパク質を用意し，多様な機能を行っているのです．

タンパク質の機能の多様性を考えると，その一般論を考えることは難しいと思うかもしれません．しかし，それを抽象化して，すべてのタンパク質に成り立つ活性部位の特徴を考えてみたいと思います．人間が発明した電気的な機械では，その大事な素子はすべて電子の流れを制御するという特徴を持っています．それと同じように生物を形成しているすべてのタンパク質は，他の分子との分子認識を行っています．タンパク質の立体構造には，大きな多様性があるのですが，何らかの分子認識を行っているという意味では共通です．酵素タンパク質が，2 つの分子を結合して 1 つの分子を合成する反応を触媒する場合，その酵素には 2 つの分子を分子認識する部位があり，それらの共存時間を長くして合成の確率を上昇させます．輸送タンパク質でも，輸送される分子を特異的に認識します．シグナル伝達の受容体でも，シグナル分子を特異的に分子認識しなければなりません．

図 4.13 は，機能のあり方に注目したタンパク質のモデル図です．タンパク質を分子素子とした生物は，タンパク質の特異的分子認識の能力を基礎としたシステムです．免疫系の抗体タンパク質は，1 億種類以上の基質を分子認識することができると考えられており，基本的にタンパク質はあらゆる基質分子を

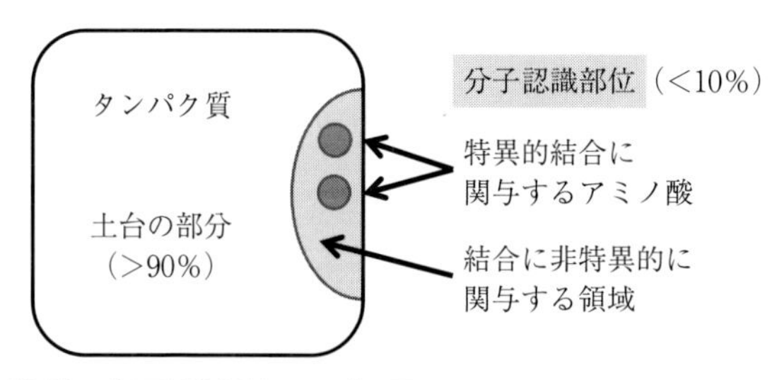

図 4.13　タンパク質の分子認識部位のモデル図
すべてのタンパク質は他の分子と特異的に結合する分子認識部位を持っており，その特異性によって，さまざまな機能を行っている．分子認識部位はタンパク質の全体から見ると小さく，残りの部分は分子認識の土台に相当する．

特異的に結合することができます．ただ分子認識部位は，タンパク質の立体構造中のごく一部（例えば10%）に過ぎません．それ以外の大部分の構造（例えば90%）は，分子認識部位に参加しているアミノ酸の配位を保つために立体構造を作っていると考えることもできます．そこで，分子認識部位を形成しているタンパク質の局所構造が，そのタンパク質のグローバルなフォールドにどのくらい規定されているかということは，タンパク質の機能の予測にも関連して興味深い問題です．

タンパク質のペアの間に進化的に関係があり，変異が導入されることによってできたような場合，それらのタンパク質の機能を実現する分子認識部位も立体構造（フォールド）も似たものになります．しかし，分子認識部位は同じで機能も似ているにもかかわらず，タンパク質のフォールドがまったく異なっている場合も実は少なくありません．**図 4.14** は，分解酵素のトリプシンとリパーゼの立体構造と分子認識部位のアミノ酸の配位を示しています．実際にフォールドが異なるのに，分子認識部位だけが非常に似ていることがわかります．つまり，タンパク質のフォールドと機能の分子認識部位は，基本的には独立の構造と考えることができるのです．

そこで，今度は分子認識部位の内部構造を考えてみます．図 4.14 では，基質結合に直接関係する3つのアミノ酸（セリン，ヒスチジン，アスパラギン酸）が示されています．それらはタンパク質分解酵素における特異的結合を特徴づ

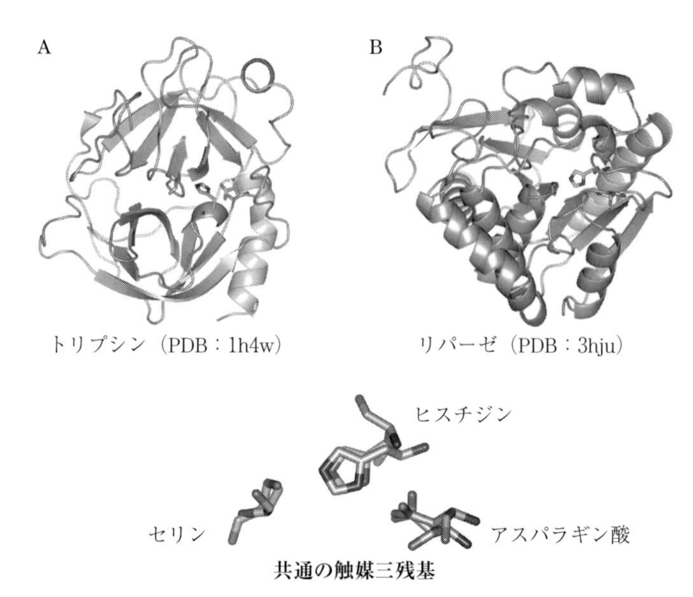

図 4.14　フォールドはまったく違うが，機能が同じタンパク質ペア
トリプシン（A）とリパーゼ（B）は立体構造がまったく異なっているが，分解酵素としての共通の機能を持っており，活性部位のアミノ酸配位は非常に似ている．触媒 3 残基はセリン，ヒスチジン，アスパラギン酸であり，それらの配置も共通である．（図の提供：広川貴次博士より．承諾を得て掲載.）

けるアミノ酸です．一般に，タンパク質の分子認識には，特異性に特徴があるので，これらの 3 残基が注目されるわけです．それでは，分子認識に関係するアミノ酸はこの 3 残基だけでしょうか？　タンパク質のグローバルな形態であるフォールドと，機能に直接関係する 3 残基の間に，基質結合に寄与するアミノ酸のクラスターがあるのではないかという仮説を図 4.13 のモデル図に描き込みました．タンパク質による分子認識には，タンパク質の柔らかさが重要であるということが，最近言われるようになっています．特異的結合に関係するアミノ酸の周りのセグメントが，柔らかい構造となっていることが必要ではないかというわけです．このことはある特定のアミノ酸がなければいけないというわけではなく，セグメントの硬さ柔らかさと関係するアミノ酸がクラスターを形成していれば実現できます．つまり，アミノ酸の文字配列の保存性があまりなくてもよいが，セグメントの物性はある方向に偏っていなければならないということになります．この問題は，実際にゲノムのデータを解析することによって明らかにすることができますが，後の章（第Ⅳ部の第7章と第Ⅴ部）で示したいと思います．

4.6 タンパク質の柔らかさ

前節では，タンパク質の分子認識部位に関連して，タンパク質の柔らかさが大事であるということに触れました．それをさらに一般化して，ここではタンパク質の柔らかさの意味について述べておきたいと思います．タンパク質は，原子配置の秩序構造がありますが，いわゆる固体物理の対象である金属やシリコンなどの結晶と比べると桁外れに柔らかい物質です．タンパク質が柔らかい物質であるということは，生物という非常に複雑で高度なシステムが自己組織的に形成できた理由と深く関わっています．

タンパク質が柔らかい物質である要因は2つあると考えられます．1つは，タンパク質を柔らかくするようにアミノ酸の組成が選ばれているということです．そして，もう1つの要因は，タンパク質がきれいな秩序構造を持っているということと関係しています．図4.15は，大腸菌の全タンパク質からアミノ酸の組成を調べた結果です．アミノ酸の組成は決して一様ではなく，割合の多いアミノ酸と少ないアミノ酸では，ほとんど1桁の違いがあります．多いほうでは順番に，ロイシン，アラニン，グリシン，バリン，イソロイシン，セリン，グルタミン酸，アルギニン，スレオニン，アスパラギン酸というような具合です．他方，少ないほうでは順番に，システイン，トリプトファン，ヒスチジン，チロシン，メチオニン，フェニルアラニンというようになっています．前に述べたように，アミノ酸の二面角に対する立体障害が側鎖の種類によって異なっています．また，側鎖間の相互作用によってもアミノ酸配列断片の立体構造の自由度は影響を受けます．

まず高分子の立体構造の自由度に対して最も制約を与える（自由度を減らす）アミノ酸は，S–S結合という高分子に架橋を作るシステインのペアでしょう．それは20種類のアミノ酸の中で最も少ないことがわかります．また，トリプト

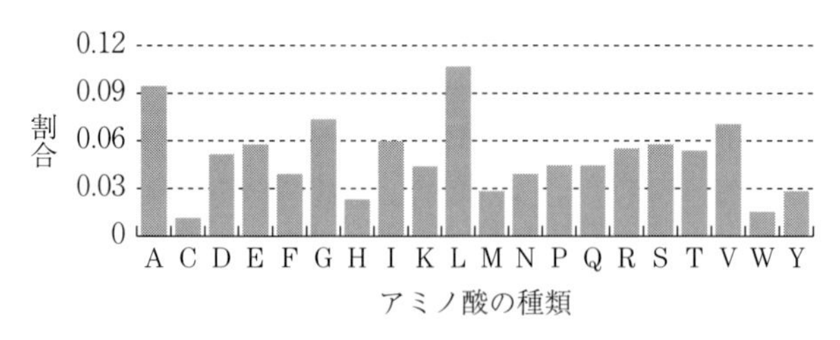

図 4.15　生物個体が持つタンパク質のアミノ酸組成（大腸菌の場合）

ファン，ヒスチジン，チロシン，それにフェニルアラニンなどは，いずれも環状の大きな側鎖であり，立体障害の大きなアミノ酸です．それだけでタンパク質の動きを制限するのですが，環状側鎖はコインを積み重ねるような形で相互作用する性質があり，それがアミノ酸配列断片を硬くすることがわかっています．つまり，タンパク質の構造を硬くするようなアミノ酸の頻度は全体的に低くなっているのです．

これに対して，タンパク質を柔らかくするようなアミノ酸の頻度は大きくなっています．側鎖のサイズが小さなアミノ酸は二面角の自由度を制限しないので，その周りのアミノ酸配列は柔らかく動くことができます．側鎖が最も小さいアラニンの出現頻度は9%を超えており，その次に頻度の高いのが側鎖のない（水素だけの）グリシンで約7%となっています．それ以外にも側鎖の小さなバリン，セリン，スレオニン，アスパラギン酸なども出現頻度が大きいアミノ酸です．つまり，タンパク質全体が柔らかくなるように，アミノ酸組成が与えられているのです．このアミノ酸組成から見ると，タンパク質は柔らかいセグメントの中に，構造を硬くするようなアミノ酸が散りばめられているというイメージになります．

ただタンパク質の柔らかさには，もっと大事な側面があります．タンパク質はきれいな秩序構造を持っているのですが，秩序構造の硬さ柔らかさは秩序のユニットの大きさと関係しているのです．**図 4.16** は，色々な三次元秩序構造（結晶構造）の弾性率（合成率またはヤング率）に対するユニット粒子の数密度をプロットしたグラフです．横軸も縦軸も対数で，10桁にわたって比例関係があることがわかります．その中にタンパク質の結晶（アクチンフィラメントの

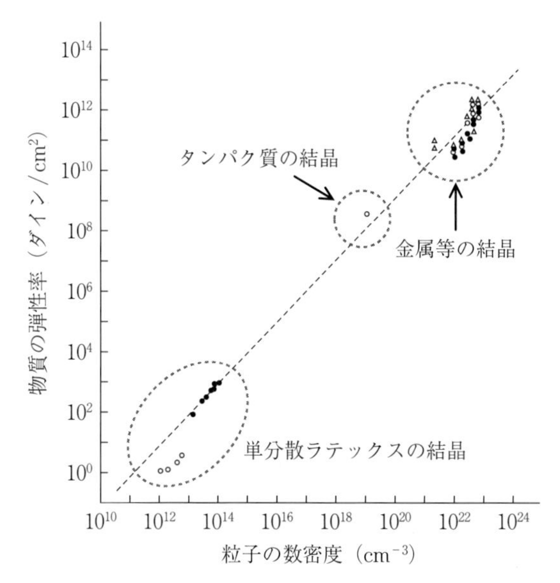

図 4.16　秩序構造の硬さ柔らかさとゆらぎのユニットの数密度に見られる相関
秩序構造の弾性率と，秩序構造を形成するユニットの数密度との間には比例関係がある．したがって，一般に三次元秩序構造の弾性率から秩序のユニットの大きさを推定できる．
【出典】S. Mitaku, T. Ohtsuki and K. Okano, *Biophys. chem.*, **11**, p.414, Fig. 4（1980）.

ヤング率）もプロットされていますが，他の秩序構造の比例関係にきれいに乗っています．タンパク質自体の弾性率は意外と測定が難しいのですが，タンパク質の結晶の弾性率よりは硬いですが，金属などの結晶の弾性率より1桁は柔らかい物質です．一般に高分子の秩序構造の弾性率が必ずその程度かというとそうではありません．合成高分子のポリスチレンなど硬い高分子物質では，金属などの結晶と同じくらい硬いものもあります．それと比べて，タンパク質は立体構造としては三次元の秩序を持っているが，物質としてはとても柔らかいのです．このことから，タンパク質の構造ゆらぎのユニットは個々のアミノ酸よりずっと大きいと考えられるのです．

この節の最初で，タンパク質が柔らかいということと，生物という非常に複雑で高度なシステムが自己組織的に形成されたことの間には深い関係があると述べましたが，その種明かしをして，この章を終わりたいと思います．タンパク質は階層的にできています．α ヘリックスや β シートは局所的な秩序構造で，それ自体はふらふらした高分子の断片などよりはしっかりした硬い構造です．それらがターンやループなどのふらふらした不定形のセグメントでつながれていると，その全体構造のゆらぎのユニットは，個々のアミノ酸ではなく，局所的な秩序構造となります．また，折れ畳まれたドメインなどが，やはりふらふらしたセグメントでつながれていれば，その全体構造のゆらぎのユニットはドメインということになります．そのようにしてできたタンパク質の構造ゆらぎのユニットは相当大きなもので（例えばドメイン），図 4.16 に示した比例関係に基づき，タンパク質という物質は非常に柔らかいものとなるわけです．そして，α ヘリックスや β シートなどの秩序構造や不定形の構造は，4.2 節や 4.3 節で述べたように，色々なアミノ酸の組合せで形成されています．そのためアミノ酸に多くの変異が入っても，似たような立体構造を作ることができ，ゆらぎの大きなドメイン間に，機能部位（分子認識部位）のアミノ酸を配置することもできると考えられるのです．

コンピュータで薬は作れるの？

コンピュータでは，薬そのものは作れません．しかし，薬を作るうえで重要なコンセプトである「生物系と化学物質の選択的相互作用の解明」において，コンピュータは，大変役に立つ道具であり，インシリコ創薬と呼ばれるコンピュータを用いた創薬研究分野が今，注目を浴びています．インシリコ創薬には，既存の薬や内在性の化学物質の情報に基づく Ligand–based drug design（以下 LBDD）と薬が結合するタンパク質の立体構造情報に基づく Structure–based drug design（以下，SBDD）の 2 つの戦略があり，それぞれの長所を生かしながら創薬研究の現場で用いられています．薬とタンパク質との結合の様子を「鍵と鍵穴」モデルとして，よく風邪薬のテレビ CM などで表現されていますが，これはまさに SBDD の戦略の身近な一例といえるでしょう（下図参照）．近年では，「京」コンピュータに代表されるようなハードウェアの性能向上や生命情報科学分野の発展と相まって，インシリコ創薬技術が向上し，標的タンパク質の同定，候補化合物の探索，活性物質の高活性化などが合理的に行われるようになってきました．例えば，ある候補化合物が標的のタンパク質に結合するか，ドッキング計算という手法により予測することで，合成や薬理評価のコストが大幅に削減されるようになってきたのです．

しかし，皮肉にも製薬業界には，依然として開発費の高騰や新薬創出の低迷など深刻な問題が続いており，インシリコ創薬に対しても完全に実験を代替できることを目指した予測精度，新規な創薬標的タンパク質に対応できる技術などさらなる高度化が求められています．具体的にはタンパク質の特定の動的性質を制御する柔軟な薬の設計やオーダーメイド医療に応じた薬の設計思想等が課題となっています．この問題の解決には，タンパク質の動的性質を考慮した構造と機能の関係，ゲノム情報を活用した疾患や薬剤耐性のメカニズムの解明など，基礎研究による本質的な理解がまだまだ必要とされています．

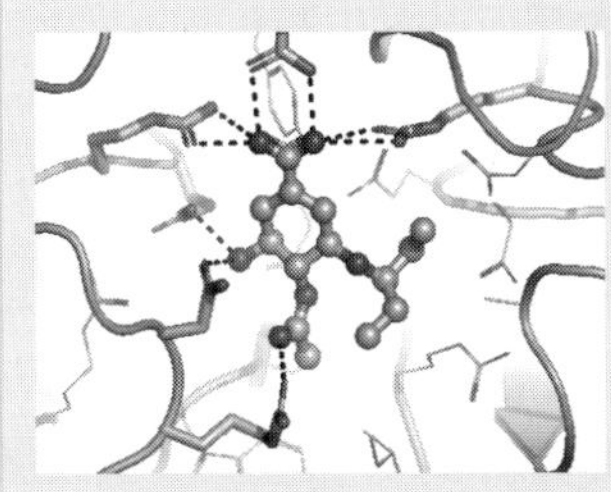

図：タミフル®と標的タンパク質であるノイラミニダーゼの結合状態の X 線構造．中央のボール＆スティックモデルがタミフル®．相互作用に関与する残基をスティックと破線で示している．

広川貴次
（産業技術総合研究所 創薬分子プロファイリング研究センター）

第4章のまとめ

1. タンパク質は，アミノ酸がペプチド結合でつながった高分子で，その立体構造は階層的にできています．タンパク質を形成するアミノ酸には20種類の側鎖があります．アミノ酸配列の主鎖は，各アミノ酸ごとに2つの二面角があり，非常に多様な立体構造を取り得るのですが，機能するタンパク質では秩序構造を取っています．αヘリックスやβシートなどの二次構造が折れ畳まれることによって三次構造（分子構造）ができ，その動的構造変化と分子認識によってタンパク質は機能しています．
2. タンパク質の立体構造の相同性を調べると，配列の相同性が非常に低いにもかかわらず，立体構造が似ているようなタンパク質のペアが非常に多く見られます．この現象は，各局所構造（αヘリックスやβシートなど）や不定形のターンやループ構造などが，複数のメカニズムによって形成されうるからです．
3. 三次構造の形成についての単純な説明は難しいと考えられてきていますが，その手がかりとしてダンベル型タンパク質（例えば，カルモジュリン）について簡単な解析を行ってみました．カルモジュリンについて，両端の球状ドメインと中央ヘリックスの正味の電荷を計算したところ，すべて大きな負の電荷を持っており，電気的斥力によってダンベル型タンパク質の構造が安定化されていることがわかります．アミノ酸クラスターの物性分布がこのタンパク質の形を決めていると考えられるのです．
4. タンパク質の三次構造形成については，2つの側面があります．タンパク質のフォールドの数は1000程度と比較的少ないのですが，その形成のメカニズムについては物性分布の粗視化が有効です．これに対して，タンパク質の分子認識部位は少ないアミノ酸の高分解能の配位によって形成されます．
5. タンパク質の機能には，必ず分子認識が関わっています．タンパク質のフォールドが異なっているのに，分子認識部位のアミノ酸の配位が同じであるために非常に似た機能を持つタンパク質のペアも見つかります．分子認識部位は，特異的結合に関係する非常に少ないアミノ酸と，非特異的結合に関係するアミノ酸集団とがあると考えられます．

6. タンパク質の構造の特徴を端的に反映している物理的性質は，その柔らかさです．タンパク質の力学的性質を決める要因は，タンパク質を構成するアミノ酸の組成と，タンパク質という秩序構造のユニットの大きさです．タンパク質の構造的ユニットは大きく，全体として柔らかい秩序構造となっています．これがタンパク質の色々な性質を理解する鍵となります．

第Ⅱ部の演習問題

1. 生体膜は，細胞にとって必須の構造体である．厚さ数 nm で，数 μm を超える大きな袋状の細胞を安定に取り囲むことができる．この生体膜についての正しい記述はどれか？

① 生体膜の主成分は脂質と膜タンパク質である．
② 脂質は水と親和性が高い極性基と水と親和性が低い 1 本の炭化水素鎖が共有結合した両親媒性分子である．
③ 膜タンパク質は，脂質二層膜に埋め込まれていて，特定の立体構造を取っている．
④ 膜構造を形成する主な相互作用は水素結合である．
⑤ 生体膜を構成する分子は膜面内で拡散することができ，それを「膜の流動性」と呼んでいる．

2. 脂質二層膜は，ゲル—液晶相転移という状態変化を示すことがある．また，二成分の脂質二層膜が相分離現象を示すこともある．このように同じ組成でも，温度や溶媒条件などで膜が異なる状態の間で変化できるということが，生体膜の性質のバラエティを豊かなものにしている．膜の状態について正しい記述はどれか？

① 温度による脂質二層膜の相転移では，炭化水素鎖が長いほど，相転移温度が低くなる．
② 中性脂質と酸性脂質からなる二成分の脂質二層膜（ベシクル）の懸濁液に対してカルシウムイオンを加えると，脂質二層膜相分離を起こす．
③ 2 本の飽和脂肪酸からなる脂質は，鋭いゲル—液晶相転移を示し，相転移点近傍では臨界現象が見られる．
④ 膜タンパク質は生体膜に機能を与えるが，生物によって全遺伝子に対する膜タンパク質の割合はバラバラである．

⑤ 膜タンパク質の中で，細胞内外の情報伝達を行う受容体は，非常に重要な一群のタンパク質であるが，膜貫通ヘリックスが1本では受容体の機能は形成できない．

3. 水溶性タンパク質の立体構造が初めて解析されたのは，1950年代であった（ノーベル賞は1960年代）．これに対して，膜タンパク質の高分解能の立体構造解析が初めて行われたのは1980年代であった（ノーベル賞も1980年代）．また，現在も水溶性タンパク質の立体構造解析より，膜タンパク質の立体構造解析のほうが遅れている．その理由はX線構造解析のための結晶化が難しいからである．膜タンパク質の結晶化が難しい理由を，分子間相互作用をキーワードとして説明せよ．

4. タンパク質の立体構造は非常に多様であるが，主鎖の折れ畳みのパターン（フォールド）で分類すると，その種類は1000程度と意外に少ないと考えられている．その理由は，フォールドが少ない種類の二次構造の組合せとしてできているからである．二次構造についての正しい記述はどれか？

① αヘリックスとβシートを作るアミノ酸の二面角は，ラマチャンドランプロットで同じ領域を占めている．
② アミノ酸のペプチド結合は，平面構造を取っていて，主鎖の残りの結合（φ，ψ）が回転可能で，それによって二次構造が決まる．
③ 二次構造は主鎖だけで決まっていて，側鎖は二次構造に影響を与えていない．
④ プロリンは二次構造の中には含まれにくい性質を持っている．
⑤ 二次構造はαヘリックス，βシートおよびターンだけである．

5. タンパク質は立体構造を形成し，その動的揺らぎによって，さまざまな機能を行っている．タンパク質の動的構造について，正しい記述はどれか？

① タンパク質の立体構造形成には引力だけではなく，斥力が重要な役割を

果たす場合がある．

② 立体構造が似ているタンパク質のペアは，アミノ酸配列が似ている．

③ 二次構造ブレイカーと呼ばれるアミノ酸のセグメントは，必ずプロリンを含んでいる．

④ ダンベル型タンパク質の立体構造は，中心のヘリックスが非常に強直なのでこの構造ができている．

⑤ タンパク質の水に直接面したアミノ酸は，統計的に親水的な側鎖を持ち，水に面していないアミノ酸は疎水的である場合が多い．

6. タンパク質の機能活性部位は，タンパク質の構造全体のかなり限られた部分で，ゆらぎの大きい部分と考えられている．タンパク質の活性部位と構造のゆらぎについて正しい記述はどれか？

① タンパク質の機能が似ていると，立体構造（フォールド）も似ている．

② タンパク質の機能が似ているとアミノ酸配列が似ている．

③ タンパク質に限らず，柔らかい物質は揺らぎが大きい．

④ タンパク質は柔らかい物質であり，ゆらぎのユニットは，個々のアミノ酸より大きい．

⑤ タンパク質の活性部位を構成するアミノ酸はすべて，特異的である．

第III部

ゲノムの細胞内情報処理システム

生物を理解するには，それを形成する個々の分子や物質についての知識だけでは，どうしても不足です．生物は，多くの分子や物質の適切な組合せによって，システムを作っているので，システム形成についての理解がどうしても不可欠なのです．その中でも遺伝情報処理システムの理解は特に重要です．言うまでもなく，遺伝情報はDNA塩基配列に書き込まれています．従来はジャンクDNAと言われていたアミノ酸配列をコードしていない領域も，最近の研究でおおむね転写されているということがわかってきました．DNA塩基配列のコード領域だけではなく，非コード領域も含めた配列全体をいかに情報解析するかが，今後の生物科学の中心テーマになると考えられます．

第5章では，生物ゲノムの全体像を説明した後，複製，転写，スプライシング，翻訳，さらに遺伝子調節など，DNA塩基配列を直接処理する一群の分子装置について述べます．また，ゲノムの情報処理を円滑に行うには，直接的な情報処理のための分子装置だけではなく，それを間接的に支える分子装置も必要です．

第6章では，まず分子装置という概念について述べた後に，タンパク質の立体構造形成を助ける分子装置，核内外の分子輸送系システムの分子装置，細胞分裂などで重要な役割を果たす細胞内の運動系分子装置，DNA塩基配列の変異を修復するシステムなどについて説明します．

第5章 DNA塩基配列とゲノム処理系のシステム

ゲノムのDNA塩基配列や，それに結合するRNAとタンパク質からなるゲノム情報処理系は，生物体の中で最も重要，かつ最も高度化されたシステムです．生物科学を説明するとき，一般にDNAの構造単位である二重らせん構造からスタートして，次第に複雑なゲノムのシステムを語ることが多い．しかし，生物全体の非常に調和の取れたシステムの姿を理解するには，ゲノムDNA塩基配列の全体と，巨大なゲノム処理系のシステム全体からスタートし，トップダウンの見方で全体像をとらえたほうが，むしろわかりやすいのではないかと考えられます．ここでは後者の流れに従って，ゲノムの情報処理のシステムについて説明することにします．

非常に多様な生物を進化という観点から見てみると，生物のシステムは一貫して複雑化・高度化してきたと言えます．私たちヒトへの進化を見ると，原核生物から真核生物へ，単細胞生物から多細胞生物へ，その後，脊椎動物，哺乳動物，霊長類，ヒトへと次第に複雑化かつ高度化してきています．これは明らかに個々の遺伝子の問題ではなく，ゲノムのDNA塩基配列全体の問題です．そこで「生物ゲノムはどのような原理で形成されてきたか？」という非常に大きな疑問に突き当たります．突き詰めて考えると，ゲノムの現在のDNA塩基配列は，それまでに導入され続けてきた各種の変異の集積にほかなりません．生物進化における生物の複雑化・高度化は，新たな変異の仕組みあるいは一連の変異がどのように導入されてきたかという歴史の結果と言えるのです．また現在の生物の多様性は，ゲノムのDNA塩基配列空間における多くの変異の組合せの結果です．本章では，まず生物ゲノムのDNA塩基配列とその情報処理に直接関係する細胞内分子装置についての基礎的な知識を提示したいと思います．

5.1　生物ゲノムの全体像とその役割

生物ゲノムは，細胞に含まれるDNA分子に書き込まれている遺伝情報のすべてを意味しています．**図5.1**は，ヒトを含む真核生物のDNA分子がどのように折れ畳まれているかを示したモデル図です．ヒトのDNA分子はおよそ30億のDNA塩基のつながりであり，23対の染色体の集合ですが，それらのDNA分子を真っ直ぐに伸ばすと，およそ私たちの身長ぐらいになります．他方，真核生物の細胞の大きさは，典型的には10 μm程度です．そして，細胞内小器官

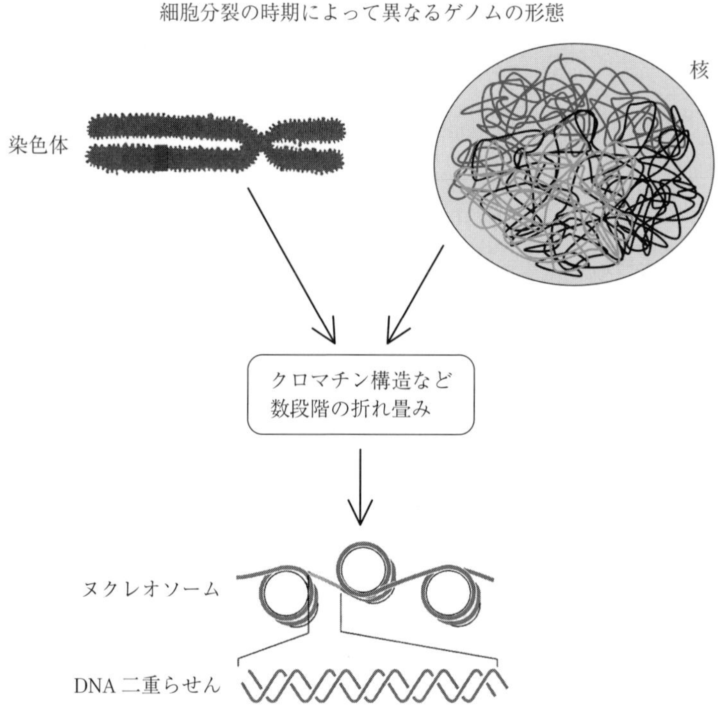

図5.1　ゲノムDNAの折れ畳み
生物ゲノムはDNA塩基配列に書かれた遺伝情報のすべてを意味するが，実体としては，ヒストンを中心とした核タンパク質によって高度に折れ畳まれている．染色体を折り畳んだり，部分的にほぐしたりするために，多くの分子装置が関与している．

で最も大きな核がすべての染色体を含んでいます．したがって，DNA 分子は細胞内では 10 万～100 万分の 1 に，コンパクトに折れ畳まれていることになります．それを実現するために，図 5.1 のように DNA 分子は非常に秩序立って折れ畳まれているのです．ゲノム DNA の顕著な特徴は，細胞の状態（細胞分裂の時期）により形態が大きく変化していることです．分裂期には，個々の染色体に分かれて見えますが，安定した休止期になると，ゲノムは核の中で広がり，個々の染色体が簡単には見分けられなくなります．しかし，それは中に秩序がないということではなく，ゲノム DNA は高度に折れ畳まれており，クロマチン構造など一定の秩序構造が存在しています．今度は DNA 分子をスケールの小さいほうから見てみると，DNA 分子の二重らせん構造は，まずヒストンという塩基性のタンパク質の球状複合体に巻きついて，ヌクレオソームを形成します．ヌクレオソームは DNA 二重らせんでつながっていますから，長い数珠のような形になり，その次に，数珠が折れ畳まれ，繊維状構造体になると考えられています．さらに折れ畳まれた高次構造をクロマチンと呼びます．

遺伝のメディアである DNA 分子の全体構造は，図 5.1 のようになりますが，機能の単位である遺伝子から見ると，**図 5.2** のようになります．DNA 塩基配列の部分的な領域が遺伝子となっていて，それが読みだされてアミノ酸配列に翻訳された結果タンパク質ができます．図 5.1 と図 5.2 を比較すると，1 つの疑問が生じます．機能の単位である遺伝子の領域と，構造の単位である二重らせん構造，ヌクレオソーム，クロマチンなどとはどのように関係しているか？という問題です．例えば，コンピュータのメモリでは，あらかじめ長さの決まったセクターに，コンテンツである情報を埋めていく形で記憶されます．しかし，遺伝子の領域とヌクレオソームなどの秩序だった構造とは，基本的には相関していないようです．遺伝情報のコンテンツと，それを書き込んだ DNA 分子の物理的構造（二重らせん構造やヌクレオソームなどの構造）とは，基本的に無関係です．もちろんゲノム情報の各種の処理をするときには，タンパク質や RNA の複合体が DNA 二重らせんと相互作用して，立体構造を変形させたり，一重にほぐしたりします．しかし，DNA 二重らせんの物理的構造と，情報コンテンツである遺伝子の DNA 塩基配列とは，基本的に関係ないと考えてよいのです．メディアの物理的構造と情報コンテンツが独立であるという性質

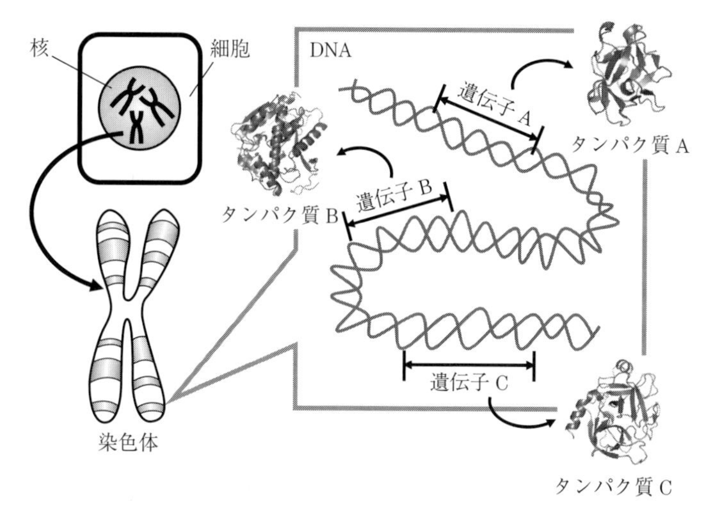

図 5.2　ゲノムと遺伝子とタンパク質
DNA 塩基配列の部分的な領域が遺伝子となっていて，その配列がアミノ酸配列に翻訳され，それにより折れ畳まれたタンパク質が生体機能を行っている．（図の提供：広川貴次博士より．承諾を得て掲載．）

は，優れた記憶媒体が持つべき一般的な性質の１つです．

生物は非常に長い時間の間に進化し，次第により複雑化・高度化してきました．その間に遺伝子の情報は一貫して DNA 塩基配列に書き込まれており，「なぜ，そしてどのように生物の複雑かつ高度なシステムが，DNA という一次元の情報メディアで設計できたのか？」という謎はまだ解かれていません．ナイーブな１つの考え方として，より複雑で高度な生物では，それに対応して大きなゲノムを持っているだろうという仮説はあり得ます．ヒトなどの高度な生物体には深い階層構造がありますが，それも一次元のゲノム塩基配列に何らかの形で書き込まれているので，その分だけゲノムが大きいだろうという予測は自然です．すでに多くの生物についてのゲノム解析が完了しているので，生物ゲノムの大きさを比較することができます．その結果が**図 5.3** です．複雑で高度な姿かたちを持った多細胞生物（動物）のゲノムと細菌ゲノムの大きさ分布を調べたものです．細菌のゲノムは典型的には数百万塩基の大きさです．これに対して多細胞の動物ゲノムは，少なくとも１億塩基以上の DNA 分子を持って

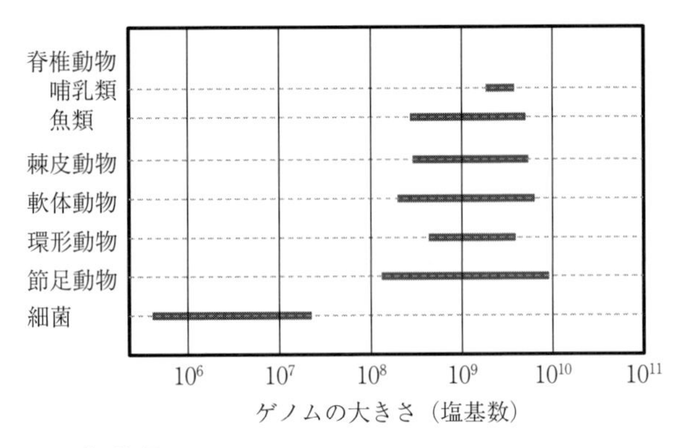

図 5.3　ゲノムサイズの比較
細菌のゲノムと各種の動物のゲノムの比較．動物ゲノムは細菌のゲノムより 2 ～ 3 桁大きいが，多細胞生物の中でヒトなど高等生物のゲノムがとりわけ大きいわけではない．進化のプロセスで，DNA 塩基配列がよりスマートな設計図となっていると考えられる．
【出典】東京大学生命科学教科書編集委員会，『生命科学改訂第 3 版』p.27，図 2–10，羊土社（2006）を改変．

いて，典型的には 10 億塩基程度です．高等な動物が原核生物（細菌）より 2 ケタほどゲノムサイズが大きいというのは，私たちの素直な直感と合っています．また第Ⅴ部で詳しく述べるように，生物が大進化（原核生物から真核生物への進化や，単細胞生物から多細胞生物への進化）を経たときに，実際に一連の遺伝子が追加されていることは確かです．これに対して，多様な多細胞生物を比較して見ると，ミミズのような環形動物と，ヒトなどの哺乳動物のゲノムサイズはほとんど同じです．これは，いささか理解しがたい事実です．生物の複雑化・高度化というのは，ゲノムの大きさというような単純なことでは必ずしもないようなのです．

これに対してゲノムの中身を，アミノ酸配列に対応するコード領域と，それとは関係ない非コード領域に分け，後者の割合を示したのが図 5.4 です．非コード領域は，従来ジャンク DNA と呼ばれ，意味のない領域だと考えられていました．しかし，ヒトゲノムの場合，非コード領域の多くが転写されていて，何らかの大事な役割を果たしていると推定されています．生物の分類別に非コード領域の割合を見てみると，原核生物の場合はたかだか 10% です．これに対

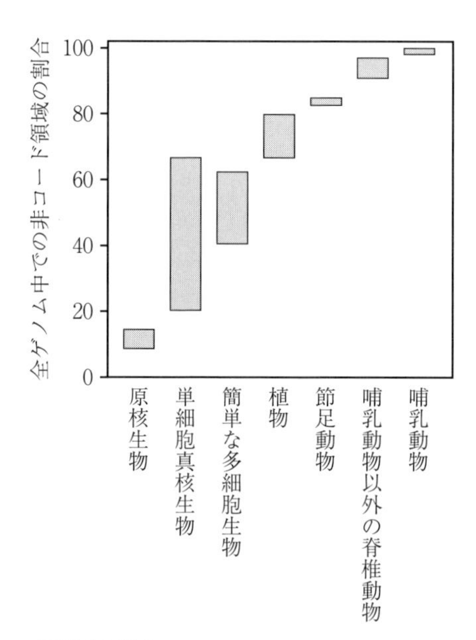

図 5.4　ゲノムの非コード領域の割合

ゲノム DNA 塩基配列中の非コード領域の割合は，進化による生物の複雑化・高度化と強い相関を示している．

【出典】榊　佳之，菅野純夫，辻　省次，服部正平 編集，『ゲノム医学・生命科学研究　総集編』実験医学増刊，**31**(15)，p.68，図 1（2013）を改変．

して，ヒトゲノムでは 98%以上が非コード領域です．そして，生物の複雑化・高度化の度合いと非コード領域の割合が強く相関しているようなのです．図 5.4 の強い相関は，非コード領域にこそ生物の複雑化・高度化の秘密があるということを強く示唆しています．

コード領域と非コード領域をさらに分類したのが図 5.5 です．ヒトゲノムは約 32 億塩基対からなっていますが，実際に遺伝子の配列は全体の 2%以下，イントロン，偽遺伝子，それらの断片など遺伝子関連の配列が 35%余りです．これに対して，遺伝子とは直接関係していない DNA 配列は全体の 60%強で，その中でも各種の繰返し配列が多くを占め，全体の 40%以上にもなります．遺伝子以外の領域に繰返し配列が多いということが，あまり意味のない配列であるという印象を与え，ジャンク DNA 塩基配列と呼ばれたのだと考えられますが，

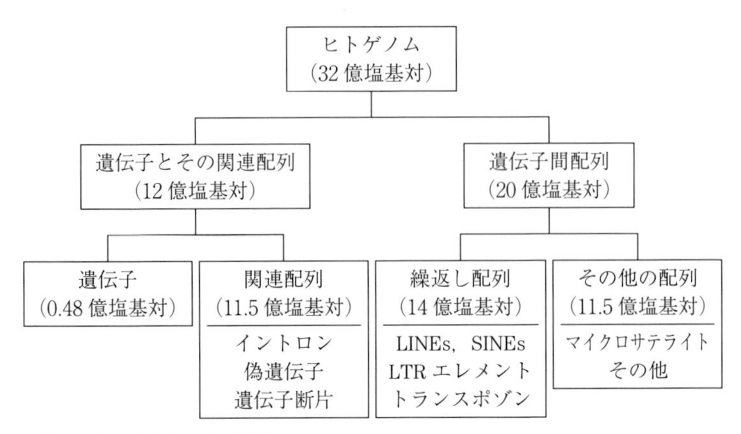

図5.5　ゲノム中の各種配列の分布
ヒトゲノムDNA塩基配列中の遺伝子領域は全体の2%以下であり，半分は繰返し配列である．
【提供】東京大学生命科学教科書編集委員会，『生命科学改訂第3版』p.28，図2-11，羊土社(2006)を改変．

逆に繰返し配列に重要な役割があると考えるべきなのでしょう．ある意味で歴史は繰り返すということかもしれません．半世紀以上前，染色体が遺伝子の本体だということはわかっていたが，それを構成しているDNAとタンパク質のどちらが遺伝子を担っているか？　ということが議論された時期がありました．DNAは4種類，タンパク質は20種類のユニットでできています．遺伝という複雑な生体現象を，4種類のユニットによる単純なDNA分子が担えるはずがないと，真面目に議論されていたそうです．しかし，実際はより単純なDNA塩基配列が遺伝子のメディアとなっているということが後にわかったのです．単純なものが複雑な現象を担うということがあり得るのです．それでは，非コード領域の繰返し配列が，どうしたら生物の設計図として重要な役割を果たすことができるか？　これは非常に重要な未解決問題です．

5.2　表現型と遺伝子型の関係

前節ではゲノムの全体像について述べました．次に，ゲノムに含まれる個々の遺伝子について考えてみます．ゲノムには色々な情報が組み込まれていますが，その中でも重要なのはやはり遺伝子です．現在では，遺伝子の情報はタンパク質のアミノ酸配列を決定していて，それが折れ畳まって立体構造をとったタンパク質が各種の生体機能を行っていることがわかっています．しかし，遺伝の法則を発見したG.メンデルは，DNA塩基配列もアミノ酸配列も知りませんでした．それにもかかわらず，自家受粉によるエンドウの性質（形質）の変化をひたすら調べ，統計的な解析によって遺伝の法則を見出しました．

遺伝の法則には，優性の法則，分離の法則，独立の法則がありますが，それを以下に簡単に説明しましょう（**図5.6**）．例えば，メンデルが調べたエンドウの場合は，種子の形（球形としわあり），種子の色（黄色と緑色），花の色（紫と白），鞘の形（膨張と収縮），鞘の色（緑色と黄色），花の位置（軸上と末端），茎の長さ（長いと短い）などの形質があります．それぞれの形質の異なる型を，

1代目から2代目への遺伝

	a	a
A	Aa	Aa
A	Aa	Aa

2代目から3代目への遺伝

	A	a
A	AA	Aa
a	Aa	aa

図5.6　遺伝の法則（遺伝子型と表現型）
遺伝における優性の法則を示す．大文字を優性，小文字を劣性とすると，1代目から2代目への遺伝では全て優性の対立遺伝子の性質が現れ，2代目から3代目への遺伝では，3対1の割合で優性と劣性の表現型が現れる．メンデルはエンドウをモデル生物として，遺伝の法則を見出した．例えば，背の高いエンドウと背の低いエンドウの多型性にはこのような法則が成立する．ただ，実際に背の高さに関係する遺伝子（成長に関係する遺伝子）は多数あるので，そのことには気を付けなければならない．

対立遺伝子と呼ぶことにすると，エンドウの７つの形質では，対立遺伝子の片方が優性で他方が劣性になっています．個体は多様な形質を持っていますが，各形質について１対の遺伝子の型があり，同じ型の遺伝子型を持つ個体は，それぞれその形質を示します．つまり，優性の遺伝子の対を持つ個体は優性の性質を示し，劣性の遺伝子の対を持つ個体は劣性の形質を示すことになります．これに対して，対の両方とも優性の個体と対の両方とも劣性の個体をかけ合わせると，次世代の個体は優性と劣性の遺伝子を１つずつ持つことになります．そうすると劣性の形質が完全に隠されて，優性の形質の個体しか生まれません．これを優性の法則と言います（図 5.6）．

次に，優性と劣性の遺伝子を１つずつ持つ個体同士をかけ合わせると，優性の形質の個体と劣性の形質の個体が３：１の割合で現れてきます．これを分離の法則と言います．優性の遺伝子と劣性の遺伝子を１つずつ持つ個体から，いずれかの遺伝子を取り，もう１つの個体からの遺伝子を組み合わせると，優性の遺伝子同士の個体が１，劣性の遺伝子同士の個体が１，優性と劣性の遺伝子を１つずつ持つ個体が２という割合で生まれるわけです．しかし，優性と劣性の遺伝子を１つずつ持つ個体では，優性の形質しか現れないことから，結果的に優性が３，劣性が１の割合で発現するのです．つまり，形質を見ただけでは，どのような遺伝子が組み合せられているかがわからないのです．形質を表現型，遺伝子の組合せを遺伝子型と呼びます．

表現型と遺伝子型の関係は，メンデルの法則に従わない場合も少なくないので，実は非常に重要かつ難しい問題です．生物個体の全ゲノムが解析できるようになった現在でも，この問題が解決していないために，生物の理解がなかなか進んでいないと言っても過言ではありません．例えば，人の身長については，成長期にどのような栄養を取ったか，どのような運動をしたかというような環境要因の影響もありますが，多くの研究から遺伝要因の影響が非常に強いこと（80％程度）がわかっています．ところが，どの遺伝子が身長に影響を与えるかを決めるために，１つずつ遺伝子を調べていってもなかなか決め手がないのです．決定的な１つの遺伝子というのは見つからず，多くの遺伝子の影響が絡み合っているようなのです．身長という形質は，多くの遺伝子が関与する典型的な多因子の現象と考えられます．

この節を終える前に，メンデルが示したもう1つの法則について述べておかねばなりません．それは独立の法則です．メンデルはエンドウの7つの形質について優性の法則と分離の法則を示しました．そして，これらの法則は7つの形質で独立に成立していました．しかし，これはすべての形質について成立する法則ではありません．たまたま7つの形質に関係する遺伝子が，それぞれ別々の染色体の上にあったため，この法則が成立したのです．遺伝子が同じ染色体上にある場合は，独立ではなくなります．

その問題を体系的に解析したのが，T. H. モルガンです．彼はショウジョウバエの巨大染色体を用いて，同じ染色体上にある複数の遺伝子がどのように遺伝するかということを調べました．同じ染色体上にある遺伝子は，次の世代に同時に伝えられるのですが，対となっている染色体同士の組換えという現象を見出しました．そして，組換えの頻度を利用して，同じ染色体上の遺伝子の距離を評価する方法を確立しました．それによって，遺伝子を具体的に染色体上に位置付けることができるようになったのです．もちろんこのような研究でも，表現型との関係が明確になっている遺伝子が用いられました．そして，ゲノムの全 DNA 塩基配列が解析可能になった現在でも，表現型との関係が明確な遺伝子をゲノム中から探すという研究が続けられています．そして，生物界全体から大量なデータを情報解析するための，新しい考え方が必要となっているのです．

5.3　ゲノム処理の細胞内分子装置

設計図である DNA 塩基配列と，それに関連する情報処理系は，実に複雑で高度なシステムとなっていて，まだわかっていないことも少なくありません．しかし，このシステムを構成する細胞内分子装置には，すべての生物に共通な分子装置が少なくありません．また，全生物に共通というわけではないですが，進化上の大きな分類（例えば，真核生物あるいは多細胞生物）に共通の分子装置も見られます．生物がどのような性質を持つかについての一般論を展開するには，それら生物に共通の細胞内分子装置のことを理解する必要があります．そこで，ここではゲノムに関連する細胞内分子装置についてまとめておきます．

なお，ここでは「分子装置」という言葉に，単に機能を持ったタンパク質（あるいは複合体）以上の意味を込めています．つまり，一群の分子を基質としていて，細胞内のプロセスを行ったり，制御したりしている分子複合体を「分子装置」と呼ぶことにします．

ゲノム情報を，細胞内で情報処理するには，色々な細胞内分子装置の働きが必要です．それらを分類してみると，おおむね以下の通りになります．

(1) **分子の合成**：DNA の複製（DNA 合成酵素など），RNA の転写（RNA 合成酵素），RNA のスプライシング（スプライセオソーム），アミノ酸配列への翻訳（リボソーム）など．
(2) **遺伝子の発現の調節**：遺伝子発現の制御（制御因子など），次世代にも伝わる調節（DNA やヒストンのメチル化によるエピゲノムの調節）．
(3) **分子の立体構造の形成**：DNA の折れ畳み（ヒストンやその他のタンパク質），水溶性タンパク質の折れ畳み（シャペロンなど），膜タンパク質の折れ畳み（トランスロコンやシグナル認識粒子など）．
(4) **分子の輸送**：核膜を通した輸送（核膜孔複合体やインポーティンなど），分泌タンパク質の輸送（トランスロコンやシグナルペプチダーゼなど）．
(5) **DNA 塩基配列の変異に対する修復**：複製の間違いに対する修復（各種修復酵素）．
(6) **細胞の分裂・増殖**：中心体，微小管など分裂・増殖に関わる各種分子装置．

これらの分子装置は，いずれも細胞が生きていくのに不可欠です．その中でも，(1) と (2) は直接ゲノムを処理するための重要な一連の分子装置です．これに対して，(3)，(4)，(5)，(6) はゲノム処理系を支える分子装置群です．そこで，前者を本章の後半に説明し，後者はまとめて次章に記述することにします．

5.4 複製の分子装置

すべての生物に成り立つ遺伝情報の複製・転写・翻訳の流れを図 1.5 に示し

ましたが，真核生物（特に多細胞生物）ではプロセスが少し複雑化していて，メッセンジャー RNA の塩基配列を作るために，スプライシングという RNA の編集プロセスが加わっています．真核生物（多細胞）における遺伝情報の流れと，それに関わる主な分子装置を示したのが図 5.7 です．以下各プロセスで，どのような分子装置が働いているかを見ていきます．

DNA 分子の複製のプロセスには多くの分子装置が働いています（図 5.8）．ここでは，非常に単純化して示していますが，DNA ヘリカーゼ，プライマーゼ，DNA 合成酵素などが，このプロセスで本質的な役割を果たしています．DNA 分子は，二重らせん構造を取っているので，複製するためにはまずその構造をほぐして 2 本の 1 本鎖 DNA にしなければなりません．そのためにヘリカーゼという分子装置が働いています．そして，1 本鎖になった DNA を 1 本鎖結合タンパク質が結合することで，その状態を安定化します．DNA 合成酵素は各 1 本鎖 DNA に対して，塩基の相補性に基づいて新しい DNA を合成していきます．ただ DNA 二重らせんの各 1 本鎖には方向性があり，逆向きです．そこで複製プロセスはいささか複雑なことをやらざるを得なくなります．DNA

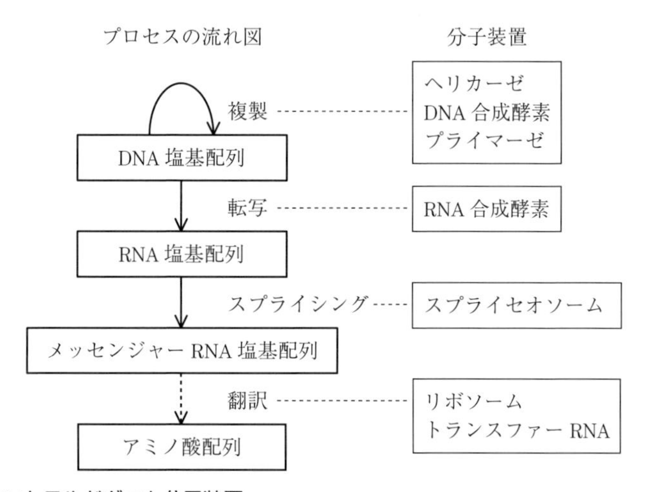

図 5.7　セントラルドグマと分子装置

真核生物（特に多細胞生物）におけるセントラルドグマのプロセス．転写，翻訳の間にスプライシングという RNA の編集プロセスが加わっている．また，各プロセスで，多様な生物に共通の分子装置が用意されている．

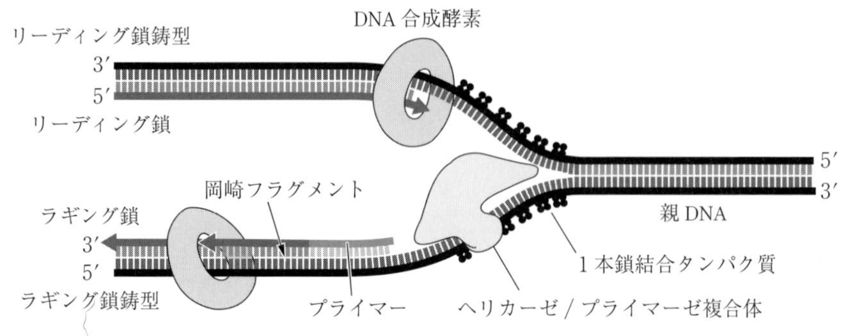

図 5.8　DNA 複製に関わる分子装置

DNA の複製プロセスでは，DNA 合成酵素が DNA の鋳型に基づいて相補鎖を合成していく．これにヘリカーゼ，プライマーゼ，DNA リガーゼなどの分子装置が働いて，新しい DNA 分子の合成を助けている．2 本鎖の DNA は本来ヘリックス構造をとっているが，ここではわかりやすいように直線的に表現している．

分子が合成されるとき，五炭糖の 5' の位置にリン酸が結合していて，さらにその先の隣の DNA の五炭糖とリン酸が 3' 位で結合します．したがって，DNA 二重らせんの片方の分子の端は 5' であり，反対の分子の端は 3' となっています．そして，複製の合成は DNA の 5' 端側から 3' 端側へと進むという方向性があります．二重らせん構造では DNA 分子がお互いに逆方向になっているので，ヘリカーゼで二重らせんがほぐされたときに，各 1 本鎖の複製の合成方向は逆方向になります．鋳型となる DNA が 3' 端側だと，複製が素直に 5' から 3' へ合成されることになり，これをリーディング鎖と呼びます．これに対して，鋳型となる DNA が 5' 端側だと，まずプライマーゼという分子装置が短い断片（プライマー）をまず合成し，断片（岡崎フラグメント）を合成する形で複製が進みます．この側の DNA 鎖をラギング鎖と呼んでいます．ラギング鎖の合成には，短い断片の間を合成する DNA 合成酵素とそれらをつなげる DNA リガーゼなどの分子装置が必要となります．このように複製は，実際にはいくつかの分子装置が共同作業をする，かなり複雑なプロセスなのです．

ここで遺伝情報を含む DNA 分子には，非常に多様な塩基配列がありますが，複製を行う DNA 合成酵素は，どのような塩基配列があってもそれに相補的な塩基配列を合成していきます．このようにいかなるコンテンツ（DNA 塩基配

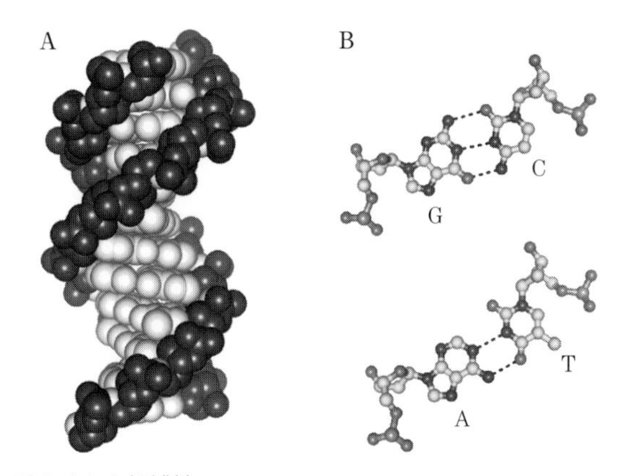

図 5.9　DNA 二重らせんと相補性
DNA の二重らせん構造（A）は塩基対の配列によらず同じ構造を取るが，それは塩基対の長さが正確に同じである（B）という事実に基づく．

列）であっても正確に複製する分子装置というのは，情報処理装置として絶対に必要な特性です．そして，それを可能にしているのは，DNA 分子自体の特殊な性質です．**図 5.9** に示したように，二重らせん構造は，チミン（A）とアデニン（A），シトシン（C）とグアニン（G）という塩基対によって形成されていますが，この対では両端の距離が正確に 1.08 nm となります．原子レベルの立体構造でも，配列に関わらずまったく同じ構造を形成できるという，優秀な情報メディアの条件が成立しているのです．

5.5　転写・スプライシングの分子装置

DNA 塩基配列は，まず RNA の塩基配列に転写され，それからタンパク質のアミノ酸配列へ翻訳されます．転写を行う分子装置は RNA 合成酵素です．DNA の複製では，DNA の全塩基配列が合成されますが，転写では遺伝子の領域ごとに RNA の塩基配列が読み出されます．そのために DNA 塩基配列には，転写を開始するための配列上のシグナルがあります．それが《TATA》を含むプロモータ領域です．RNA 合成酵素はプロモータ領域に直接結合するのではなく，基本転写因子と呼ばれる一群の DNA 結合性タンパク質がプロモータ領域に結合し，それをきっかけとして，RNA 合成酵素が DNA に結合し，転写が開始されます（**図 5.10**）．つまり，RNA の合成は，DNA のどの領域を読み出すかという配列特異的な分子認識と，DNA 塩基配列を読み出すという配列に対する特異性のない合成プロセスがうまく共役しているのです．タンパク質のアミノ酸配列に対応する塩基配列を含んだ RNA は，メッセンジャー RNA と呼ばれます．RNA には，それ以外のタイプの RNA がいくつかあります．翻訳プロセスを行うリボソームの主成分はリボソーム RNA です．また，アミノ酸を結合するトランスファー RNA，スプライシングを行う分子装置に含まれる RNA などもあります．これまであまり役割がないと考えられていた DNA の非コード領域も RNA に転写されているということがわかってきています．

真核生物（特に多細胞生物）では，DNA 塩基配列から得られた RNA 塩基配列を，直接メッセンジャー RNA として用いるのではなく，まず前駆を合成します．そして，多くの場合スプライシングという RNA の編集プロセスを経てメッセンジャー RNA を作ります（**図 5.11**）．エキソンとイントロンの境界には，シグナルとなる塩基の分布があり，それを認識するスプライセオソームと言われる細胞内分子装置によってイントロンが切り出されます．多様な生物ゲノムから得られるすべての遺伝子領域で，イントロンを含んだ（スプライシン

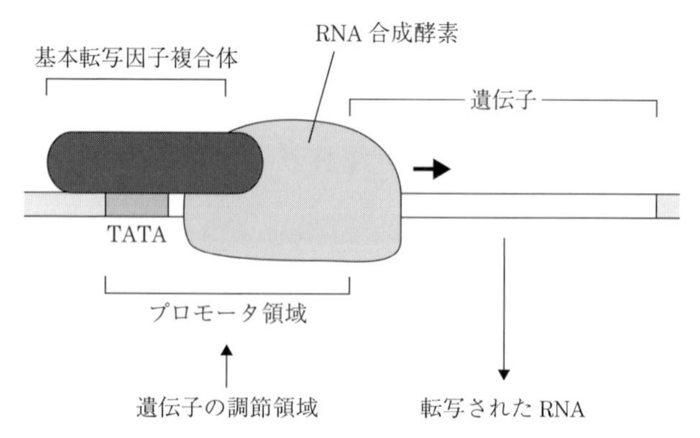

図 5.10　転写に関係する分子装置
DNA から RNA への転写は RNA 合成酵素によって行われるが，それは基本転写因子複合体によって制御されている．

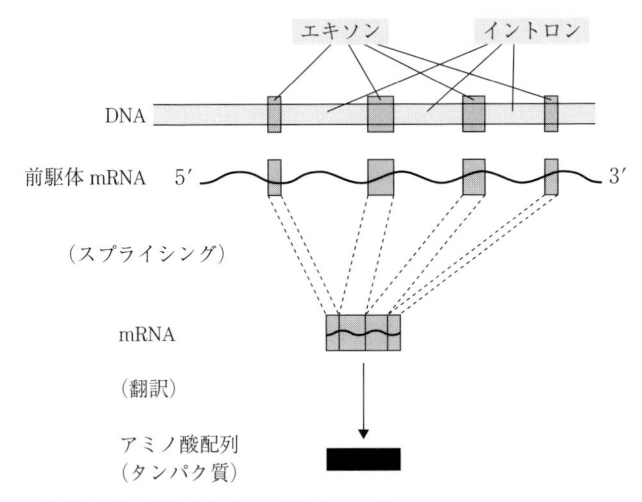

図 5.11　RNA 塩基配列の編集を行うスプライシング
真核生物では，コード領域（エキソン）の間にイントロンが挿入されていることが多く，転写されたメッセンジャー RNA（mRNA）の前駆体からイントロン部分が切り出され，メッセンジャー RNA ができます．

グを受ける）遺伝子がどのくらいあるかを調べてみると，**図 5.12** に示したように，真核生物が進化した後にスプライシングのプロセスが導入されたということがわかります．多細胞生物が進化する前段階として単細胞真核生物でスプライシングを利用する生物が生まれ，その後多細胞生物ではそのプロセスが必須のものとして利用されていると考えられます．

5.6　翻訳の分子装置

メッセンジャー RNA の塩基配列からタンパク質のアミノ酸配列に翻訳するプロセスは，細胞内の分子装置であるリボソームが行っています．自然は何らかの物理化学的なプロセスで生物を誕生させたわけですが，それには多様な分子装置が発明されなければなりませんでした．その中でも最大の発明品がリボソームだと言ってよいでしょう．リボソームは余りにも重要な分子装置なので，メッセンジャー RNA の塩基配列からアミノ酸配列へと翻訳をするのに，すべ

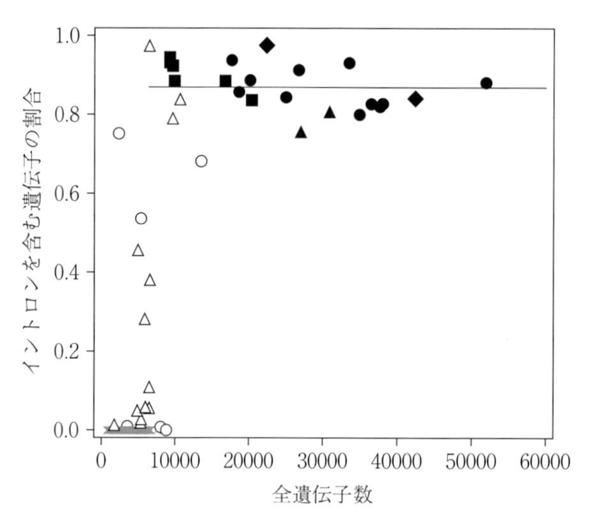

図 5.12　複数エキソン遺伝子の割合

生物ゲノムから得られる全遺伝子でイントロンを含む（スプライシングを受ける）遺伝子の割合を示した．多細胞生物は 80% 以上（●，■，◆，▲），原核生物では 0%（灰色部分），そして単細胞の真核生物では 0 ～ 90%（○，△）の広い分布を示した．

【出典】R. Sawada and S. Mitaku, *Genes to Cells*, **16**, p.116, Fig. 1 (2011).

ての生物がほとんど同じリボソームを用いています．

リボソームは，リボソーム RNA と多くのタンパク質からなる巨大な複合体です．そして，2 つのサブユニット（30S サブユニットと 50S サブユニット）からなっています．翻訳はリボソームとメッセンジャー RNA が結合して行われます．これに対して，翻訳されるアミノ酸配列の側は，各アミノ酸にトランスファー RNA が結合してアミノアシルトランスファー RNA となり，それがリボソームと結合します．リボソームの 2 つのサブユニットとメッセンジャー RNA およびアミノアシルトランスファー RNA が最初に安定な複合体を作るのは，メチオニン（コドンは AUG）のアミノアシルトランスファー RNA です．つまり，メチオニンが翻訳の開始シグナルとなっています．リボソームにはトランスファー RNA を結合できる部位が 3 つあり（A 部位，P 部位，E 部位），それらがお互いに隣り合っています．**図 5.13** では，リボソームの 3 つの結合部位を明示してはいませんが，図中複数のアミノ酸が結合した tRNA は P 部位に，

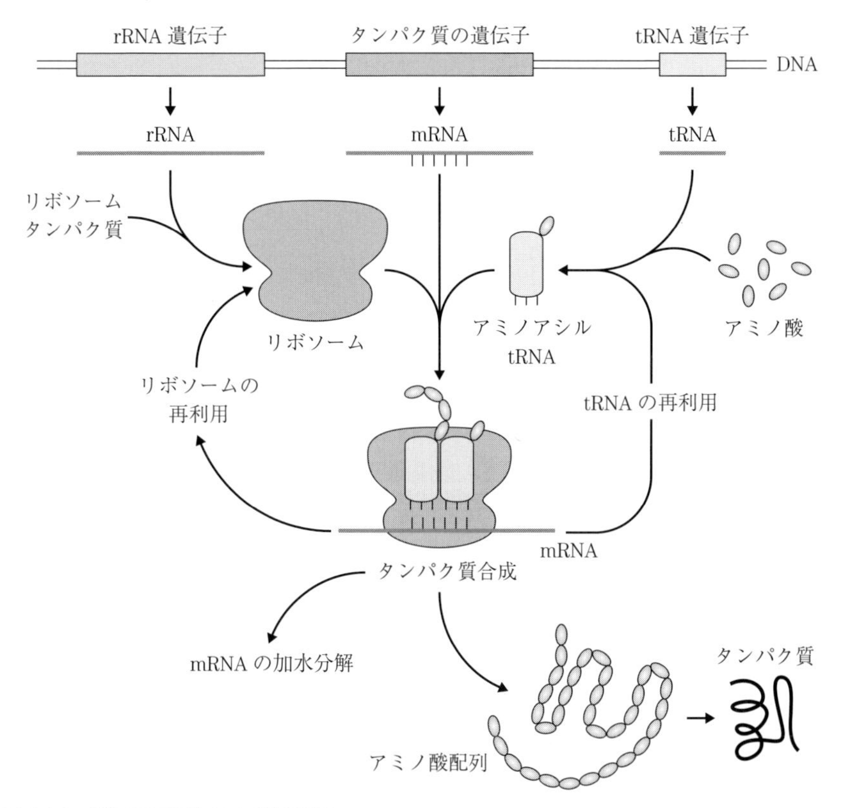

図 5.13　翻訳のプロセスと分子装置

メッセンジャー RNA（mRNA）の塩基配列に基づいてアミノ酸配列が合成されるプロセスを示すモデル図．このプロセスでは，リボソームを形成するリボソーム RNA（rRNA），遺伝情報を担うメッセンジャー RNA，合成されるべきアミノ酸をリボソーム上に適切に配置するためのトランスファー RNA（tRNA）という3種類の RNA が必要である．アミノ酸とトランスファー RNA の結合に貯められた化学エネルギーを開放しながら，合成が進む．
【出典】東京大学生命科学教科書編集委員会『生命科学改訂第3版』p.38，図 3-4，羊土社（2006）を改変．

1つのアミノ酸が結合した tRNA は A 部位に結合していると考えてください．合成での分子の動きは以下の通りです．あるところまで合成されたアミノ酸配列をぶら下げたアミノアシルトランスファー RNA は P 部位に結合しています．次のアミノ酸に対応するトランスファー RNA は A 部位に結合し，P 部位にあるそれまでのアミノ酸配列を A 部位のアミノ酸の先に移動・結合させます．それによってアミノ酸がなくなったP部位のトランスファーRNAはE部位に移動し，その後リボソームから乖離した後，再利用されます．また，A部位にあったアミノ酸配列を結合したトランスファーRNAはP部位に移動します．これによって，アミノ酸配列は1つ伸び，合成の状態としては元に戻り，A部位は次のアミノ酸を受け入れることができる状態となります．終始コドンまで来ると，次のアミノ酸が結合されずにトランスファーRNAは離れ，最終的にメッセンジャーRNAとリボソームの2つのサブユニットは乖離することとなり，リボソームは次の合成に再利用されることになります．メッセンジャーRNAは加水分解され，役割を終えます．

リボソームとメッセンジャーRNAの結合や，リボソームとアミノアシルトランスファーRNAの結合が安定に形成されるには，この3者が結合していることが必要で，結果的にメッセンジャーRNAのコドンとトランスファーRNAのアンチコドンがちゃんと対応していることが，合成プロセスのキーとなるのです．コドンとアミノ酸の対応関係は，第1章の表1.1に示した遺伝暗号表に示した通りです．この対応関係は，一見偶然的に配置されているように見えますが，非常に深い物理的根拠があることを第V部で示します．

5.7　遺伝子調節の分子装置

ゲノムのDNA塩基配列が生物の設計図として働くには，DNA塩基配列に書き込まれた遺伝子から，時と場所を得てタンパク質を発現させる必要があります．そのため細胞内には遺伝子調節の分子装置が用意されています．遺伝子調節は，ゲノムが階層的に折れ畳まれている真核生物と，構造が比較的単純な原核生物で方法が違っています．真核生物のゲノムは，階層的立体構造に折れ畳まれていて，ヌクレオソームやクロマチンなどの構造が形成されています．これらの立体構造がしっかりと形成されている間は，DNA塩基配列に書き込まれた遺伝子を読み出すことができません．真核生物におけるゲノムの折れ畳みでは，まずヒストンタンパク質とDNAが球状のヌクレオソームを形成します．そこでヒストンとDNAの相互作用を制御することによって，ヌクレオソームの形成を促進したり，抑制したりし，遺伝子の発現を調節することができるのです．具体的には，正の電荷を持ったヒストンを，負電荷を持つアセチル基で修飾することで，大きな負電荷を持つDNAとの結合を弱めることができます．それによってヌクレオソーム構造が壊れ，DNAの二重らせんが露出し，転写が可能になります．それに対して，アセチル化されているヒストンを脱アセチル化することで，ヌクレオソームが形成され，遺伝子の発現が抑制されます．転写因子はその構造をほぐすことで，プロモータを露出し，遺伝子の発現を可能にするのです．つまり，真核生物では基本的に発現は抑制されています．そして，転写因子が結合したところのDNA塩基配列だけ，構造がほどけて転写できるようになるのです．

これに対して，原核生物の場合，ゲノムがクロマチンのような階層的構造を持っていないので，遺伝子の調節は比較的単純です．DNA塩基配列上の遺伝子もしくは遺伝子集団の領域の直前には，プロモータの配列が配置しています．そして，プロモータの中にオペレータという領域があり，そこにはリプレッサーという制御因子が結合することができます．リプレッサーがオペレータ部位に結合している間は，それに支配されている遺伝子あるいは遺伝子集団は読み出されることがありません．**図5.14**は，ラクトース（乳糖）の代謝の遺伝子領域とリプレッサーの関係を示したものです．リプレッサーは，溶媒中にラクトースがないとオペレータ領域に結合できるような立体構造を取り，その先の遺伝子集団（ラクトース分解酵素やラクトース輸送タンパク質など）の発現を抑制します．これに対して，ラクトースがあると，リプレッサーはラクトースと結合し，DNAのオペレータに結合できない立体構造に変わります．これによってプロモータ領域にRNA合成酵素が結合できるようになり，遺伝子集団が発現するようになり，溶媒中のラクトースが効率よく細胞内に取り込まれ，分解されるようになるのです．このような仕組みによって，環境中にラクトースがあるときだけ，ラクトースの輸送タンパク質や分解酵素が合成されるという無駄のない代謝反応が可能となっているのですが，原核生物における遺伝子調節は同様な方法で行われているようです．

真核生物はさらに長期的に（世代を渡って）遺伝子の制御ができるような仕組みがあります．それがエピゲノムという現象です．真核生物のゲノムには，ヘテロクロマチンという非常に強く折れ畳んだ領域が見られます．ユークロマ

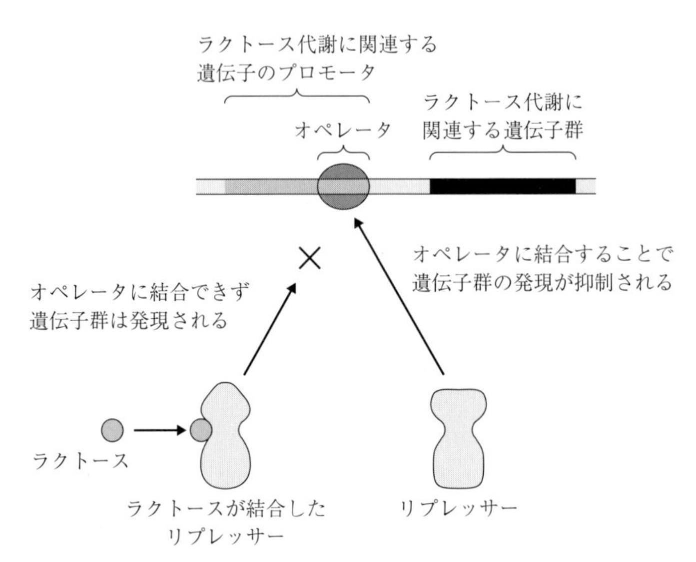

図 5.14　原核生物の遺伝子調節
原核生物の遺伝子調整は主にリプレッサーの発現と DNA のオペレータ領域への結合で起こる．ラクトースリプレッサーの結合部位の先には，ラクトース分解酵素やラクトース輸送タンパク質の遺伝子があり，ラクトースが必要なときだけ発現されるようになっている．

チンと呼ばれる通常の領域では，ヒストンアセチル化や制御因子によって DNA の立体構造がほどけ，遺伝子の発現が行われるのですが，ヘテロクロマチンの領域は非常に強く折れ畳まれているので，一連の遺伝子の抑制がさらにしっかりとしたものとなっています．環境と配列に依存して，DNA に対するメチル化やヒストンに対するメチル化が起こると，ヘテロクロマチンが形成され，転写が不活性化されるのです．DNA のメチル化は次の世代まで伝えられる場合があるので，DNA によらない遺伝（エピゲノム）ということで注目されていますが，このエピゲノムの仕組み自体は，ゲノムに従っているということは指摘しておかねばなりません（図 5.15）．

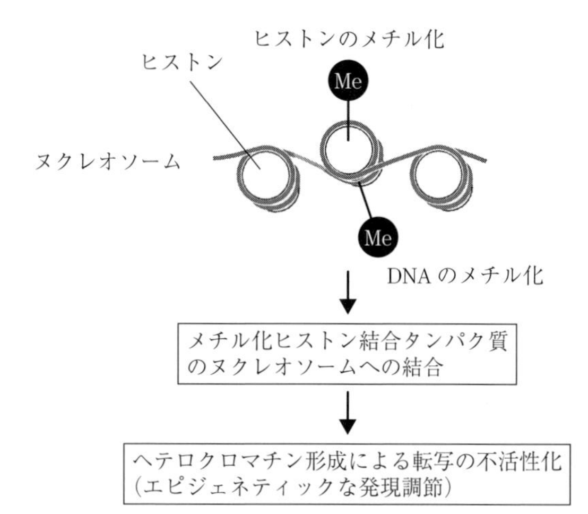

図5.15　メチル化によるエピジェネティックな発現調節
環境と配列に依存してDNAに対するメチル化やヒストンに対するメチル化などで，ヘテロクロマチンを形成する．それによって，転写が不活性化され，エピジェネティックな発現調節が可能となる．

ヒトゲノム計画の後，どんなプロジェクトがあったのだろう？

ヒトゲノム計画では，米英独仏日中の国際コンソーシアムにより，1990 年から 2005 年の間に 30 億ドルもの予算を投じて，ヒト 1 人分の 30 億塩基対のゲノム配列を完成させました．ところで，ヒトゲノム計画の目的は，人類の健康のためです．病気の発症に関連する変異や薬の効きやすさに関連する変異を発見することなどが期待されていました．しかし，ヒトゲノム計画では，ヒト 1 人分のゲノム配列を決定するのに 30 億ドルの費用と 15 年の歳月がかかっていました．これでは費用が高すぎますし，時間がかかりすぎでした．そこで，米国立衛生研究所（NIH）は，ヒトゲノム計画完了後，革新的ゲノム配列決定技術のための 2 つのプロジェクトを立ち上げ，2009 年までに 1 人分のヒトゲノム配列決定のコストを 10 万ドルに，2014 年までに 1000 ドルにすることを目標に，新しい高速シーケンサの開発を推進しました．これによりいわゆる次世代シーケンサとよばれる高速なシーケンサが開発され，いまでは 1 人分のヒトゲノム配列を決定するのにかかる費用は 1000 ドル，かかる時間も数日となりました．

個々人のゲノム配列を決定できるようになり，いよいよヒトゲノム計画の成果を人々に還元する新しい医療の実現へ向けて，米国では精密医療（Precision Medicine），日本ではゲノム医療の医学研究のプロジェクトが立ち上がっています．この新しい医療は，ゲノム情報，モバイルなどで収集される血圧等の健康情報，医療機関での診療情報を用いて，患者を正確に層別化して，最適な医療を実現しようというものです．そのうちの 1 つが，日本医療開発研究機構が推進する未診断疾患プロジェクトです．診断がつかない希少疾患の患者のゲノム配列を決定し，表現型について正確に記述して，診断しようというものです．

ヒトゲノム計画の完了から 10 年あまりが経ち，ようやく個々人のゲノム情報が社会のインフラとなり，遺伝子検査ビジネスが勃興してビジネスでも利用され始めています．ゲノム情報は究極の個人情報といわれます．新しい医療の実現に向けて研究を推進する一方で，個人のゲノム情報をいかに社会のなかで悪用されることなく，人間の尊厳および人権を尊重し，社会の理解を得て，人類の健康や福祉の発展ために利用されるべきかを考えてゆく必要があります．

荻島創一

（東北大学 東北メディカル・メガバンク機構）

第5章のまとめ

1. 生物ゲノムは細胞の DNA 分子に書き込まれた遺伝情報のすべてです．真核生物の DNA 分子は巨大なので，ヒストンタンパク質などと結合して高度に折れ畳まれています．生物進化では，生物の姿かたちが次第に複雑かつ高度な秩序を持つようになっています．しかし，その構造の複雑さは，ゲノムの大きさと必ずしも相関していません．むしろ，ゲノム中の非コード領域の割合が，生物の複雑さとよい相関を示していて，部品の数より，その組み合わせや利用の方法が高度化しているのだと考えられます．
2. 遺伝の法則は，今からほぼ 150 年前に G. メンデルによって発見されました．そして，表現型から見た優性の法則，分離の法則，独立の法則などの実体は，細胞核の DNA 塩基配列の遺伝子型にあることが，その後にわかりました．しかし，生物系大量情報時代に入った 21 世紀でも，遺伝の表現型と遺伝子型の関係は，まだ解明されていない部分が少なくありません．特に多因子の表現型のメカニズムは今後の研究課題です．
3. 一次元のゲノム配列情報から，三次元の生物体への変換の問題を理解するには，細胞内の多様な分子装置の働きを知らなければなりません．分子の合成（複製，転写，スプライシング，翻訳）のための分子装置，遺伝子発現の制御をする分子装置などは，細胞内ゲノム情報処理に直接関係しています．
4. DNA 分子の複製プロセスでは，直接的には DNA 合成酵素が行うのですが，それを可能にするために，ヘリカーゼ，プライマーゼ，DNA リガーゼなどの分子装置が適切に働いています．このような合成過程によって生物が繁栄できた基礎は，DNA 二重らせん構造における塩基対が完全に同じ長さを持っていて，情報メディアの構造と書き込まれたコンテンツを分離しているからです．
5. DNA から RNA への転写は，塩基の相補性を基礎とし，RNA 合成酵素によって行われます．遺伝子領域の読み出しは，DNA 塩基配列上のプロモータ領域への基本転写因子によってスタートします．真核生物，特に多細胞生物では，遺伝子のコード領域（エキソン）はイントロンによって分断されていることが多く，転写の後スプライシングによるイントロンの切り出しが行われ，最終的なメッセンジャー RNA ができます．

6. RNA 塩基配列からアミノ酸配列への翻訳は，リボソームによって行われます．リボソーム RNA とタンパク質が複合体を形成して，2 つのサブユニットができます．メッセンジャー RNA とアミノ酸を結合したトランスファー RNA がリボソーム上で結合して，RNA 上のコドンに基づいたアミノ酸配列が作られます．
7. 遺伝子を時と場所を得て発現させるために，転写因子が用意されています．真核生物では，ヒストンのアセチル化と転写因子の結合によって，クロマチンの適切な部位がほどかれ，遺伝子が発現できるようになります．これに対して，原核生物では，リプレッサーによる遺伝子の調節が行われています．また，真核生物では DNA やヒストンタンパク質のメチル化によって，ヘテロクロマチンという構造が作られ，より発現されにくい構造になります．この修飾は，世代をわたって伝わることがあり，エピゲノムという現象として注目されています．

第6章 ゲノム処理系を支える各種の分子装置

ゲノム情報（DNA 塩基配列）から生物体を作り上げるためには，多様なプロセスが協調して働かねばなりません．実際に，DNA 分子から複製，転写，スプライシング，翻訳，遺伝子調節などを行う以外に，真核生物では染色体（DNA 分子）が核内にあるので，複製や転写，調節などを行うタンパク質が細胞質から核に核膜を通して輸送されなければなりません．また，逆に転写された各種の RNA は，核から細胞質へ輸送されます．これらの核内外の輸送では，多種多様かつ大量の分子を輸送しなければならないので，そのために特別の分子装置が用意されています．メッセンジャー RNA の塩基配列に基づいてアミノ酸配列を合成（翻訳）するリボソームは細胞質にありますが，最終産物が膜タンパク質の場合は小胞体の膜上で合成が進みます．そのプロセスでトランスロコンやシグナル認識粒子などの分子装置が働いています．水溶性タンパク質の場合も立体構造を助ける分子装置（シャペロン）が重要な役割を果たしています．それだけではなく，タンパク質を周りに影響を与えずに分解する分子装置（プロテアソーム）も，細胞内には用意されています．これらはタンパク質の品質管理システムと言うこともできます．また，DNA 塩基配列に間違いが起こったときに，それを修復するシステムがあります．しかし，それが完全でないために次世代の生物個体のゲノムは，親のゲノムとは違う配列となり，生物の多様性や進化などが起こります．細胞分裂など細胞が大きく変化するときには，細胞内の分子や複合体が細胞内運動系によって移動します．生物は次に命をつなぐために，色々な分子装置を協調させているのです．

6.1 細胞内の分子装置の条件

細胞には多くのタンパク質があり，それぞれの役割を果たしています．ヒトの場合，ゲノムに書かれている遺伝子の数は 2 万 3 千ほどです．しかし，それらのすべてがここで言う分子装置というわけではありません．タンパク質には，ただ1種類の基質と結合する単機能の分子機械と，多くの分子を基質として総合的な仕事をする分子装置とがあります．例えば，リボソームはメッセンジャーRNAおよびアミノアシルトランスファーRNAを結合し，アミノ酸配列を合成していきます．メッセンジャーRNAは遺伝子の数だけ塩基配列があるので，リボソームは塩基配列に対応するいかなるアミノ酸配列でも合成することができる総合的な分子装置ということになります．これに対して，例えば炭酸脱水酵素というタンパク質は，炭酸とそれから水を取った二酸化炭素の間の反応を非常に促進する単機能の生体触媒です．この場合は，完全に単機能の分子機械ですが，反応の速度を10万倍も促進します．総合的な分子装置も単機能の分子機械も生物体が生きていくうえで重要なのですが，分子装置は生物の生存戦略の根幹に関わるという意味でより重要です．細胞内の分子装置が持つ性質を，次にまとめておきましょう．

(1) 基質に対する特異性が低いことは，分子装置の大きな特徴です．例えば，核膜を通した輸送システム（核膜孔）は，核で働くすべてのタンパク質と，細胞質に移動するすべてのRNAの輸送を行います．しかも，細胞質で働くタンパク質などは，核膜孔を通ることができないような厳しい特異性も持ち合わせています．これは，細胞内分子装置の非常に重要な特徴なのです．
(2) 分子装置の多くは大きな分子複合体となっています．RNA塩基配列からアミノ酸配列への翻訳を行うリボソームはその典型的な例です．第Ⅲ，Ⅳ部で紹介する分子装置の多くも，巨大な分子複合体となっています．
(3) 進化のある段階で遺伝子の重複が起こり，特異性は微妙に違うが，基本的には同じ働きをしている一群のタンパク質が作られる場合があります．例えば，免疫系のタンパク質では，外来からの化学物質のすべてに対応するために多様な分子を用意していますが，この一群のタンパク質もそれらを合わせて分子装置と考えることもできます．
(4) 分子装置は，生物の生存戦略と関わるものが多いので，進化によって生物が複雑化・高度化するときに，新たな分子装置が追加されている場合があります．リボソームはすべての生物にある最も基本的な分子装置ですが，核膜孔は真核生物が生まれるときに作られるようになった分子装置です．他の大進化の段階でも，新たな分子装置が作られるようになったと考えられます．

6.2　分子の立体構造形成

タンパク質の立体構造形成のあり方を考えるために，まず膜タンパク質と分泌型タンパク質の形成について説明します．図6.1に示したように，膜タンパク質と分泌型タンパク質は，基本的に同じ分子装置の助けでできています．分泌型タンパク質は，細胞外で働くタンパク質ですが，細胞質にあるリボソームで合成され，細胞膜を通り抜け，最終的には細胞外の水中で働く水溶性タンパ

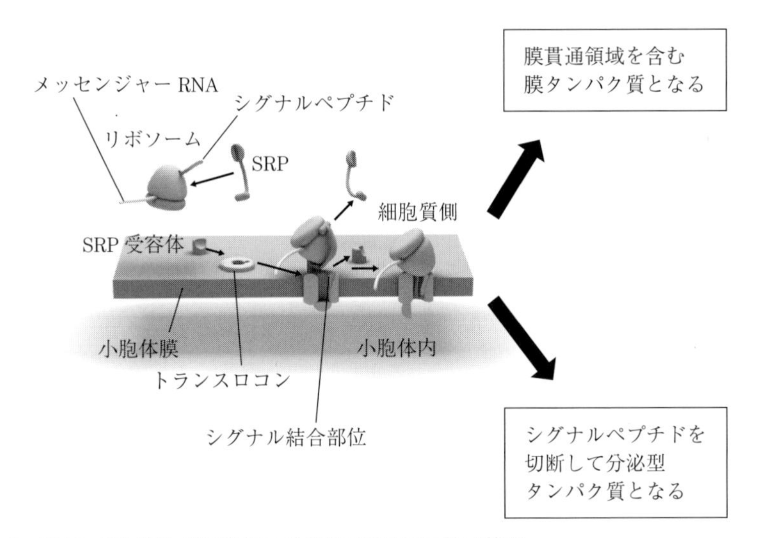

図6.1　膜タンパク質と分泌型タンパク質を形成する分子装置
分泌型タンパク質と膜タンパク質の構造形成のシステム．分泌型タンパク質のアミノ酸配列には，シグナル配列がある．また，膜タンパク質のアミノ酸配列には，膜貫通領域の配列がある．それらを認識する粒子（SRP）とそれを認識する受容体（SRP受容体），さらにトランスロコンが働いている，そして，シグナルペプチダーゼなどが働いて分泌タンパク質ができる．（図の提供：澤田隆介博士より．承諾を得て掲載．）

ク質です．したがって，分泌型タンパク質はタンパク質の性質としては，細胞質の水溶性タンパク質と似ていますが，アミノ酸配列の中に細胞膜を越えるためのシグナルがなければなりません．実際，分泌型タンパク質のアミノ酸配列を見ると，そのアミノ末端に特徴的な配列断片があります．正電荷のアミノ酸が多いクラスター，疎水性アミノ酸のクラスター，極性のアミノ酸のクラスターがこの順番で並んでいるのです．疎水性アミノ酸のクラスターが合成されると，そこでいったんリボソームによる合成が止まり，シグナル認識粒子（SRP）と呼ばれるタンパク質複合体がこの疎水性アミノ酸クラスターに結合します．そして，SRP を認識する小胞体膜内の SRP 受容体が，合成途中のリボソームと SRP の複合体を捕まえます．やはり膜内にあるトランスロコンという分子装置が，SRP 受容体から合成途中のリボソームを受け取り，タンパク質の合成が再開されます．そのときに膜内に（つまり原核生物では細胞外へ，真核生物では小胞体内へ）ポリペプチドを押し込む形で合成が進みます．分泌型タンパク質では，最終的にポリペプチドのほとんどは細胞外（あるいは小胞体内）に移動してしまい，最初の疎水性アミノ酸クラスターだけが膜内に残ります．さらにシグナルペプチダーゼが疎水性アミノ酸クラスターの端を切断し，これによって分泌型タンパク質が，細胞外（あるいは小胞体内）で完成します．分泌型タンパク質を膜を通して移動させ，シグナルペプチドを切断するプロセスでの基質特異性は高くなく，物性的に似たような分布を示すシグナルペプチド領域があれば分泌型タンパク質が形成されます．

膜タンパク質は，分泌型タンパク質と同じシステム，つまりシグナル認識分子（SRP），SRP 受容体，トランスロコンの組合せによって形成されますが，最終的に膜内のセグメントが残るタイプのタンパク質です．ただ膜タンパク質では，疎水性アミノ酸のクラスターの数や，疎水性クラスターのどちら側に正電荷クラスターがあるか（アミノ末端かカルボキシル末端か），シグナルペプチダーゼの認識部位があるかなどによって，その形態が変わってきます．図 6.2 は，膜タンパク質の形態の多様性を示したものです．膜タンパク質が形成される最初のプロセスは分泌タンパク質と同じです．つまり，疎水性セグメントが合成されたところで，そのシグナル認識粒子（SRP）が合成途中のリボソームを結合し，合成は一度ストップします．その複合体が膜中の SRP 受容体からトラン

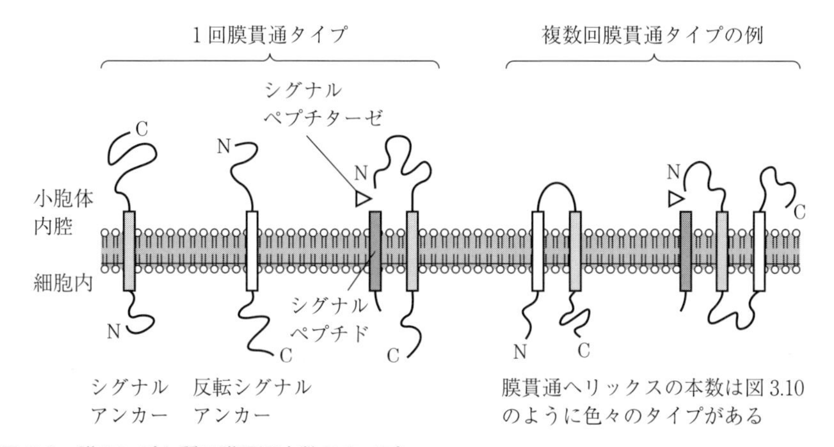

図6.2　膜タンパク質の膜貫通本数のタイプ
シグナルペプチダーゼが働くかどうか，正電荷を多く含むアミノ酸クラスターが疎水性アミノ酸クラスターのアミノ末端側にあるか，あるいはカルボキシル末端側にあるかなどによって膜タンパク質の形態が違ってくる．また，疎水性のアミノ酸クラスターがいくつあるかによっても膜タンパク質のタイプが変わる．

スロコンに渡されたところで，膜状のトランスロコンに結合します．そこでタンパク質の合成が再開します．膜に組み込まれるときに，正電荷を多く含むアミノ酸クラスターが細胞質に位置づけられるというルールがあり，それによって疎水性セグメントのN端側が細胞内に残るか，逆にC端側が細胞内になるかが決まります（シグナルアンカー，反転シグナルアンカー）．さらに疎水性セグメントが複数あれば，膜貫通ヘリックスの本数が増えていきます．また，シグナルペプチダーゼで最初の疎水性クラスターを切り出すと，膜のトポロジー（N端側がどちらになるか）が変わり，膜貫通ヘリックスの本数は1本減ります．そして，膜タンパク質のトポロジーとヘリックス本数は，機能と深く関係している場合が多いことがわかっています．分泌型タンパク質と膜タンパク質を形成させる分子装置は，基質の分子認識の特異性はあまり高くありません．それで，非常に多様なアミノ酸配列が膜貫通領域となることがわかっています．

分泌型タンパク質や膜タンパク質は，そのための分子装置によって構造形成していることがわかりましたが，それでは水溶性タンパク質ではどうでしょうか．全タンパク質の4分の3は水溶性タンパク質なので，これは大事な問題です．タンパク質の構造形成は物理化学的な過程において，それが折れ畳まれた構造はエネルギー極少の状態となっています．それでは伸びたアミノ酸配列を溶媒中に置いておけば，自然に折れ畳まれて機能するタンパク質の（機能を示す）立体構造が形成されるかといえば，それは難しいのです．その理由は，高分子は極めて多くの立体構造を取りえるので，実験的にも変性した構造になってしまう場合も多いのです．さらに，水溶性タンパク質の立体構造を予測するために，アミノ酸配列の全原子に働く物理的相互作用を計算する分子動力学計算などが盛んに行われていますが，エネルギー極少構造として立体構造を決定することは困難です．実際には立体構造形成のための一種の触媒があり，確実に機能するタンパク質の構造を形成したり，変性したタンパク質の構造を直したりします．図 6.3 はタンパク質構造形成を促進する分子装置であるシャペロンの立体構造です．これは別名熱ショックタンパク質と呼ばれるもので，私たちが感染症などで熱を出したときに発現して，熱変性したタンパク質の立体構造を直すことがわかっています．そのお陰で私たちの細胞は生き延びることができ，これに対して感染した病原体は死んでしまうということが起こるのです．ただ，シャペロンの存在がわかったからといって，物理的な極少構造としての

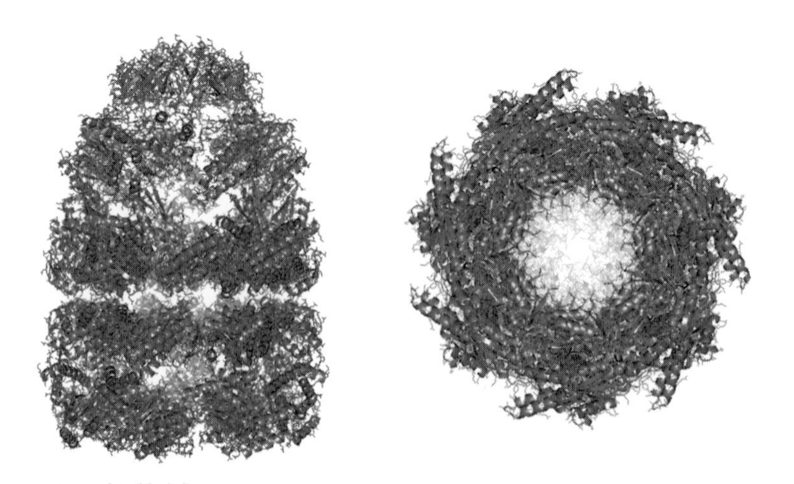

図 6.3　タンパク質形成のシャペロン

タンパク質の立体構造を促進する分子装置シャペロンの立体構造．（図の提供：広川貴次博士より．承諾を得て掲載．）

タンパク質の立体構造を予測できるようになるわけではありません．水溶性タンパク質の立体構造形成を理解し，予測できるようにするという問題は，今後の大きな課題として残されています．

構造形成とは逆ですが，タンパク質の分解も巨大な分子装置によって行われる場合があります．ユビキチン―プロテアソームシステムと呼ばれる仕組みです（図6.4）．これは真核生物と古細菌が持っている分子装置です．ユビキチンは76残基からなる小さなタンパク質で，タンパク質やDNAの修飾に用いられていて，色々な働きをしています．真核生物のあらゆるところに見られる（ユビキチンという名前の由来でもある）のですが，そのアミノ酸配列は非常に保存性が高く，ほとんどの生物で同じ配列です．重要な働きの1つとして，分解されるはずのタンパク質に結合し（ポリユビキチン化され），それをシグナルとしてプロテアソームによるタンパク質分解が行われます．普通の分解酵素が細胞内にむき出して存在していると，無差別にタンパク質が分解されて，細胞の調和が壊れてしまいます．しかし，ユビキチン―プロテアソームシステムの場

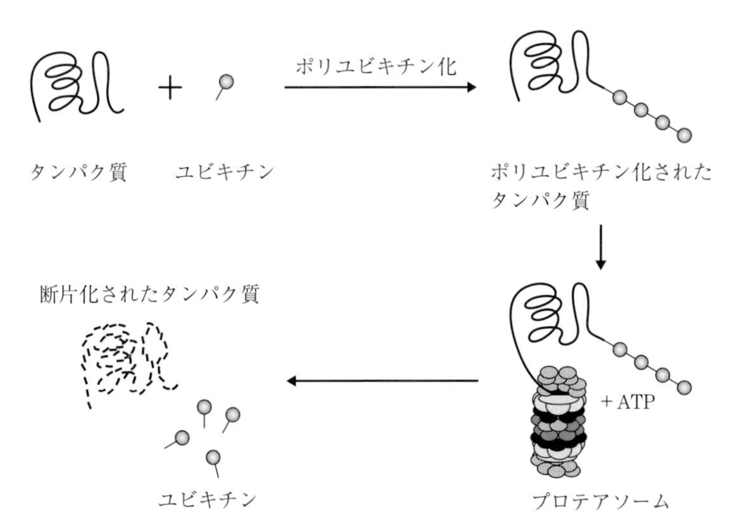

図6.4　タンパク質分解のプロテアソーム

ユビキチン―プロテアソームシステムによるタンパク質分解のプロセス．分解を受けるタンパク質はポリユビキチン化され，それを認識したプロテアソームが内側に取り込み断片に分解する．これらのプロセスはATPを利用して進む．

合は，ユビキチンによって修飾された（ユビキチン化された）タンパク質だけがプロテアソームの袋の中で分解されるので，細胞の状態に影響をほとんど与えないという特徴があります．また，タンパク質は小さな断片に分解され，その断片が免疫システムにも利用されます．修飾のためにタンパク質に結合していたユビキチンは，分解反応の後に再利用されます．プロテアソームを構成するタンパク質の構造形成には，シャペロンの働きが必要だと考えられています．シャペロンは多くのタンパク質の立体構造形成を促進するし，プロテアソームは，ポリユビキチン化された（多くのユビキチンが結合した）タンパク質はどれでも受け入れ分解するという意味で，いずれも基質の特異性は低く，重要な分子装置となっています．

6.3　核内外の分子輸送システム

細胞内でのゲノム情報処理は，生命活動を行い，次の世代に命をつなぐうえで非常に重要です．真核細胞では細胞が大きいため，非常に多くの分子が合成され，さまざまな反応を行っています．真核細胞のゲノムが核内に存在する理由の1つは，ゲノム情報処理に関わる反応を正確に行うために隔離された場が必要であるためと考えられます．ゲノムが核という細胞内小器官に隔離されると，必然的に核の膜には内部で必要とするタンパク質を特異的に取り込む仕組みや，核内で作られたRNAを核外に取り出す仕組みが必要となります．それらの働きを担うものとして核膜孔と呼ばれる分子装置が作られています．

図6.5は，核膜孔のモデル図です．これは外形でおよそ100 nm，内部の孔が数十nmの巨大であるけれどもかなりスカスカの穴です．核膜孔を通るタンパク質はインポーティンという輸送担体と結合をします．核膜孔はインポーティンを認識しており，インポーティンが輸送されるタンパク質を認識しているという多重の分子認識を行っているのです．インポーティンαと結合するタンパク質は，核移行シグナル（NLS）と呼ばれる特徴的なアミノ酸配列を持っています．図6.6に示したように，NLSと結合したインポーティンαは，インポーティンβと結合し，インポーティンβが核膜孔に認識されて，核移行が起こるという輸送形式もあります．インポーティンはアルマジロリピートと呼ばれる

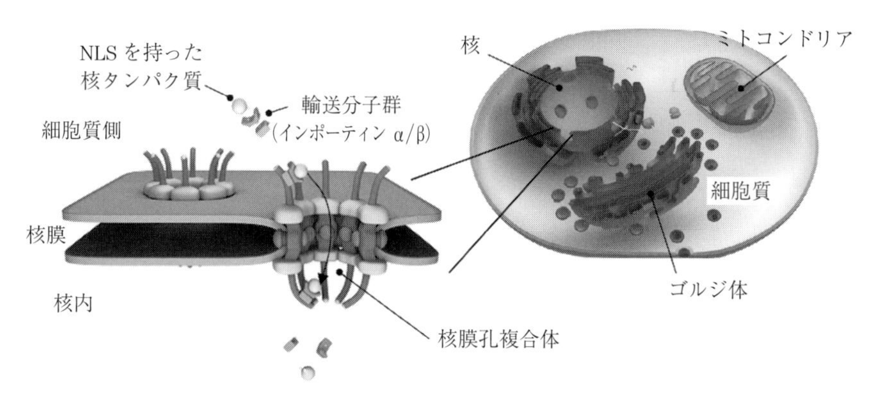

図6.5　核膜輸送に関わる分子装置としての核膜孔
核膜孔複合体の立体構造．核膜は二重の膜でそれをまたがった形で核膜孔ができている．
（図の提供：澤田隆介博士より．承諾を得て掲載.）

特徴的な構造を取っています．単体では硬いαヘリックスが集合した構造となっていますが，全体としては非常に柔らかいロープのような構造になっています．

核—細胞質間分子輸送のプロセスをモデル的に示したのが図6.7です．核膜孔を通したタンパク質やRNAの輸送には，インポーティン（核→細胞質）とエクスポーティン（細胞質→核）という輸送体のタンパク質が必要です．そして，荷物としてのタンパク質に，NLSと言われる配列モチーフがあるとインポーティンと結合し，NESと言われる配列モチーフがあるとエクスポーティンと結合します．核に入ったインポーティンとタンパク質の複合体を核内で解離させるにはGタンパク質（Ran）とGTPが結合する必要があり，空のインポーティンとGタンパク質の複合体は再び細胞質に戻ります．NESのモチーフを持つタンパク質とRNAはエクスポーティンと複合体を作り，やはり同じようなプロセスで核膜を通して輸送されますが，方向は逆方向です．核内には，数千種類のタンパク質があるのですが，それらはこのような核膜孔を通した輸送によって，細胞質から核に移動しています．この巧妙な分子認識の仕組みによって，非常に多くの分子が確実に核内に局在しているのです．

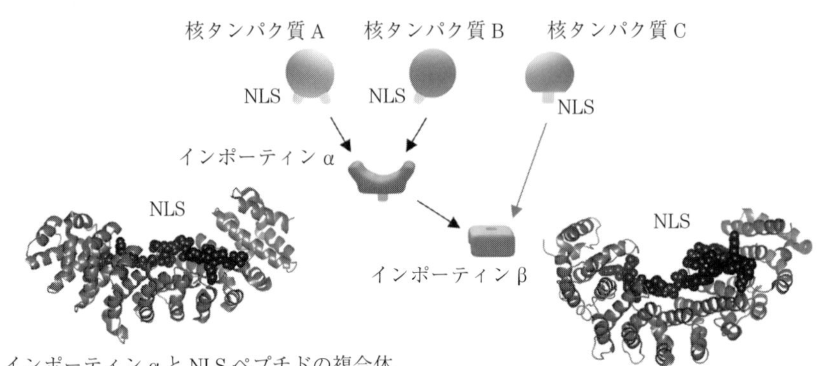

図6.6　インポーティンα，インポーティンβ
NLSを持つタンパク質とインポーティンαおよびインポーティンβの複合体の構造．（図の提供：広川貴次博士より．承諾を得て掲載．）

6.4　細胞分裂と運動系分子装置

細胞分裂が，生物にとって最も重要なプロセスだということは疑いない事実です．細胞分裂をしなければ，生物は次の世代の個体を生み出し，命をつなぐことができないからです．細胞分裂では，設計図であるDNAは2倍に増え(多細胞生物における減数分裂は別)，次世代の細胞にとって必要な細胞質も増えます．また，細胞分裂でDNA分子が複製されたり，染色体が2つの細胞に分配されたりするときに正確さが欠けていると，次世代の個体が生き延びる確率が下がります．そういうことが起こらないように，実際の細胞分裂では色々な段階でチェックが入ることがわかっています．つまり，細胞分裂には色々な分子装置が協調して働いているのです．細胞分裂が，生体内の最も重要なプロセスの1つであり，普遍的な仕組みによって起こっています．細胞分裂は，4つのステップからなるサイクルとなっています．DNA合成準備期（G1），DNA合成期（S），分裂準備期（G2），分裂期（M）です．そして，G1期に細胞周期

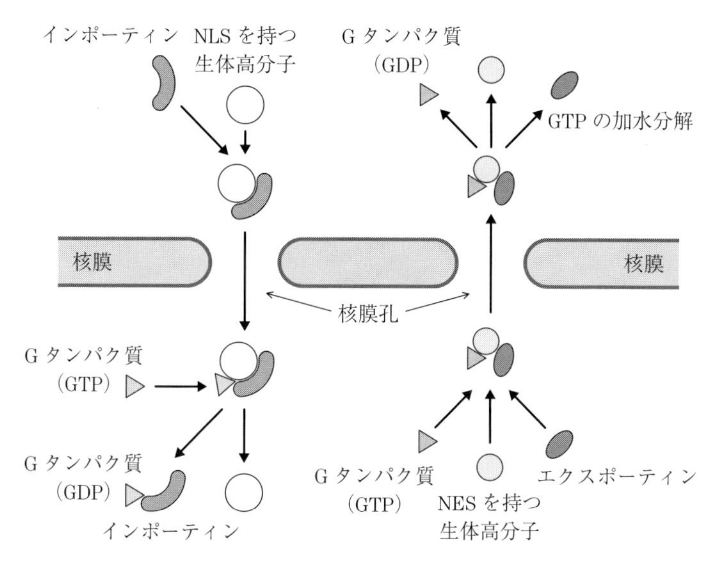

図6.7　インポーティンとエクスポーティンによる輸送
核膜孔を通した核–細胞質間分子輸送のモデル図．細胞質の分子（タンパク質）を核内に輸送する経路ではインポーティンが，逆の経路ではエクスポーティンが働いている．輸送されるタンパク質は，それぞれNLS，NESと呼ばれる配列モチーフを持っている．また，輸送のスイッチには，Gタンパク質（Ran）のGTPとの結合やその脱リン酸化が関与している．

を停止して安定な時期（G0）になることがありますが，多くの細胞はG0にあります（**図6.8**）．分裂期に1つの細胞が2つの細胞に分かれるので，M期に1個の細胞のDNAの量は半分になります．これに対して，DNA合成を行うS期には，DNAの量は複製によって2倍になります．

細胞分裂期における，細胞と核の様子を示したのが**図6.9**です．分裂期には，染色体が明確に見えるようになりますが，それと同時に中心体と言われる構造体も2つ形成されます．そして，染色体は中心体の真ん中に整列し，それぞれに微小管からなる紡錘糸が結合した紡錘体が形成されます．そして，対の染色体は中心体のほうに引っ張られ，細胞質も分かれて，細胞分裂が完成します．もちろんこのプロセスでも色々な分子装置が働いているのですが，細胞内で起こる物質（染色体）の移動（運動）は，非常に顕著な生体現象です．

紡錘糸の実体は微小管です．微小管は2種類のタンパク質（αチューブリン

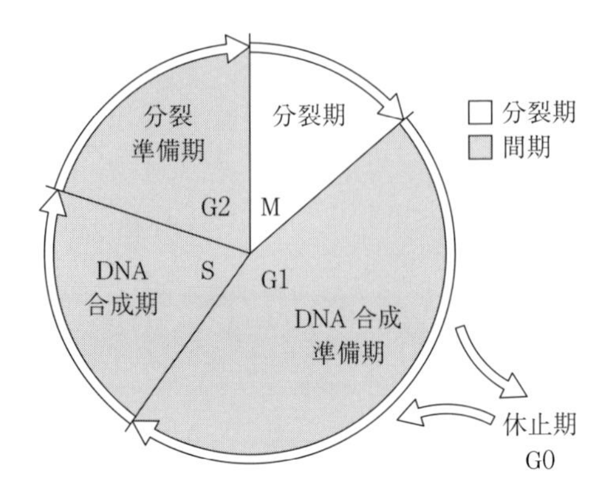

図 6.8　細胞分裂の 4 段階
細胞は 4 つのステップで細胞分裂を行う.

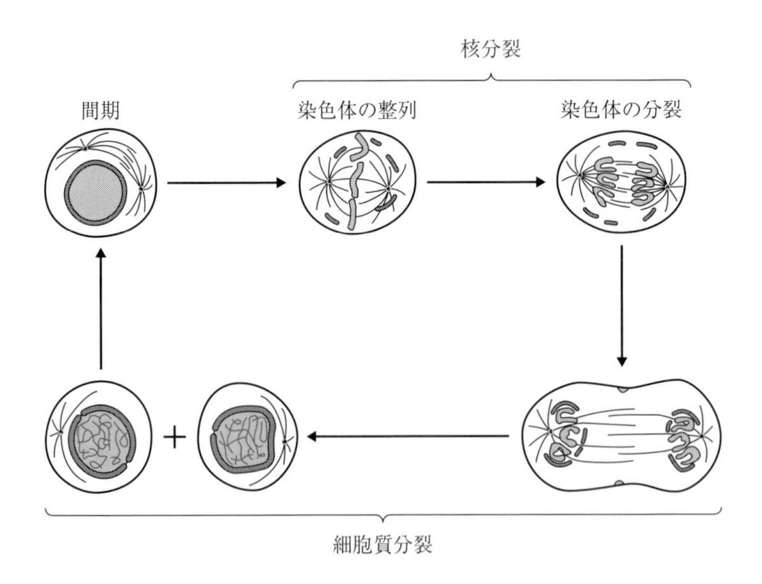

図 6.9　細胞分裂の M 期での細胞と核の変化
M 期では染色体がはっきり見え，それを引っ張る紡錘体も顕著となる.

とβチューブリン）からなっています．これらのタンパク質は**図6.10**に示した通り，対となって13回で管を形成し，微小管となります．αチューブリンとβチューブリンは配列上よく似ており，いずれもGTPと結合します．しかし，βチューブリンはGTPを加水分解してGDPと結合した構造になることができるのに対して，αチューブリンはそういう性質を持たないので，微小管の形成に方向性が発生します．βチューブリンはGTPを結合した構造よりGDPと結合した構造のほうが，タンパク質同士の重合能が弱いことがわかっており，微小管はGTPの結合したβチューブリンが重合し，GDPの結合したβチューブリンが脱重合していくという傾向があります．βチューブリンの側をプラス，αチューブリンの側をマイナスと呼び，重合はプラス側からマイナス側に向けて起こります．つまり，微小管は重合・脱重合を繰り返しながら，ダイナミック

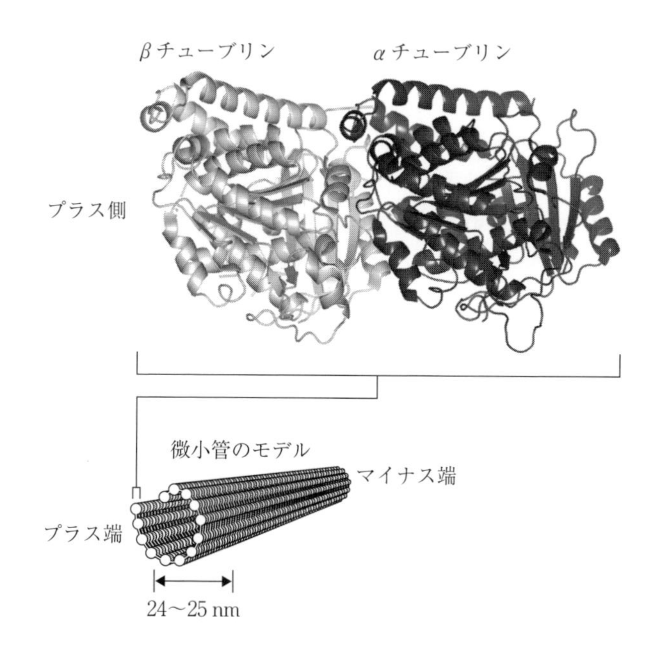

図6.10　チューブリンと微小管
αチューブリンとβチューブリンが対となって微小管を形成している．微小管には方向性があり，βチューブリンの側がプラスとなっている．（図の提供：一部，広川貴次博士より．承諾を得て掲載．）

に形成されるのです．さらに，微小管には微小管結合タンパク質が結合して，構造を安定化したり，分解を促進したりしています．

微小管の重合・脱重合に異方性があることから，そのダイナミクスで細胞の運動や形態形成などを引き起こすことがありますが，それとは別に微小管の結合タンパク質には運動系タンパク質と呼ぶにふさわしいものがあります．図 6.11 は，ダイニンとキネシンのモデル図を示したものですが，それらは代表的な運動系タンパク質です．いずれも細長いタンパク質の二量体となっています．ダイニンとキネシンは微小管の表面を，二量体があたかも足で歩くように動くと考えられています．そして，ダイニンは微小管のプラス側からマイナス側に，またキネシンはマイナス側からプラス側に動きます．そして，いずれの運動系タンパク質も，微小管に相互作用するのと反対側で荷物と結合することができます．つまり，微小管は細胞内のレール，ダイニンやキネシンはその上の貨車のような働きをしているのです．細胞の中心体からは，微小管のネットワークが張り巡らされています．そして，細胞分裂のときには，そのネットワークが再構成されて，紡錘糸を形成します．そして，染色体を分離させるには，運動系のタンパク質が働いています．また，遺伝子の産物やミトコンドリアなどのオルガネラを，核から遠い場所に移動させるのも，これらの微小管，運動系タンパク質の働きです．例えば，神経細胞は非常に細長い軸索を持っていて，その先に神経伝達物質を含んだ小胞体やミトコンドリアなどを運ばねばなりませ

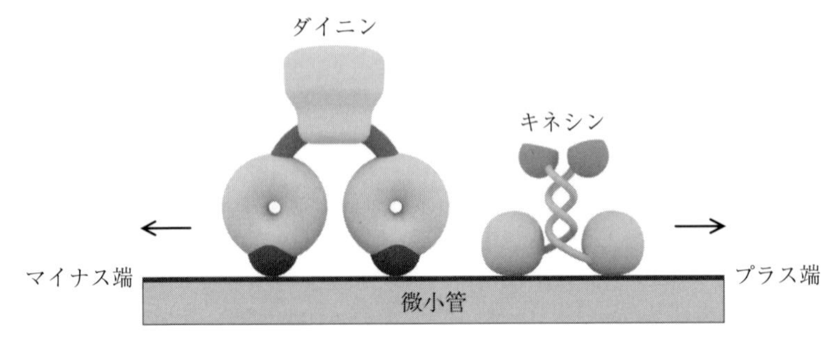

図 6.11　キネシンとダイニンによる輸送
微小管上で運動する 2 種類の運動系タンパク質，ダイニンとキネシン．ダイニンはマイナス側に，キネシンはプラス側に移動する．（図の提供：澤田隆介博士より．承諾を得て掲載．）

ん．また，逆に不要になったものは細胞体のほうで分解しなければなりません．そこで運動方向が逆のダイニンとキネシンがあるのです．

細胞分裂の最終段階で，2つの核が形成されたのち，それぞれの核を中心に細胞質も分離しなければなりません．そのときに2つの核を持つ細胞の真ん中を絞り切るように，アクチン繊維とその上で運動するミオシンが働きます．アクチンは球状の水溶性タンパク質ですが，**図6.12**に示すように，2列の重合体を形成して繊維状となります．その上でミオシン分子が動くことができます．アクチンには，トロポミオシンとトロポニン（C，I，T）という制御に関わるタンパク質が結合しています．トロポミオシンはαヘリックスだけからなるロープのようなタンパク質で，アクチンの繊維を補強するような形で結合しています．ただトロポミオシンは単にアクチンフィラメントを補強するだけではなく，ところどころについているトロポニンの状態をアクチン繊維全体に伝える働きもしているようです．トロポニンには，カルシウムイオンの結合部位があります．そして，トロポニンにカルシウムイオンが結合すると，その構造変化がトロポミオシンを経由して，アクチン分子同士の結合が緩み，ミオシン分子との結合が起こるようになります．運動はATPの分解と共役していて，エネルギーが必要な過程です．ミオシンはキネシンと似ていて，やはり歩くような形で動くと考えられていて，筋肉はアクチン—ミオシン系の運動なのです．

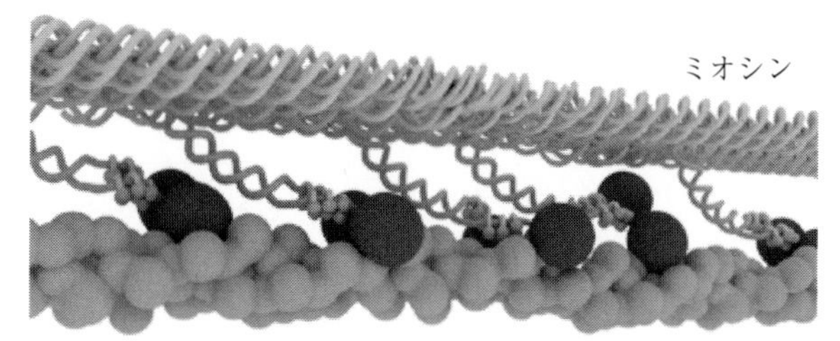

図6.12　ミオシンとアクチンによる運動

アクチンは球状タンパク質だが，重合して繊維状の構造を形成し，それに制御に関わるトロポミオシンとトロポニンが結合している．アクチンとミオシンの結合は，カルシウムイオンの結合によって制御されている．（図の提供：澤田隆介博士より．承諾を得て掲載．）

6.5 配列の変異とその修復

DNA 塩基配列には，色々な性質の変異が起こります（表 6.1）．紫外線に曝されると，光化学反応が起こり，塩基配列に化学変化が起こる場合があります．また，各種の化学物質に暴露されると，DNA 塩基配列の複製の間違いが起こります．大きな変化では，細胞分裂のときに DNA の組換えが起こりますが，不正確な組換えが起こると，染色体が短くなったり，長くなったりします．コピー数変異という大規模な DNA 塩基配列のコピー・ペーストが起こることもあります．ウイルスの RNA ゲノムが逆転写されて，ゲノム DNA に潜り込む現象も知られています．多細胞生物では，遺伝子にエキソン—イントロン構造が存在していて，新しいイントロンやエキソンが導入されたり，消失したりするような変異もあります．

これらの多様な DNA 塩基配列に対する変異は，病気のリスクとも関係していて，どちらかというと困った現象だと考えられがちです．しかし，ゲノム DNA 塩基配列は，そもそも変異が集積することによって形成されたものです．DNA 塩基配列に対して多様な変異が起こらなければ，生物の進化も起こらな

表 6.1　ゲノム DNA 塩基配列に対する変異

変異の種類	内容
一塩基置換	塩基配列の一塩基が置換している場合で，化学反応や複製の間違いなどで起こる．
インデル	比較的短い塩基配列の挿入と削除で起こる．
エキソン単位の変異	エキソン—イントロン構造は真核生物の単細胞生物の一部から見られるようになっていて，エキソンやイントロンの導入，削除，シャフリングなどがある．
コピー数変異	特定の配列のコピーペーストや喪失などがあり，高等な生物で顕著である．
染色体異常	DNA の組換えが不平等の場合，また核の分裂が不確実だと，染色体の長さや数が変わる．

かったのです．実際，生物進化とともにDNA塩基配列に対する変異が多様化しているように見えます．エキソン単位の変異は，明らかに真核生物における現象で，特に多細胞生物で顕著です．また，コピー数変異（遺伝子の重複など）は，大きな変異で疾患のリスクとの関係で注目されています．

生物にとって，無秩序に変異が起こることは不都合なことで，それを修復するためのシステムが用意されています．DNAの複製は非常に正確なプロセスなのですが，それでも一定の確率で間違いが起こります．これに対して，二重らせん構造における塩基対のミスマッチを検出して，修復するシステムがあります（**図6.13**）．DNAの二重らせんでは，親のDNA鎖と新しく合成された子のDNA鎖が相補的に結合しています．ミスマッチが検出されると，メチル化がある鎖を親のDNA鎖として検出します．そして，それを鋳型として，子のDNA鎖をミスマッチ付近だけ切り出し，障害部位を書き換え，すでにあるDNA鎖とつなぎ合わせるのです．このような修復システムのおかげで，DNA

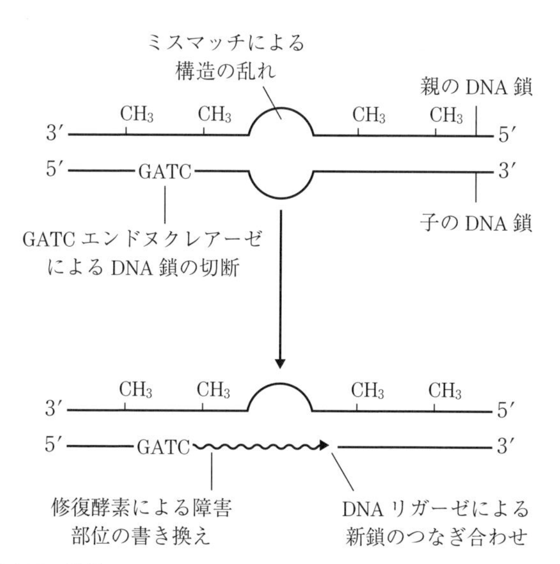

図6.13　遺伝子変異の修復

新しいDNA鎖が合成されたときに，ミスマッチの合成が起こると，それに対する修復システムが働く．メチル化されている側の1本鎖DNAを親とし，子のDNAを修復する．GATCという配列をGATCエンドヌクレアーゼが認識・切断し，配列を修復するシステムがあります．

塩基配列の複製は非常に正確なものとなっています．ただし，修復システムにもかかわらず，間違いは残ります．それはミスマッチの検出の失敗や修復の失敗によるもので，おそらく失敗を引き起こしやすい配列の特徴があるのではないかと考えられます．もしそうだとすれば，多くの世代にわたる変異の集積によって，DNA 塩基配列における塩基出現確率にバイアスが発生するだろうと想定されます．生物進化における塩基出現確率のバイアスの発生は，興味深い問題です．

塩基配列の変異は，複製以外のプロセスでも起こります．DNA 二重らせんが紫外線を吸収すると，チミンが並んでいるところで光化学反応が起こり，チミンダイマーが発生することがあります．そのまま複製に入ると変異が導入されるので，このチミンダイマーを切除し，正しい塩基配列に合成し直す修復システムがあります．チミンダイマーは，正常な二重らせん構造から突き出した形になっていて（チミンそのものではなくその相手のアデニンが飛び出している），それを認識してその近傍に切り込みが入り，その部分を切除します．その後，相手の塩基配列を鋳型として，新しい鎖が合成され，元々の鎖とつなぎ合わされます．

表 6.1 に示した変異の中で，一塩基置換についてはすでに述べた通り，それを修復する分子装置が存在しています．スプライシングのプロセスは RNA 塩基配列に対して働いているので，そのための分子装置は DNA 塩基配列に対して直接変異を引き起こすわけではありません．しかし，進化の過程で，多細胞生物の遺伝子には体系的にイントロンが導入されているので，ゲノムの中にそのための仕組み（分子装置）が用意されたのだと想定されます．また，コピー数変異をゲノムに追加したり減らしたりするような仕組み（分子装置）があるかどうかは，興味深い問題です．

フラフラのタンパク質は大事なの？

大事です．フラフラのタンパク質はどうして大事なのでしょう．その話をする前に，フラフラのタンパク質について，少し説明しておきましょう．

そもそもタンパク質がタンパク質らしくクールに働くためには形が必要だ，って教科書には書いてありますよね．この本でもきっと「お約束」だから，そういうフレーズをどこかで見つけることができるでしょう．例えば酵素．常温常圧で効率よく触媒反応ができます．こんなもの，科学の粋をこらしてもなかなか作れるもんじゃありません．タンパク質って凄い．その凄さの源は形です．これは紛れもない事実です．でも事実を盲目的に一般化し，それに囚われすぎると思わぬ落とし穴にはまることがあります．形をとらないとタンパク質として働けないのでしょうか．形がないタンパク質は駄目タンパク質なのでしょうか．そんなことはないのです．形がないフラフラのタンパク質（天然変性タンパク質）の発見は，私たちの「タンパク質観」に大きな変革をもたらしました．

天然変性タンパク質はそのアミノ酸配列が親水的で電荷に富んでいるため，プログラムを使って予測することができます．さまざまな生物種のプロテオームを調べてみると，天然変性タンパク質は真核生物由来のゲノムに多くコードされていて，しかも核内タンパク質に多いことがわかりました．例えば転写因子です．転写因子のDNA結合部位は形をとっていますが，それにつながっていて他の転写に関係するタンパク質を連れてくる箇所にはフラフラが高頻度で利用されています．こういったタンパク質の配列は1000残基を越すほど長く，フラフラ以外にも複数の構造ドメインを持っており，結果的に多くのタンパク質と相互作用するハブタンパク質として働いています．このようなタンパク質に異常が発生すると転写が上手くいかなくなってタンパク質合成がおかしくなります．結果的に病気になったりします．私たちが健康に生きていられるのは，フラフラのタンパク質が体の中でキチンと働いているからなんです．

天然変性タンパク質は多くのタンパク質と同時に相互作用しますが，時と場に応じて相互作用相手のタンパク質を適宜取り替えることもできます．細胞内の窮屈な空間でタンパク質の取り替えを行うには体積にとらわれない柔軟な構造が有効です（狭い更衣室で着替えをするのはたいへんですよね．体がグニャグニャだったら楽だと思いませんか？）．こういったところにもフラフラならではの巧妙さを感じますね．

太田元規

（名古屋大学 大学院情報科学研究科）

第6章のまとめ

1. 細胞には，多様なタンパク質があって，それ自体の生命を維持すると同時に，次の世代を生み出しています．それらには一種類の基質と結合する単機能の分子機械と，色々な分子を基質とする分子装置とがあります．DNA合成酵素やリボソームなどは典型的な分子装置で，細胞内でのゲノム情報処理には，そのような全生物に共通の分子装置が必要となります．
2. 直接DNA塩基配列と相互作用して機能する分子装置以外にも，生物に共通の分子装置が存在しています．タンパク質は，アミノ酸配列が合成されただけでは機能することができず，適切な立体構造に折れ畳まれることによって初めて機能します．細胞には，タンパク質の折れ畳みを助ける分子装置があります．分泌型タンパク質や膜貫通タンパク質が膜を通過するのを助けるトランスコロンなど，そして水溶性タンパク質の折れ畳みを助けるシャペロンなどの分子装置は，生命活動を確実なものにしています．
3. 真核生物のゲノムは核に局在しています．したがって，非常に多くのDNA結合タンパク質は細胞質から核に輸送されます．また，ゲノムのDNA塩基配列から転写されたメッセンジャーRNAは，逆に核内から細胞質に輸送されます．それを確実に行う分子装置として，核膜孔の複合体と，インポーティンやエクスポーティンなどの輸送体が存在しています．
4. 細胞が行う最も重要な働きの1つは細胞分裂で，それによって生物は30億年以上もの間，生命をつないできました．細胞分裂では色々なプロセスが組み合わされていますが，細胞内の運動系のシステムが不可欠です．そのために微小管という一種のレールと，その上を動くダイニンやキネシンという運動系タンパク質が働いています．細胞にとって同じくらい重要なものとして，アクチンおよびミオシンという運動系システムがあります．
5. 細胞が分裂するとき，ゲノムDNA塩基配列には色々なタイプの変異が導入されます．最も頻繁に起こる変異は一塩基置換ですが，それ以外にもインデルと呼ばれる短い配列の挿入・削除や大きな配列のコピー数変異なども見られます．また，真核多細胞生物で発達した遺伝子のエキソン—イントロン構造は，一般に変異とは考えられていませんが，エキソン単位の挿入・削除はあるようで，それも一種の変異と考えられます．DNA の組換えに伴う染色体の異常等も一種の変異と言うことができます．これらの変異の集合として生物ゲノムが形成されているので，変異を引き起こす分子装置やそれを修復する分子装置は，生物進化に重要な役割を果たしていると考えられます．

第Ⅲ部の演習問題

1. 生物のゲノムというのは，細胞が含むDNA塩基配列のすべてである．以前は，DNA塩基配列の大部分が意味のない非コード領域で，ゲノムはコード領域（遺伝子の領域）だけという見方もあった．しかし，今はタンパク質のアミノ酸配列と関係がない非コード領域も，大部分が転写されており，何らかの役割を果たしていると考えられるようになった．生物ゲノムについて正しい記述はどれか？

 ① 生物ゲノムの中で，タンパク質のアミノ酸配列の情報を書き込んだコード領域の割合は，生物種によらず一定である．
 ② DNA分子は，二重らせん構造を取っており，それ以上の秩序構造はない．
 ③ 生物ゲノムの非コード領域には，配列上の秩序はない．
 ④ 生物ゲノムのサイズ（塩基数）は，多細胞生物の場合単純な生物も複雑な生物も大きな違いはないが，原核生物のゲノムのサイズはそれより2～3桁小さい．
 ⑤ ヒトゲノムのコード領域は，全ゲノムの高々2%である．

2. 私たちの健康を維持し，病気を診断治療するには，ヒトゲノムの理解が不可欠だと考えられるようになってきている．しかし，患者が多い生活習慣病や精神疾患などは，環境要因の寄与と遺伝要因の寄与が絡み合い，その理解は容易でない．1つの問題は，遺伝要因の割合が大きいにもかかわらず，原因遺伝子がなかなか見つからないことである．「見つからない原因遺伝子」の問題が起こる理由を，2つ考えて見よ．
（ヒント：ゲノムはコード領域と非コード領域からなっていること，それと病気が環境要因と遺伝要因の組合せになっていること）

3. 細胞におけるゲノム情報処理は，多様な分子装置によって行われている．

それらゲノム情報処理の分子装置について，正しい記述はどれか？

① 原核生物の細胞では，DNA 塩基配列から RNA 塩基配列への転写の後，スプライシングという配列の編集プロセスがある．
② DNA 塩基配列の複製プロセスでは，二重らせん構造の片側（リーディング鎖）は，ひとつながりで合成が進むが，その反対側の鎖（ラギング鎖）は，短い断片が合成された後，リガーゼによってつなげられる．
③ RNA 塩基配列からアミノ酸配列への翻訳ではリボソームが働くが，リボソームはアミノ酸と直接結合することによって合成が進む．
④ 真核生物のゲノムでは，DNA の分子が高度に折れ畳まれているので，それをほどくことで遺伝子が発現する．
⑤ 原核生物のゲノムでは，調節のためのタンパク質（リプレッサー）が結合することによって遺伝子が発現する．

4. アミノ酸配列が確実に立体構造を形成して，機能するために，いくつかの細胞内分子装置が用意されている．分泌型タンパク質や膜タンパク質を作るための膜組込み装置，水溶性タンパク質を作るためのシャペロンなどがそれである．これらの構造形成のための分子装置について，正しい記述はどれか？

① RNA 塩基配列からアミノ酸配列への翻訳プロセスは，エネルギーを要求する反応であるが，膜タンパク質における膜への組込みは，翻訳で使われるエネルギーを利用している．
② 風邪などで体温が上がると，変性しやすいタンパク質があるが，熱ショックタンパク質が発現して，それらのタンパク質の立体構造を修復する．
③ 分泌型タンパク質と膜タンパク質はまったく異なる経路で形成される．
④ 膜タンパク質では，膜貫通ヘリックスの本数と機能の特徴とは相関がある．
⑤ プロテアソームというタンパク質の分解を専門で行う分子装置があるが，その分子装置はメチル化されたタンパク質を分解する．

5.　真核生物の細胞における最大の特徴の1つは，染色体を核膜で細胞質から隔離していることである．そのためには核膜に核膜孔という巨大な分子装置が存在している．核膜を通した物質輸送について，正しい記述はどれか？

① 核膜は細胞膜と同じように脂質二層膜と膜タンパク質からなる1枚の膜である．
② 核膜孔は多様なタンパク質を通すことができ，そのための輸送体（インポーティンなど）が存在している．
③ 核膜孔は細胞質で合成されたタンパク質を核へ取り込んだり，メッセンジャーRNAを核外へ放出したりするが，それらの輸送にはエネルギーが必要である．
④ インポーティンという輸送体は，アルマジロリピートいう独特な構造モチーフを持っているが，これはDNA二重らせん構造を模擬していると考えられる．
⑤ 核膜孔を通るタンパク質のアミノ酸配列には，NLSと呼ばれるモチーフがあり，多くの場合，酸性のアミノ酸のクラスターを含んでいる．

6.　細胞分裂は，次世代の細胞を作るうえで本質的なプロセスである．そこで非常に多くの反応や物質移動が起こっている．細胞分裂と細胞質での物質移動の仕組みについて，正しい記述はどれか？

① 細胞分裂には，G1期（DNA合成準備期），S期（DNA合成期），G2期（分裂準備期），M期（分裂期）の4つのステップがある．
② 細胞分裂では，核が分裂した後，細胞質が分裂する．そのうち核分裂で染色体を移動させるのは，アクチンとミオシンの運動系タンパク質である．
③ チューブリンで形成される微小管上では，ダイニンとキネシンという2種類の運動系タンパク質が反対方向に移動する．
④ 筋肉で働いている運動系タンパク質はアクチンとミオシンであり，マグ

ネシウムイオンの濃度で制御が行われている.

⑤ 細胞分裂の中で生殖細胞を作る減数分裂だけは特別で，細胞内のDNA量が半分になる.

第Ⅳ部

生物の環境応答とエネルギー変換のシステム

生物は個体が生き延びなければ，次の世代まで生命をつなぐことができません．したがって，生物個体は色々な環境変化に対して，迅速かつ適切に応答できなければなりません．ゲノムの情報処理のシステムは非常に基本的かつ確実なのですが，そのプロセスは比較的ゆっくりしており，融通無碍な応答には向いていません．例えば，捕食者からの逃避や獲物の追跡などには，ゲノム情報処理システムとは別に，迅速なセンサーや判断のシステムが必要です．また，外界からの非常に多様な化学物質に対して，危険なものを排除する免疫システムでは，多様な物質を分子認識する仕組みが利用されています．こうした環境応答の背景には，色々な代謝反応が必要であり，効率の高いエネルギー変換のシステムも進化してきています．それらの生体のプロセスは，非常に巧妙かつ生物ならではの複雑な秩序を示しているのですが，その素過程は物理の法則と矛盾するものではありません．

第７章では環境応答で重要な信号伝達システムと，素過程としての分子認識について説明します．生物の環境は物理・化学的環境から生物的環境まで，また非常に局所的な環境から地球規模の環境までさまざまなものがあり，生物はそれらに対して応答するためのシステムを発達させてきました．それが可能になったのは，融通無碍に分子認識部位を作ることができる配列形成の仕組みを獲得したからです．

第８章では，生物におけるエネルギー変換について議論します．生物では，ATPなどの高エネルギー物質，細胞内外のイオン濃度勾配，それに各種の分子（例えば炭水化物）の化学結合という，いくつかの形態のエネルギーを利用しています．そして，それらのエネルギーを巧妙に変換しながら，色々な化学反応を行っています．エネルギー変換のあり方と，酵素反応の一般論について述べることにしたいと思います．

第7章 生体の信号伝達システムと分子認識

生物は，外界の環境に対して迅速に対応する仕組みを発達させ，生き延びてきました．外界に対するセンサーのシステム，得られたデータを処理して判断するシステムなどが必要です．高等生物では，五感や脳神経系のシステムなどが発達していますが，それにつながるシステムは原核生物などでも見られています．多細胞生物の場合は，外界の環境に対して応答するだけではなく，身体全体の調和を取ることが必要です．そのために身体を構成する細胞同士は色々な仕組みでコミュニケーションを取っています．細胞間コミュニケーションによって身体の恒常性が保たれると同時に，外界への環境応答の仕組みをさらに高度化しています．外界からの化学物質は非常に多様で，それらを排除するための免疫システムは，高等生物が生き延びるうえで本質的な働きをしています．脳神経系は，自然が生み出した最も複雑で高度なシステムだと考えられます．その素過程としての神経興奮とその伝達は非常に迅速な環境応答を可能にしています．信号伝達のシステムの背景には，細胞内における信号伝達のカスケードが存在しています．それには細胞内のセカンドメッセンジャーと呼ばれる信号分子があり，その仕組みはかなり共通です．これらの仕組みは，もちろんゲノム情報によって作られるのですが，できたシステムはゲノム DNA 塩基配列からは独立に働いているのです．最後に，信号伝達に関わるすべての分子的素過程として見られる分子認識の仕組みについて議論します．

7.1 信号伝達システムのあり方

生物のシステムは，それ自体が情報処理機械だと考えてもよいほど情報の処理に依存しています．ゲノムの情報処理では，先の章で述べた通り，多様な分子装置によって高度なシステムを形成しています．そして，ゲノム情報が設計しているシステムの中で最も重要なものの１つに，外界の環境に対する応答や，体内の細胞間のコミュニケーションを行うシグナル伝達のシステムがあります．それ以外にエネルギー変換のシステムや代謝のための酵素のネットワークなども重要な役割を果たしているのですが，それらはゲノム情報処理と，環境応答や細胞間コミュニケーションのシステムを維持するための二次的なシステムという見方もできます．

生体におけるシグナル伝達のシステムには，**表7.1**に示したように多様なものがあります．シグナルの信号源を大きく分けると，外界の環境からの刺激と，身体のホメオスタシスを維持するための細胞間コミュニケーションとがあります．前者は，すべての生物が何らかの仕組みで対処しなければならない外界の環境であり，後者は多細胞生物で本質的になっている同じゲノムによってできた細胞とのコミュニケーションです．環境からの刺激には，光，力学的応力（音）などの物理的な刺激，各種の化学物質，他の生物など，非常に多様なものがあります．特に光の強度や色の情報は生物にとって非常に有用で，光を受容して環境変化を知る仕組みを持つ生物は少なくありません．また，生物は外界

表7.1　シグナル伝達の分類

信号源	シグナルの種類	性質
外界からの刺激	物理的刺激	光，音等の刺激など応答は速い．信号の受け手は7本膜貫通型タンパク質が多い．
	低分子	味覚，嗅覚などで，信号の受け手は7本膜貫通型タンパク質が多い．
	タンパク質など	免疫系で，外界からの分子や細胞を認識して排除する方向で働くことが多い．
体内の他の細胞	成長因子など	発生における細胞増殖などで，受け手は1本型膜貫通型タンパク質である．
	免疫系	免疫系の細胞同士のコミュニケーションで，膜におけるタンパク質複合体が働く．
	神経系	神経伝達物質（主に低分子）による信号伝達で，受け手は7本膜貫通型タンパク質やチャネル型受容体タンパク質など．

から多くの化学物質を取り入れて生きていかねばなりません．生物が接触した物質が，自分にとって栄養を含んでいるのか，毒なのかを瞬時に判断する必要があります．そのためのセンサーは，すべての生物が持っていると考えられます．細胞が最初に外界と接触するのは細胞膜なので，化学物質に対するセンサーの多くは細胞膜の膜タンパク質が担当しています．そして，進化の過程で一度効率的なセンサーシステムができると，その後の生物でもそれを利用し多様化させているようで，7本膜貫通型タンパク質が多くの生物で見られます．生物は，外界からの不都合な物質と接触することは不可避です．それに対して，原核生物では自分に害となる化学物質を排出するシステムを持つものがありますが，高等生物ではそのための免疫システムを発達させています．このシステムは，億単位の種類の化学物質に対応することができ，しかも自分の身体を構成する物質と外界からの物質とを明確に判別することができます．

多細胞生物では，1つのゲノムから作られた色々なタイプの細胞がそれぞれ異なる働きをしています．そして，各種の細胞が協調して働くことで，多細胞生物の体ができ，生き延び，次世代の個体を作っていきます．例えば，脳を形成するためにどのくらいの神経細胞が増殖するかは，細胞間のコミュニケーションによって決まっていくと考えられます．その信号となる分子は分泌型のタンパク質であり，その情報を受け取る細胞の細胞膜は1本膜貫通型の受容体タンパク質です．増殖因子のタンパク質が結合するとき，受容体タンパク質は二量体化することで細胞内に情報が伝わるという巧妙な仕組みが利用されています．免疫系では，自分の分子と外界からの分子を判別することがどうしても必要となります．特に，感染した自分の細胞を，まだ感染していない細胞から判別して排除するためには，複雑な分子認識が必要となります．そのための膜タンパク質の複合体が作られています．神経系は，すべての生物に備わった細胞内外のイオン濃度勾配を利用して細胞の端から端までの高速な情報伝達を可能にしています．細胞におけるイオンチャネルがイオン透過性を一時的に変化させることで，電位変化のパルスを発生し，それが膜面方向に伝播していきます．このパルス信号は，細胞の端で，次の細胞に信号を伝えなければなりません．そのために，シナプスという特別の構造内で次の細胞に向けて，神経伝達物質と呼ばれる化学物質（おおむね低分子）が放出されます．それを次の細胞が受容して，新たな電気的パルスを発生します．そして，多くの神経細胞からの信号の加算や減算などが行われて，高速かつ高度な情報処理が可能となるのです．

このようにシグナルの伝達は非常に多様であり，それらを統一するようなメカニズムはないように感じられますが，すべてのシグナル伝達にはタンパク質による分子認識というプロセスが関与しています．タンパク質がどのようにして分子認識部位を形成しているかという問題は，生物の理解にとって本質的です．

7.2　細胞間コミュニケーションシステム

生物は進化とともに情報処理のシステムを高度化してきました．特に単細胞生物から多細胞生物に進化するときに，ゲノムの中に色々な種類の細胞を作るための情報と，それらの細胞同士のコミュニケーションの仕組みを書き込んだと考えられます．多細胞を形成するためのゲノムの情報をどのようにして増やしてきたかという問題は，第V部で議論するとして，細胞間コミュニケーションの仕組みについて，ここで考えてみます．生物における細胞間コミュニケーションの仕組みは，少し抽象化すると非常に単純です（図7.1）．信号の送り手である細胞は，受け手の細胞に向けて，特定の化学物質（低分子の場合もあり，タンパク質などの高分子である場合もある）を放出します．受け手の細胞は，その化学物質を特異的に分子認識し結合します．そして，結合したということを細胞内で検知する仕組みがあり，それを利用して受け手の細胞は何らかのアクションを起こすわけです．送り手の細胞と受け手の細胞の位置関係によって，細胞間コミュニケーションの影響が生物の体全体に及ぶか，非常に局所的にとどまるかが決まり，すべてのコミュニケーションのやり方をうまく使い分けることによって，生物個体の状態をコントロールしているのです．

細胞が自分自身に対してシグナルを出し，情報を増幅するような場合，オートクリン型と言います．近傍の細胞に対してシグナルを出す場合，パラクリン型と呼びます．例えば傷をしたときに，その周りの細胞は傷を修復するように状態を変え，適切な増殖をしますが，あまり遠くにまで影響を与えないようなシグナル伝達を行います．身体の循環器系にシグナルの分子を送り込むと，そ

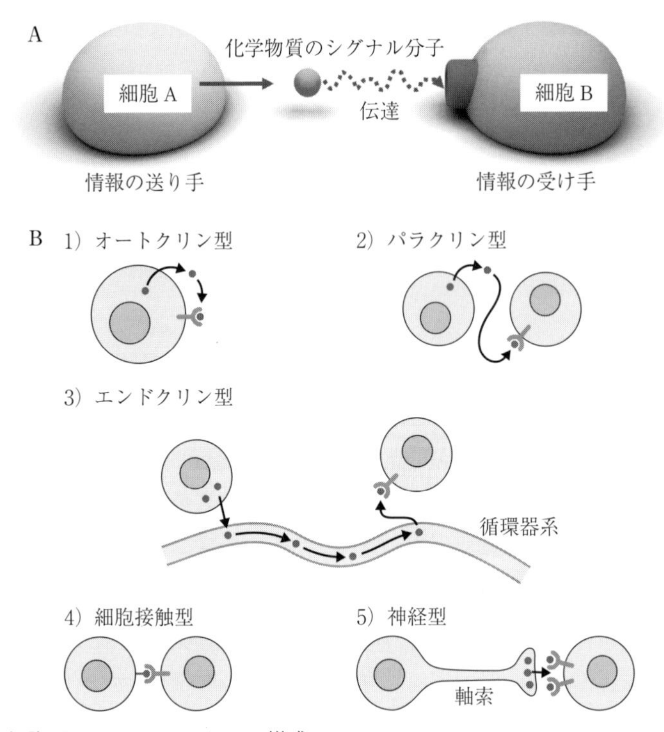

図 7.1 細胞間コミュニケーションの様式
細胞間コミュニケーションは，送り手の細胞から化学物質が分泌され，受け手の細胞がそれを受け取るという形で起こる（A）．影響の範囲等で５種類の形態が見られる（B）．（図の提供：澤田隆介博士より．承諾を得て掲載.）

の情報は身体全体に届けられることになります．このタイプのシグナル伝達をエンドクリン型と呼びます．例えば，食事の後の血糖値上昇に対して，すい臓の細胞がインシュリンを循環器系に送り出し，身体の各種の細胞がそれに応答することで血糖値を下げる場合はこのタイプのシグナル伝達です．血球以外の隣り合う細胞は，細胞接着分子によってしっかり結合しています．そして，隣の細胞と接着しているという情報は，お互い確実に認識しています．それによって無制限な細胞増殖は抑えられているのです．最後に，神経型のシグナル伝達があります．神経細胞では，それ自体が非常に特異な形態をとることで，遠くの細胞と確実かつ１対１のシグナル伝達を行います．神経細胞は，少数の軸索という非常に長い腕を伸ばすと同時に，多くの樹状突起と呼ばれる比較的短い突起を出します．そして，軸索や樹状突起の先はシナプスという構造体を作ります．シナプスは，信号の送り手と受け手の間で袋のような隙間を作っていて，そこに送り手の細胞が神経伝達分子を分泌し，受け手の細胞の細胞膜にある受容体がその伝達分子を受容します．これによって，遠くの細胞との確実なシグナル伝達が可能となるのです．

7.3　酵素型受容体と細胞内のシグナル伝達

外界からの刺激に対する環境応答や，細胞間のコミュニケーションのために，細胞は色々なタイプの受容体と細胞内のシグナル伝達の仕組みを発達させてきています．一般に，シグナルとなる分子が大きいと溶媒内での拡散は遅くなります．それでタンパク質をシグナルとすると，循環器系を経由しなければ影響は局所的にとどまります．また，タンパク質がシグナルとなっている場合，分子が大きいために複数のタンパク質と同時に結合することができ，酵素型受容体ではそのことを利用して，膜を通したシグナルの伝達をしています．

酵素型受容体分子は，1本の膜貫通領域を持ち，細胞内外に大きなドメインを持っています．細胞外のドメインは増殖因子などのシグナル分子を結合します．増殖因子などのシグナル分子はタンパク質なので，2つの受容体と同時に結合することができ，受容体の二量体ができます（図7.2）．二量体化をするのは細胞外ドメインなのですが，細胞内のドメインも二量体としてお互いに接触することになります．細胞内のドメインはリン酸化の酵素活性を持っていると同時に，リン酸化されるチロシン部位も持っています．そこで二量体となった細胞内ドメインは，お互いにリン酸化をします．それを中心に受容体シグナル伝達複合体が形成されます．それが例えばＧタンパク質を活性化すると，その先のリン酸化カスケードが活性化され，例えば核での遺伝子の転写を促進します．増殖因子による細胞の増殖はこのような仕組みで促進されるのです．

酵素型受容体に対するシグナル分子として代表的なものとしては，身体を巡る血糖の濃度を制御するインシュリンがありますが，それ以外に多様な増殖因子が同じグループに属しています．上皮増殖因子（IGF），神経増殖因子

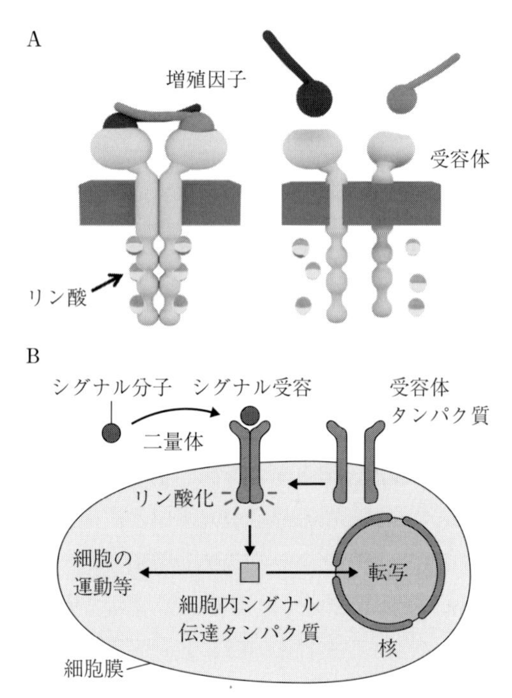

図 7.2 酵素型受容体と細胞の働き
酵素型受容体では，シグナル分子の結合によって受容体が二量体化する．それを細胞内の分子が認識することによって，細胞内の働き（核での転写や細胞質での形，運動など）のスイッチが入る．（図の提供：澤田隆介博士より．承諾を得て掲載．）

(NGF)，血小板由来増殖因子（PTGF）など，それぞれの細胞を増殖させるシグナル分子とそれに対する受容体が存在しています．

核での DNA 塩基配列の転写を引き起こすシグナル伝達経路はこれだけではなく，細胞外からの一次シグナル分子が細胞膜を通過し，細胞内や核内で直接受容体と結合する場合があります．副腎皮質ホルモン，男性ホルモン，女性ホルモンなどの脂溶性のステロイドホルモンなどは，膜を通りやすいので直接核内まで透過するのです．ステロイドホルモンなどと直接結合するタイプの受容体を転写因子型受容体と呼びます．DNA 結合性タンパク質であるジンクフィンガータンパク質の一部は，核に存在する転写因子型受容体となっています．

7.4　Ｇタンパク質共役型受容体と細胞内のシグナル伝達

機能から見て酵素型受容体は，多細胞生物が進化したときに発達したシグナル伝達系の受容体と考えられますが，Ｇタンパク質共役型受容体は，原核生物でも一般的に見られるタイプのものです．元々環境応答のために利用されていたＧタンパク質共役型受容体が，進化とともにさらに広く使われるようになったものと考えられます．図 7.3A は視覚系の光受容体タンパク質であるロドプシンの立体構造です．これと非常に似た立体構造を持つタンパク質はバクテリアにも見られており，その中でもバクテリオロドプシンは膜タンパク質の立体構造形成の研究に大いに役立ってきました．ロドプシンは，７本の膜貫通へリックスが束となった構造になっていて，その中心に色素レチナールが存在しています．レチナールは７本目の膜貫通へリックスのリジン残基とシッフ塩基結合をしていて，光を吸収したときに起こる異性化によってタンパク質の立体構造が変化します．それをきっかけとしてＧタンパク質との結合性が変化します．Ｇタンパク質は，α サブユニット，β サブユニット，γ サブユニットの三量体か

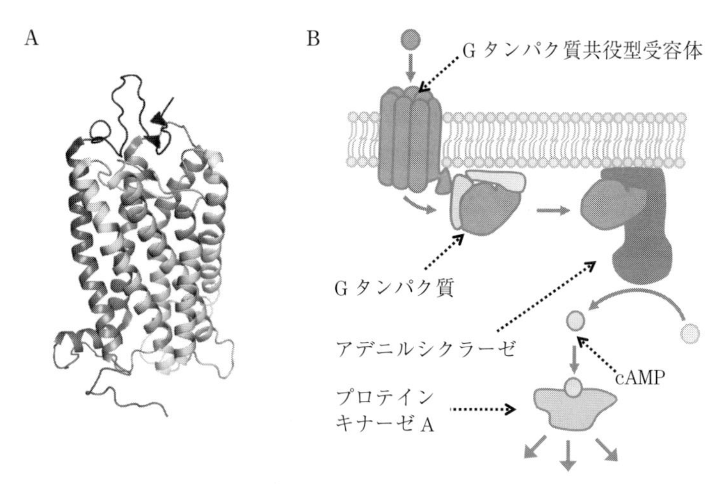

図 7.3　Ｇタンパク質共役型受容体（GPCR）
Ｇタンパク質共役型受容体の例としてのロドプシンの立体構造（A）と cAMP をセカンドメッセンジャーとした細胞内シグナル伝達の流れ（B）．（図の提供：広川貴次博士，今井賢一郎博士より．承諾を得て掲載．）

らなっています．そして，G タンパク質の三量体がロドプシンとの結合によって α サブユニットと β-γ サブユニットとに解離し，そのいずれかがエフェクターと結合することによって，細胞内の反応を進行させるのです．G タンパク質には，性質（結合性）の違ういくつかのタイプがあり，それによって細胞内での働きが違ってきます．

図 7.3B は，G タンパク質共役型受容体における細胞内のシグナル伝達の代表的な流れを示したものです．基質が受容体に結合すると，構造変化を起こし，G タンパク質と結合します．それによって G タンパク質の三量体が解離し，α サブユニットがアデニルシクラーゼという酵素と結合するようになります．この酵素は ATP を基質として，サイクリック AMP（cAMP）を作り出します．そして，cAMP は細胞内の酵素や，チャネル，転写因子などを活性化させます．1 つの受容体は複数の G タンパク質を解離させることと，1 つのアデニルシクラーゼは多くの cAMP を作り出すことから，信号は大きく増幅されます．一般に細胞外での受容体と基質（シグナル分子）の結合は，細胞内での G タンパク質との結合を引き起こすのですが，そういうタイプの基質をアゴニストと呼びます．逆に基質によっては，受容体と G タンパク質の結合を抑制するものもあります．そのタイプの基質をアンタゴニストと呼びます．ロドプシン中のレチナールは，光吸収する前の形がアンタゴニストで，光吸収をして構造変化をするとアゴニストになると見ることができます．そして，視細胞は最終的にこのシグナル伝達によって，細胞膜にあるチャネルタンパク質の透過性を変え，細胞膜電位を変化させることで，神経細胞に情報を伝達するのです．

G タンパク質共役型受容体からの細胞内シグナル伝達で，もう 1 つよく見られるタイプのものを**図 7.4** に示しておきましょう．この場合は，アデニルシクラーゼの代わりにホスホリパーゼ C という酵素が活性化されます．ホスホリパーゼ C は，脂質を分解する酵素で，膜にあるフォスファチジルイノシトール二リン酸（PIP_2）という脂質をイノシトール三リン酸（IP_3）に変えます．IP_3 は水溶性で，細胞質を拡散して小胞体のカルシウムイオンチャネルと結合し，閉じていたチャネルを開き，細胞質内のカルシウムイオン濃度を上昇させます．カルシウムイオンは細胞内にあるカルモジュリンと結合して色々なタンパク質の活性を制御することになります．運動系タンパク質はカルモジュリンに制御

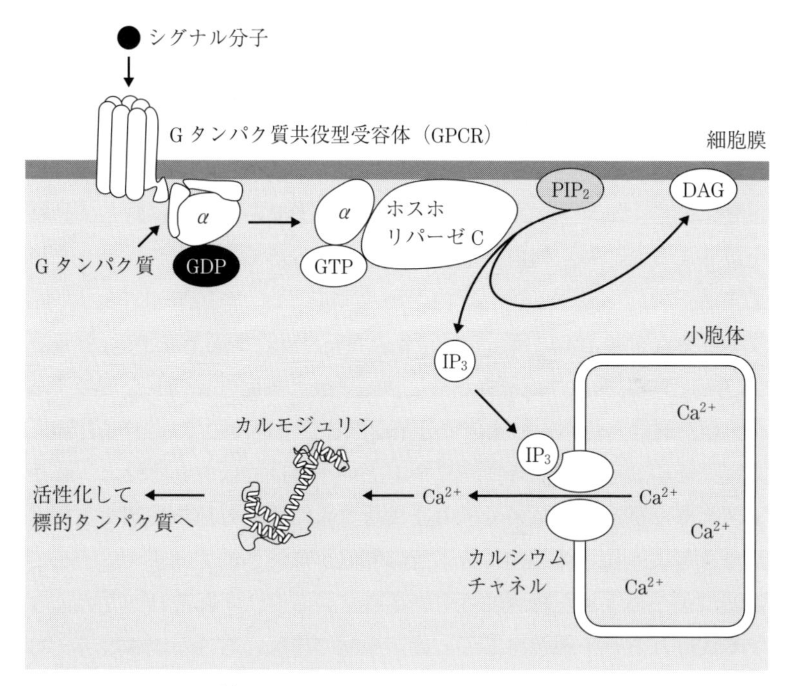

図 7.4　GPCR と IP_3，Ca^{2+}による伝達
G タンパク質共役型受容体の IP_3，Ca^{2+}をセカンドメッセンジャーとした細胞内シグナル伝達の経路.

を受けているので，このシグナル伝達の経路は細胞の運動にも関係しています.

7.5　免疫系における信号伝達

免疫系は，動物で発達した生体防御システムです．動物の身体と外界との接触には多様なものがあり，その中には避けるべきものも少なくありません．病原菌やウイルス，カビ，寄生生物などの生物的なもの以外にも，毒物となるような化学物質も多く存在しています．生物はそれらを避けたり，排除したりする仕組みを発達させてきています．動物の免疫システムは非常に巧妙に作られていて，生物と環境の相互作用を理解するためにも欠かせないものです．

ここまではシグナル伝達について述べてきましたが，それと基本的に同じシステムを利用した生体防御システムがあります．Tol 様受容体と呼ばれる膜タンパク質が，病原体の分子で活性化されると，細胞内でリン酸化カスケードなどのシグナル伝達が起こり，最終的に非特異的な生体防御システムのタンパク質の転写が促進されるのです．ただ，これだけでは動物の身体に侵入してくる病原体を完全にシャットアウトすることはできません．それに対して動物は病原体を排除するために，何段階もの防御線を張る形で，免疫システムを形成しています．

免疫システムを考えるには，いくつかのキーワードがあります．「分子認識」，「自己と非自己の判別」，「抗原提示」，「液性免疫と細胞性免疫」などです．すべてのタンパク質は，何らかの意味で分子認識をしているので，「分子認識」という言葉は，必ずしも免疫系のキーワードというわけではありません．しかし，免疫システムでは，病原体の分子の断片も含めて1千万種類を超える化学物質を認識できるように，体系的に分子認識部位が形成されています．そして，分子認識部位がどのような物理的性質を持っているか，またそれがどのような仕組みで形成されるかを理解することは，生物の理解にもつながると考えられます．それについては，本章の最後で詳しく述べたいと思います．

「自己と非自己の判別」は，外来からの物質を排除するためには不可欠です．それを失敗することで起こる病気も少なくありません．免疫システムが，自己と非自己を見分ける方法は，「抗原提示」です．タンパク質を断片化し，細胞表面に主要組織適合抗原遺伝子複合体（MHC）と結合した形で提示するのです．病原体には，色々なタイプのものがあり，体の免疫システムのほうもそれらに応じて色々な攻撃方法を用意しています．感染した細胞に免疫細胞が結合して殺すような場合や，タンパク質に大量の抗体が結合して無害化するような場合などがあります．「液性免疫と細胞性免疫」は，免疫システムからの攻撃方法の違いです．

免疫システムは，多様な分子認識を可能にするために，免疫グロブリンフォールドという構造を利用しています（図 7.5）．この構造は，β シートのストランドを手の指とすると，2つの β シートに相当する手を合わせて少しねじったような形となっています．手の内側に向いたアミノ酸は疎水性のものが多く，疎水性相互作用が構造形成に大きく寄与していると考えられます．第3章で述

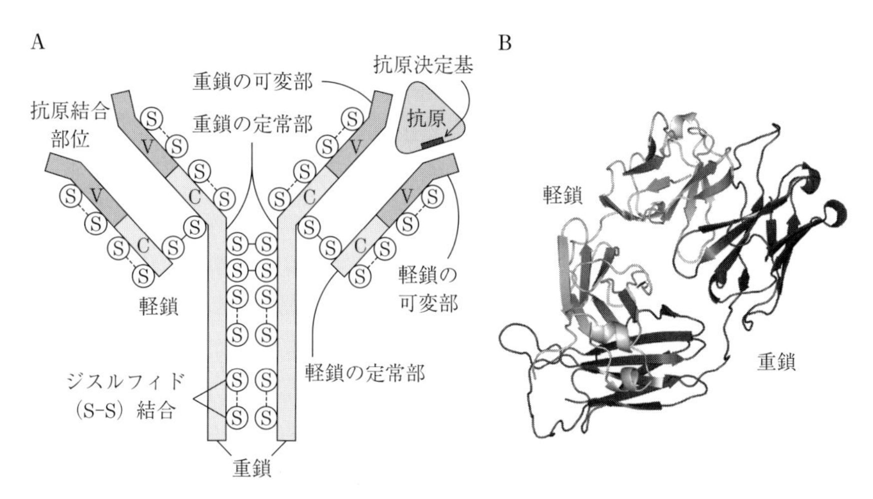

図 7.5　免疫グロブリン

免疫グロブリン（抗体）は，重鎖と軽鎖の各2本がS-S結合で結合した構造を取っている．Aはそのモデル図である．免疫グロブリンの各ドメインは2枚のβシートが少しねじれて向き合った形となっている．Bは重鎖と軽鎖のそれぞれの2ドメインが結合している立体構造である（PDB：1adq）．図の右上が可変領域で，端のループ部分が結合部位となっている．（図の提供：広川貴次博士より．承諾を得て掲載．）

べたように，疎水性相互作用は水の中での構造形成には重要な役割を果たしますが，疎水基と水の接触の状態が変わらない構造変化に対しては，復元力がありません．つまり，免疫グロブリンフォールドの場合，合わせた2つの手のねじりを変えるような構造変化に対しては，あまり復元力がないと考えられます．そのことと，βシート自体がαヘリックスと比べて柔軟なので，手の指の先は，柔らかく動くことができるようになります．免疫グロブリンは重鎖と軽鎖がS-S結合で結合していますが，各ペプチド鎖はアミノ酸配列の上で保存性の高い定常部と，変化の大きな可変部があります．そして，重鎖と軽鎖からの可変部のドメインによって分子認識部位が形成されています．この立体構造では非常に多様な分子認識部位を作ることができ，この免疫グロブリンフォールドを利用できたことから，免疫システムが発展できたのではないかと考えられます．

免疫システム独特の仕組みが，抗原提示です．マクロファージとB細胞は，抗原を持った病原体を貪食作用で細胞内に取り込みます．細胞には貪食した物体を分解する働きがあり，取り込まれた病原体はなくなるのですが，免疫システムの巧妙なところはそこからです．分解された抗原決定基（エピトープ）となる断片が，主要組織適合抗原複合体 MHC クラスⅡと結合し，細胞表面に提示されるのです（図 7.6）．この断片は病原体の一部だということを示します．それを分子認識したヘルパー T 細胞は増殖し，クローン細胞の集団が形成されます．他方，同じようなプロセスで抗原決定基が MHC クラスⅡで提示された B 細胞がヘルパー T 細胞と結合すると，B 細胞が増殖します．このいささか複雑なプロセスによって免疫システムに間違いが起こらないようになっているのですが，ヘルパー T 細胞が全体の指揮をとる形となっています．増殖 B 細胞の一部は，免疫の記憶として長寿命の細胞となりますが，病原体が大量に体内に入ってきたときにすぐに増殖し，大量の水溶性タンパク質としての抗体を分泌

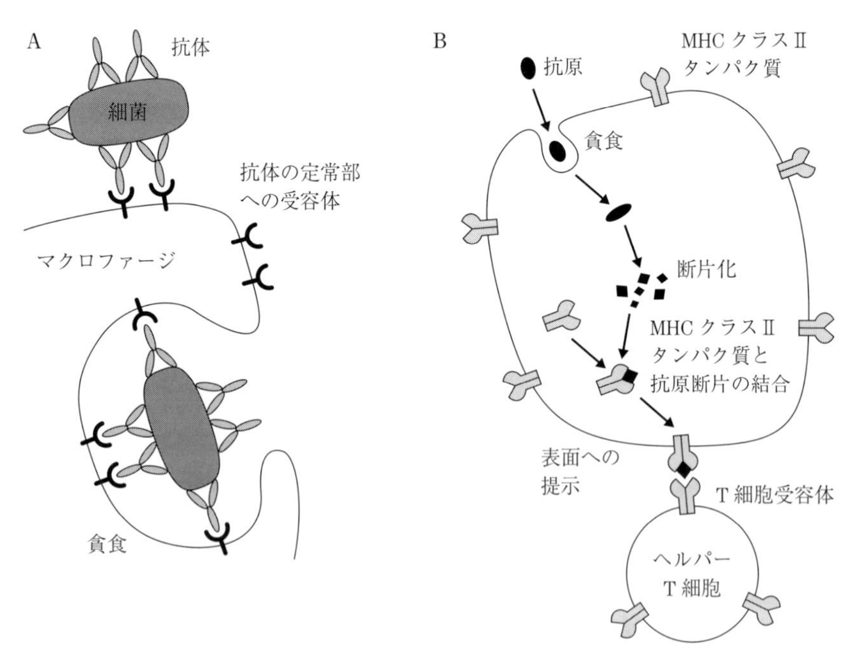

図 7.6　マクロファージと抗原提示
病原体からの抗原提示の仕組み．マクロファージなどの細胞は病原体を貪食作用で細胞内に取り込む（A）．それを分解酵素で断片に切断した後に，主要組織適合抗原複合体 MHC クラスⅡが断片と結合し，細胞表面に提示される（B）．

します．これによって，迅速に抗原に対して攻撃をすることができます．これが液性免疫応答です．

先に述べた通り，主要組織適合抗原複合体 MHC クラスⅡは，マクロファージや B 細胞が貪食したタンパク質の断片を提示するものです．これに対して，MHC クラスⅠはすべての細胞に発現し，細胞内のタンパク質の断片を提示します．つまり，MHC クラスⅠではその断片が自分であるということを示すのです．そして，本来自分に属している細胞内の分子を攻撃しないように，それに結合する T 細胞（細胞障害性 T 細胞）は成長の初期にあらかじめ取り除かれます．そして，何らかの病原体が細胞に潜り込む（つまり感染する）と，それが細胞の表面の MHC クラスⅠに提示されます．それを指標として細胞障害 T 細胞が増殖し，感染細胞を破壊します（**図 7.7**）．ただ実際の免疫応答ではここで示したよりはるかに多様なタンパク質や細胞が関与しているので，詳細は専

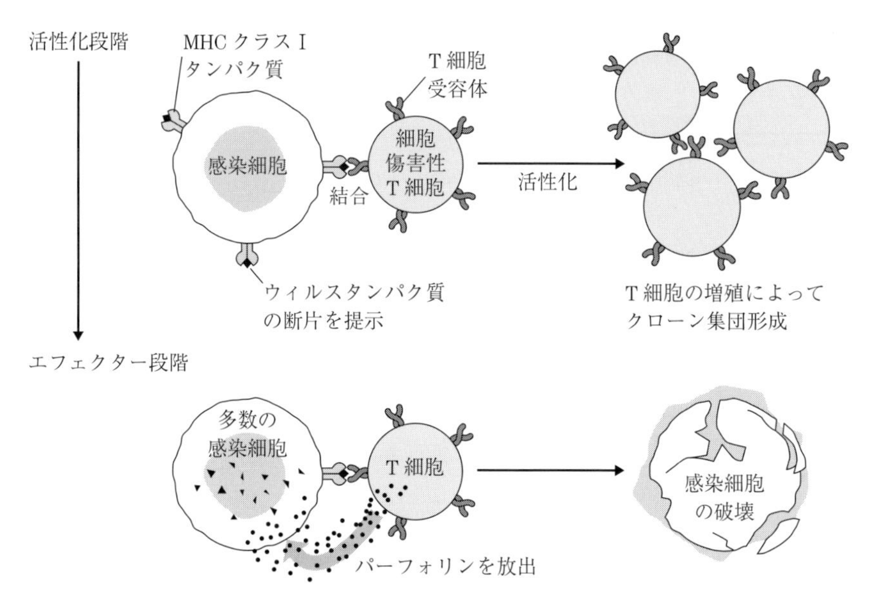

図 7.7　細胞性免疫応答の 2 段階

主要組織適合抗原複合体 MHC クラスⅠは，体内のすべての細胞に存在する．病原体が細胞内に感染すると，その断片を MHC クラスⅠが提示し，それを認識した細胞障害性 T 細胞が増殖，感染細胞を破壊する．

門書を参考していただきたい.

抗体タンパク質の分子認識は，ほとんどの化学物質に対して対応できるくらい大きな多様性を持っています．その仕組みは意外と単純で，抗体の可変部には，V，D，Jの3つのユニットがあり，それぞれ複数の小さなセグメントを含んでいます．そして，抗体の可変部はそれらの小さなセグメントの組合せでできているので，組み合わせの数だけの多様性が発生するのです．重鎖のユニットVは約100種類，ユニットDは約30種類，ユニットJは約6種類があります．そこで，可変部では18,000（100×30×6）種類の多様性ができます．さらに，定常部のユニットCには8種類があるので，重鎖全体としては約144,000種類の多様性があります．また，軽鎖のほうは，ユニットのVとJのセグメントがあり，可変部の組合せは約1,000種類となります．つまり，重鎖と軽鎖で可変部の組合せは，軽く1,000万を超える多様性があるのです（図7.8）．抗体の遺伝子は変異が起こりやすいという性質があり，さらに多様性は増えることになります．また，オルタナティブスプライシングによって，タンパク質のレベルではさらに可変部の組合せは増える可能性があります．ただ，こうして組み合わせられる小さなセグメントが効率よく分子認識部位として機能するのはなぜか？　という疑問は残ります．

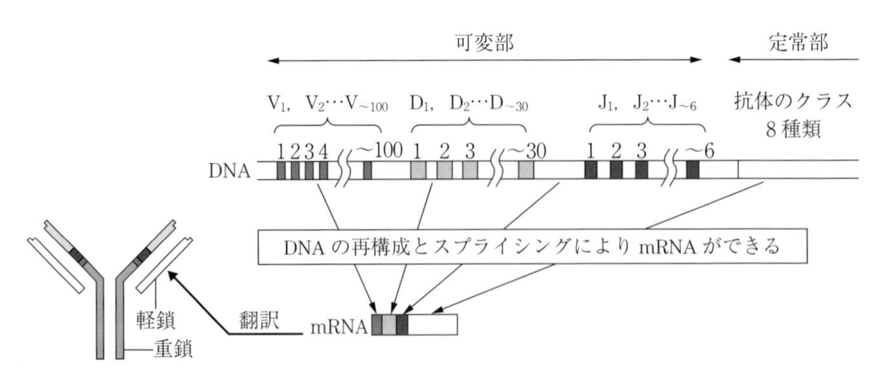

図7.8　免疫グロブリン遺伝子の再構成
抗体の遺伝子のDNA塩基配列は，細胞分化の段階で編集される．可変部はV，D，Jという3つのユニットから小さなセグメントがランダムに選択され，多様な可変部遺伝子が構成される．抗体は重鎖と軽鎖からなっているので，最低1,000万の種類の可変部が可能である．

7.6　神経細胞における信号伝達

生物は海水中で生まれたと考えられており，進化した多細胞生物の細胞の内外は，各種の電解質イオンを含んだ水で満たされています．特に，ナトリウム，カリウム，カルシウムなどのイオンは，色々な生命現象に本質的な役割を果たしています．細胞内外のイオン分布は偏っていて，ナトリウムやカルシウムが細胞外に多いのに対して，細胞内にはカリウムが多く存在しています．図7.9に示したように，この偏ったイオン分布は，ナトリウムポンプやカリウムポンプなどの能動輸送のタンパク質によって常に維持されています．他方，ナトリウムチャネルやカリウムチャネルなどの受動輸送を行うタンパク質は，このイオン濃度勾配を解消させる方向で特異的にイオンを透過させます．そのとき，チャネルのイオン選択性は非常に高く，ナトリウムチャネルはナトリウムイオンだけを，カリウムチャネルはカリウムイオンだけを透過させます．また，チ

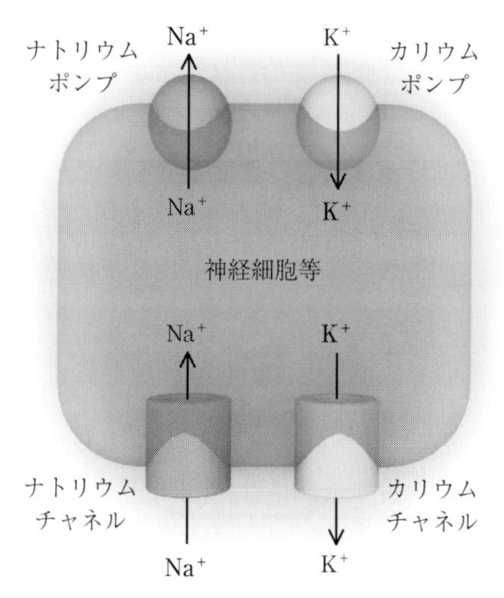

図7.9　細胞のイオンポンプとイオンチャネル
細胞内外のイオン分布とそれに関連するタンパク質．ナトリウムとカリウムのポンプによってイオン分布が維持され，ナトリウムチャネルやカリウムチャネルによって電位パルスの信号が発生される．（図の提供：澤田隆介博士より．承諾を得て掲載．）

ャネルタンパク質にはゲートと呼ばれる部分があり，イオンの透過性を制御して開閉させることができます．ナトリウムチャネルとカリウムチャネルは，異なる時間経過で開閉するので，神経細胞は電気信号のパルスを発生させることができるのです．神経細胞の電気信号は一種の電池のような仕組みで発生するのですが，それを簡単に述べると以下の通りです．

ナトリウムイオンの分布を考えると，細胞外に濃度が高く，細胞内には濃度が低くなっています．これはナトリウムポンプで濃度勾配が維持されているからです．しかし，細胞内も細胞外も色々なイオンが分布していて，全体としては電気的中立性が保たれています．もしナトリウムチャネルの構造が変わり，ナトリウムイオンの膜透過性が急に高くなると，ナトリウムイオンは濃度勾配に従って，細胞内に移動できるようになります．しかし，電気的中立性からナトリウムイオンだけが大量に細胞内に輸送されることはありません．内側に少しだけナトリウムイオンが移動したところで，内側の電位が急に高くなり，イオンの輸送は止まります．つまり，イオンの移動はほとんどなく，正の膜電位のスパイクが発生するのです．通常はカリウムチャネルのほうがナトリウムより少し透過性が高いので，膜内の電位は負になっています．しかし，近くの膜の電位が正になると，その電位を感じてナトリウムチャネル（電位依存性チャネル）がゲートを開き，正の電位を発生します．そして，このゲートは一過性の開閉をするので，電気的なパルス信号が発生します．そして，まわりの膜の電位依存性チャネルを開いていき，電気的シグナルが次々と伝搬していくのです．

図 7.10A に示した通り，電気的シグナルは神経細胞の軸索に沿って伝達されます．そのスピードは神経細胞のタイプによって異なりますが，毎秒数十 m にもなる場合があり，生体の中では最も早い信号伝達の様式となっています．神経細胞は数十 cm の軸索を伸ばすものもあります．軸索の先では次の細胞に信号の受け渡しをしますが，神経細胞間で信号の受け渡しを行う場がシナプスです．ここで 2 つの問題が起こります．第 1 に，神経細胞の軸索はどのようにして，次の細胞を探すか？　第 2 に，シナプスではどのように信号が伝達されるか？　という問題です．

図 7.10B は，軸索のターゲッティングの仕組みを模式的に示したものです．実は軸索は非常に遠くの細胞を感じて伸びていくのではないようです．神経が

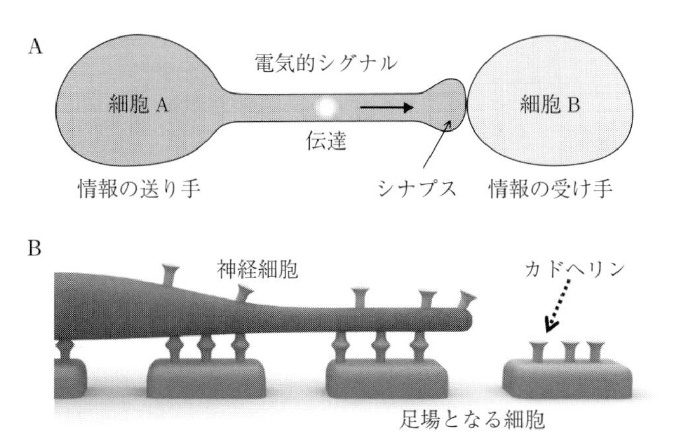

図 7.10　神経細胞のシグナル伝達

神経細胞によるシグナルの伝達には，まったく異なる2つの伝達様式が組合わせられている．細胞体および軸索の細胞膜における電気信号の伝達と，シナプスにおける神経伝達物質による細胞間の伝達で，これらが高速かつ高度な脳の情報処理を可能にしている（A）．軸索が伸びる方向は，神経細胞の発生のタイミングで足場となる細胞に神経細胞の接着分子が発現し，それを道標として軸索は伸び，ネットワークが形成される（B）．（図の提供：澤田隆介博士より．承諾を得て掲載．）

発生する時期に，足場となる細胞に神経細胞と結合する細胞接着分子（カドヘリンというタンパク質）が発現します．それを道標として，軸索が伸びていくのです．

神経細胞間のシグナル伝達は，シナプス前細胞が神経伝達物質（化学物質）を放出し，シナプス後細胞の受容体がその信号を受容するという形なので，他のシグナル伝達と類似です．ただ神経のシグナル伝達をスピードアップするために，独特の工夫がなされています．神経伝達物質はシナプス小胞と呼ばれる小胞に貯められます．シナプスまで電気信号が到達したとき，細胞膜とシナプス小胞が膜融合を引き起こし，中にあった神経伝達物質が一挙にシナプス間隙に放出されます．そして，シナプス後細胞のシナプスの領域には高濃度の受容体が発現していて，神経伝達物質を効率よく受け止め，電気信号を発生します（図 7.11）．また，シナプスの領域から神経伝達物質が漏れないように，シナプス間隙は狭くなっています．

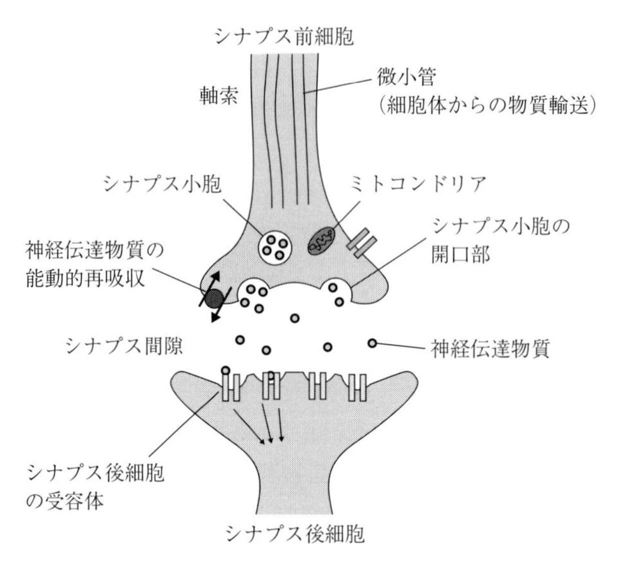

図 7.11　シナプスにおけるシグナル伝達
神経細胞間のシグナル伝達は，シナプスにおける神経伝達物質のやり取りによって行われている．シナプス前細胞のシナプス小胞に神経伝達物質が貯められていて，電気信号が来たときに，シナプス小胞と細胞膜が膜融合し，中の神経伝達物質が一挙に放出され，それをシナプス後細胞の受容体が受けとり，電気信号を発生する．

シナプスにおけるシグナル伝達は，単に信号を伝えるだけのものではないという点は重要です．半導体素子におけるトランジスタのようにスイッチングの機能も担っているのです．1つの神経細胞には，多くのシナプスを経由して多数の入力があります．そして，シナプスの前の細胞では，デジタルのパルス信号なのですが，シナプスの後の細胞では電気信号はアナログとなっていて，それらが積算され一定の閾値を超えると，大きなパルス信号が発生するようになっています．つまり，そこで一種の演算が行われるようになっているのです．また，神経伝達物質には多様なものがあり，それぞれ興奮性の働きをしたり，抑制性の働きをしたりしていて，脳・神経系で間違いが起こりにくいようになっていると考えられます．神経伝達物質を大きく分けると，アミノ酸（グルタミン酸，アスパラギン酸，γアミノ酪酸，グリシンなど），ペプチド（ソマトスタチン，バソプレシンなど），モノアミン（ノルアドレナリン，セロトニン，ド

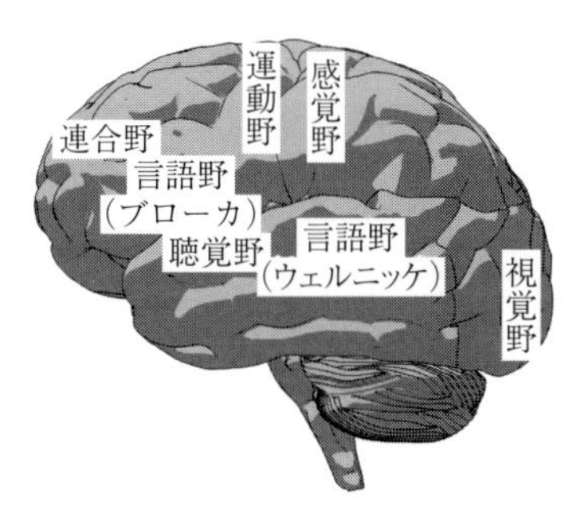

図 7.12　大脳皮質の機能分布
ヒトの大脳皮質を左から見た機能分布．脳は場所によって機能の分業をしていて，脳梗塞などで細胞が集団的に死ぬとその機能が失われる．（図の提供：澤田隆介博士より．承諾を得て掲載．）

ーパミン，ヒスタミンなど)，アセチルコリン，一酸化窒素などがあります．神経伝達物質は，全体的に分子量が小さいので，拡散定数が大きく信号の伝達が早くなっています．

神経系で最も発達したものが脳です．脳も生物の進化とともに拡大していて，ヒトの脳では大きな大脳皮質があります．ヒトの脳を構成する神経細胞は 1,000 億～2,000 億，そのうち大脳皮質にある神経細胞は 100 億～200 億と言われています．それぞれの神経細胞が，1,000 ほどのシナプスを形成していて，複雑な情報処理を可能にしています．脳の各部位の働きは異なっていて，高次の分業を行っています．図 7.12 は，大脳皮質を左側から見たモデル図で，それぞれの部位の役割を示してあります．左側頭葉には言語野がありますが，それに対応する右側頭葉にはイメージの処理を行う領野があります．

7.7　分子認識の一般論

本章では，「生体の信号伝達システムと分子認識」と題して，主に細胞の信号伝達について詳しく見てきました．細胞間コミュニケーションのために発達した酵素型受容体や，環境からのシグナルを受けるために発達した G タンパク質共役型受容体，自己と非自己を判別する免疫系のシステム，高速の信号伝達を可能にしている脳神経系のシステムなど，生物体には多様で，一見お互いまったく異なる信号伝達のシステムがあります．この多様で複雑なシステムを，どのようにして形成することができたか？　ということは大きな問題です．ヒトなどの高等生物の信号伝達システムを形成するには，30 億年以上という進化的時間がかかったとは言え，ヒトの場合でもたかだか 30 億の DNA 塩基配列に，それらすべてを書き込んでいるということは，大きな謎であると同時に，理解するうえでの鍵でもあります．

非常に複雑な生物個体の姿かたちや性質が，高々 30 億の DNA 塩基配列のゲノム情報に書き込まれていることは事実であり，すべての信号伝達システムの複雑さの背景に，私たちがまだ気が付いていない単純な仕組みがあると考えざるを得ません．例えば，免疫系のタンパク質（抗体）は，単純な仕組み（短いセグメントの組合せ）で 1,000 万を超える化学物質に対する分子認識を可能にしています．逆に考えると，分子認識部位を容易に作り出す単純な仕組みがあるからこそ，生物が複雑な信号伝達システム全体を形成できたのではないでしょうか．高度な免疫系における多様な分子認識は進化のうえではかなり最近になって発達したものですが，それ以前にタンパク質による分子認識部位を作り出すような何らかの単純な仕組みがあり，それが生物の成立に本質的だったのではないかという可能性を考えてみます．

分子認識部位の形成の仕組みを考え直してみます．タンパク質による分子認識には，2 つの側面があります．第 1 に，相手の分子と結合するという性質（結合の特異性は関係ない）が必要です．第 2 に，相手の分子を特異的に認識するという性質（特異性は結合の単なるスイッチでよい）があれば，最終的に特異的結合が可能となります．構造解析や生化学などの実験で，特異的結合に責任があるアミノ酸の探索がしばしば行われます．そして，同じ基質を結合するタンパク質のアミノ酸配列の相同性解析から，特定のアミノ酸や非常に短いセグメントの保存性が高いことがわかると，それらが特異的結合に責任があると結論されます．しかし，特異的分子認識には，非特異的な結合性アミノ酸配列が重要な役割を果たしているのではないかと考えられます．

図 7.13 の A と B は結合性に関与するアミノ酸と特異性に関与するアミノ酸の分布をモデル的に示したものです（図 7.13A は図 4.13 と同じ）．特異的分子

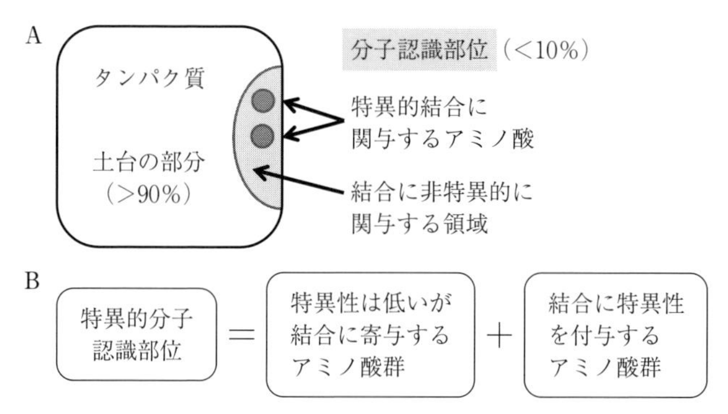

図7.13　タンパク質による分子認識の特徴
タンパク質による分子認識に寄与するアミノ酸の意味は，2段階で考えることができる．全体の90%以上は，分子認識部位のアミノ酸の配位を保つために土台の構造を作ることに，残りの数%が分子認識部位に寄与する（A）．そして分子認識部位は，特異性は低いが結合に寄与するアミノ酸群と，特異性を付与するアミノ酸群からなっている（B）．

認識に注目してタンパク質の立体構造を見てみると，それは3つの階層からなっていると考えられます．まず第1に，タンパク質の立体構造の大部分は，活性部位（分子認識部位）の土台のような役割をしています．分子認識部位は全体の数%程度のアミノ酸が関与していて，それ以外の部分は分子認識の特異性とはあまり関係ありません．実際，タンパク質のフォールドはまったく違うが，同じ基質を結合するタンパク質も少なくないのです（図4.14）．つまり，タンパク質の立体構造における大枠の階層は，タンパク質全体のフォールドが担っていて，分子認識部位を支える秩序を形成しているのです．

第2に，分子認識部位はフォールドの中の一部に過ぎませんが，分子の外側，つまりトポロジー的にタンパク質の表面にあるという特徴を持っています．また，一見外からアクセスしにくい深い位置にある場合も構造的な揺らぎが大きく，動的には外側から基質がアクセスできるようなトポロジーになっています．この分子認識部位を形成するアミノ酸を見てみると，すべてが保存性の高いアミノ酸というわけではありません．ただ後で述べるように，分子認識部位を構成するセグメントは，タンパク質の表面にあり，ゆらぎの大きなセグメントで，アミノ酸の出現確率に特徴的な分布があります．

第3に，本当に特異性に責任があると考えられるアミノ酸は，分子認識部位の中でもさらに少数の残基です．実際，機能の同じタンパク質でアミノ酸配列の保存性を調べてみると，保存性の高いアミノ酸はそれほどありません．分子認識部位には非特異的だが，結合部位を形成しやすいアミノ酸が分布していて，その上に特異性の高いアミノ酸が散りばめられているという図7.13のような階層が考えられるのです．そうだとすると，分子認識部位で本当に特異性を与えるアミノ酸群は，結合そのものには部分的な寄与をしているだけで，特異性を与える一種のスイッチだと考えることができます．

これまで同じ基質結合性を持つタンパク質群における保存性の高いアミノ酸は詳細に研究されてきましたが，そこから一般性を見出すことはできていません．また，分子認識部位において非特異的だが，結合性に寄与するアミノ酸の分布は，ほとんど調べられてきていません．そこで次のような思考実験を考えます．多くの分子認識部位をたくさん用意し，その周りのアミノ酸配列がどのような分布を示しているかを積算してみます．そうすると特異的結合に寄与するアミノ酸群は一種のノイズに相当しますので，大数の法則に従って次第に消えていきます．しかし，結合に対して非特異的に寄与するアミノ酸群の分布は，共通の性質（物性のうえでの共通性）を持つので，一種のシグナルとして大数の法則によって次第に明確になってくるでしょう．生物系ビッグデータ時代である現在，データ量だけは十分にあり，適切にデータを選択すればこのような問題も解析可能なはずです．ただ，どのようにして問題解決に必要なデータを選択するかということが問題となります．

同じような性質を持ったタンパク質を得るには，一般にアミノ酸配列の類似性を用います．したがって，分子認識部位をたくさん用意するには，分子認識部位になっているアミノ酸配列と類似性が高い配列を用意すればよいように見えます．しかし，これは今の問題には適切ではありません．大数の法則に基づいてノイズを消すには，できるだけばらばらのデータ集団を用いないと，データの集め方によるバイアスが出てしまうからです．例えば，抗体の可変部のアミノ酸配列を集めれば大量の分子認識部位を得ることができますが，抗体は元々同じものが重複してできているので，ここでのデータとして用いるのに適切ではありません．これに対して，抗原となるタンパク質を用いたらどうでしょうか．抗原は外界からのあらゆるものが抗原となり得るので，ばらばらなアミノ酸配列を用意することができるでしょう．そこでタンパク質として抗原のアミノ酸配列を用いるとして，その中の分子認識部位の配列はどのように選択したらよいかということが問題となります．

抗原のタンパク質には，ヒトの免疫系によってフィルターがかけられていることがわかっています．ヒトの細胞にあるタンパク質の分子認識配列は，すべて排除されているのです．つまり，抗原タンパク質と抗原にならないタンパク質の分子認識部位は，ヒトの免疫システムによってフィルターがかけられているのです．したがって，抗原タンパク質のアミノ酸配列にはあるが，非抗原タンパク質のアミノ酸配列にはない配列断片を探すと，それらは分子認識部位が多く含まれていると考えられます．本来の分子認識部位であるエピトープのアミノ酸配列のデータを用いればよいという考え方もあり得ますが，実はそのようなエピトープのアミノ酸配列の数はあまり多くないのです．しかし，ここで述べたような考え方で配列断片を用意すると大量のばらばらの配列が準備できます．

このような思考実験を実行した結果が**図 7.14** です．ここでは，アレルギーに関係する抗原（アレルゲン）と非抗原（非アレルゲン）のアミノ酸配列を解析しました．アレルゲンにしかない 3〜8 残基のセグメントを中心とした 29 残基に，どのようなアミノ酸が分布しているかを積算し，ホワイトノイズを除いた分布を示したのが，図 7.14 のユニバーサル分布です．ここでユニバーサル分布と呼んだ理由は，すべてのアミノ酸の分布がこの１つの分布関数に係数をかけた形になっているからです．20 種類のアミノ酸の中で，この分布の中心が正になった（つまり係数が正の）アミノ酸が，グリシン，アラニン，アスパラギン酸，グルタミン酸，リジンの５種類，係数が負になったアミノ酸が，メチオニン，トリプトファン，フェニルアラニン，システイン，チロシン，ヒスチジン，プロリンの７種類，残りの８種類のアミノ酸はホワイトノイズだけでした．興味深いことに，分子認識部位を形成するセグメントの中心にはセグメントを柔らかくするタイプのグリシン，アラニンなど側鎖の小さなアミノ酸が多く，逆に両脇にはセグメントを硬くするタイプの疎水性環状側鎖のアミノ酸や S–S 結合を作るシステインなどが多いのです．比喩で考えてみると，手をげんこつ

$f(j)$：ユニバーサル分布

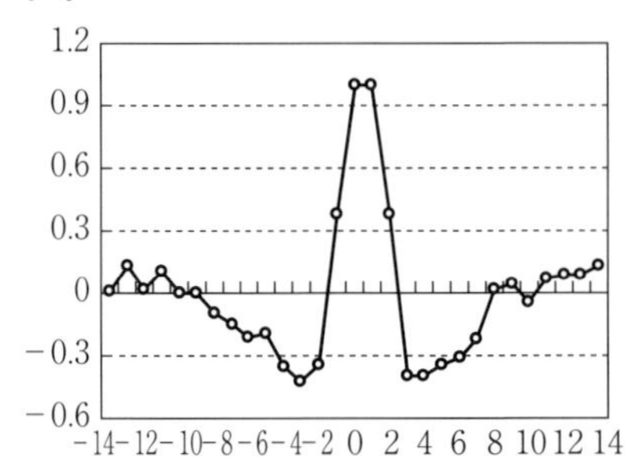

アミノ酸の位置

$A(i)$：各アミノ酸の係数

正の係数を示すアミノ酸		負の係数を示すアミノ酸	
D	170.0	M	−201.5
E	224.5	W	−161.0
A	238.5	F	−159.0
G	253.5	C	−158.5
K	285.0	Y	−152.0
		H	−141.0
		P	−90.0

図 7.14　分子認識部位におけるアミノ酸分布

アレルギーに関係する抗原と非抗原のアミノ酸配列を解析して得られた分子認識部位らしかのインデックス．中心にセグメントを柔らかくするタイプのグリシン，アラニンなどを多く含み，その両脇にはセグメントを硬くするタイプの疎水性環状側鎖を持つアミノ酸が多いアミノ酸配列が分子認識部位となりやすいという結果が得られている．

【出典】N. Asakawa, N. Sakiyama, R. Teshima and S. Mitaku, *J. Biochem.*, **147**, p.130, Fig. 3 (2010).

にして人差し指だけを出したとき，げんこつは硬いが，人差し指は柔らかく動き，ものをつかむことができます．抗体の形を見ると，あたかも複数の指で分子を捕まえるようなイメージが生まれます．それが分子認識のデフォルトの配列となっていて，それに特異性を与えるアミノ酸が散りばめられているのではないかと考えられるのです．

アミノ酸の分布を１つのユニバーサル分布で表現していることには，人工的な操作が感じられるかもしれませんが，純粋に分布を調べてみた結果，ほとんど同じ形の分布が得られたのです．そのことは，アミノ酸の分布を作る何らかの単純な仕組みを想像させます．また，タンパク質のアミノ酸配列を与えると，次式によって，分子認識部位の形成しやすさ $S_{\mathrm{AUF}}(i)$ を計算することができます．

$$S_{\mathrm{AUF}}(i)=\sum_{j=-10}^{10} A(i+j)\cdot f(j) \tag{7-1}$$

このパラメータをアミノ酸配列にそってプロットしたときのピークから，分子認識しそうなセグメントの位置を予測できることになります．この問題は，生物進化におけるゲノム塩基配列の形成ともからんで興味深いので，第Ｖ部で再度取り上げたいと思います．

生体のネットワークってどんなもの？

人間関係や道路交通網など，頂点と呼べるもの（例えば人間関係における個人，道路における交差点など）が互いにリンクされた構造をネットワークと呼びます．頂点と頂点を1対1でつなぐリンクもありますし，複数の頂点をつなぐリンクもあります．例えば「結婚」というリンクは個人を1対1でつなぎますが，「部活動」というリンクは複数人をまとめています．ネットワーク表現を用いると，多くの頂点とリンクを持つ頂点（ハブ）や，孤立点などを簡単に把握できるため，大きなサイズの情報をコンピュータ解析する際に重宝します．ネットワークの全体構造をそのトポロジーと呼びます．

体の中ではさまざまなレベルのネットワークが機能しています．血管や脳・神経系はマクロなネットワークです．細胞内に目を向けると，タンパク質のリン酸化機能や複合体形成をリンクで表せばタンパク質相互作用ネットワークが形成されています．代謝化合物の生合成や分解の道筋をリンクで表現すれば，代謝ネットワークができあがります．これらは実際に起きている物理化学現象を簡略化してネットワーク表現したものとみなせます．

実際には起きていない現象をネットワーク表現する場合もあります．例えば遺伝子同士が互いに影響し合う関係は，遺伝子ネットワークとして表現できます．実際には細胞の中で遺伝子同士が相互作用することはないのですが，直接・間接を含めた影響を総合的に表現した遺伝子ネットワークのコンピュータ解析は盛んに行われています．

このように，ネットワークとは私たちが持っている生命情報を簡略化して表現する手法の一つです．コンピュータを用いた大規模解析が主流になるにつれ，生物学でもネットワーク表現が多く使われるようになりました．ネットワーク情報を扱うデータベースもインターネット上で増えています．その多くは，ネットワークを利用して，機能が関連する遺伝子やタンパク質を見出す作業に使われています．単に機能が同じであるだけでなく，近くに配置されやすい機能を見いだせる点が特徴です．また，効果的な視覚化のためにもネットワークは用いられます．今後は機能推定や視覚化以外にも，シミュレーションや知識抽出といった分野においてネットワーク表現が役立つことでしょう．ネットワークという考え方は情報学や社会学で役立つだけでなく，生物学にも極めて重要です．

有田正規
（情報・システム研究機構 国立遺伝学研究所）

第７章のまとめ

1. 生物は，多様なシグナル伝達のネットワークでできたシステムだと言うことができます．外界からの刺激に対して適切に応答することによって生き延びているのです．また，高等な生物では，成長因子，免疫系，神経系などの生体内のコミュニケーションためのシグナル伝達を発達させています．
2. 細胞間のシグナル伝達には，自分自身へのオートクリン型，近傍の細胞へのパラクリン型，循環器系を経由したエンドクリン型，細胞間の直接的な接触型，神経細胞による神経型など，多様な様式があります．
3. 細胞間コミュニケーションのシグナル伝達では，成長因子などのタンパク質が細胞間のシグナル分子であり，酵素型受容体がそれを受容し，細胞内でリン酸化などの酵素作用が働いて信号が伝達されます．
4. Gタンパク質共役型受容体は，外界からの刺激を受容するシステムで最も一般的な受容体です．ヒトなど高等生物では1,000種類を超えるGタンパク質共役型受容体がゲノムに含まれています．細胞内のセカンドメッセンジャーの種類によって，細胞の働きが異なっています．
5. 免疫系では，自己と非自己を明確に判別することができるシステムとなっています．免疫系では，抗原に対して抗体が分子認識し，外界からの抗原を排除します．外界からの化学物質には非常に多様なものがあるので，1,000万種類以上の抗体ができる仕組みが発達しています．液性免疫および細胞性免疫という免疫反応があります．
6. 神経細胞における信号伝達には細胞膜における「電位パルスの伝達」と，シナプスにおける神経伝達物質の放出と受容という「化学的シグナルの伝達」とがあります．膜電位のパルスによる信号はスピードが非常に速く，シナプスでのシグナル伝達によって高度な情報処理が可能となっています．
7. すべてのシグナル伝達のプロセスは，タンパク質の特異的分子認識に基づいています．特異的分子認識は，分子間の結合に寄与する非特異的なアミノ酸の分布に対して，特異的な結合を担う比較的少ないアミノ酸が組み合わされて行われていると考えられます．実際に，アレルゲンと非アレルゲンのタンパク質の解析から，分子認識を引き起こしやすいアミノ酸の配列分布が得られています．

8. 分子認識を引き起しやすいアミノ酸の配列分布が，DNA 塩基配列の変異の単純な仕組みで作り出すことができるとすれば，生物の非常に複雑なシグナル伝達のネットワークも進化の過程で比較的容易にできる可能性があります．

第8章 酵素反応と生体エネルギーの変換

生体内では膨大な反応が行われています．水中で分子から水分子を抜き出す縮合反応などは，普通起こりにくい反応なのですが，生体内では容易に行われています．これは反応を進めるための酵素（生体触媒）があるからです．酵素が関与する反応には，独特の性質がいくつかあります．例えば，基質の濃度に対する反応速度が飽和する現象，他の分子との結合により反応速度が制御されるアロステリック効果などは酵素反応の特徴です．また，触媒は反応を促進するものなので，一般に両方向性です．反応の方向を偏らせるものではありません．しかし，生物における反応には，一方向に進むものが少なくありません．それは最初の状態をエネルギーの高い状態にしておいて，その後坂を転げ落ちるように一方向の反応を引き起こさせるのです．エネルギーの高い状態を作るには，ATP などの高エネルギー物質を結合させ，その分解反応と共役させることで一方向性の反応を起こすことが多いようです．それ以外には，膜を隔てたイオンの濃度勾配を利用することもあります．逆に，ATP 合成はイオン濃度勾配を用いて，エネルギー変換を行っています．生体エネルギーの利用で代表的なものは，植物や光合成バクテリアなどによる光合成です．光合成は太陽光をクロロフィルなどの色素で吸収し，電子状態としてエネルギーの高い状態を作り出すことから始まります．そして，生体膜にある膜タンパク質複合体が電子伝達を行うことと共役して，生体膜を隔てたプロトン（水素イオン）の濃度勾配を作り出し，高エネルギー物質を作り出すのです．実際のプロセスは非常に複雑なので，ここではその考え方だけを述べたいと思います．

8.1 酵素反応の特徴

生体内では，非常に多くの反応が行われています．それらは酵素と呼ばれる触媒作用を持ったタンパク質によって促進されています．生体内で行われている反応は，元々酵素がなければ非常に遅いものが多いのですが，基質の分子が酵素タンパク質に結合することによって反応が早くなっているのです．例えば，式（8-1）のように分子Aを分解して2つの分子BとCができる反応（逆方向は合成反応）を考えてみましょう．

$$A \leftrightarrow B + C \quad (8\text{-}1)$$

これに対して，同じ反応を酵素が触媒している場合は，式（8-2）のように書き換えることができます．

$$E + A \leftrightarrow EA^{*} \leftrightarrow E + B + C \quad (8\text{-}2)$$

酵素Eが基質Aと結合すると，基質Aは少し変形してA^{*}になります．そして，A^{*}は分解して分子Bと分子Cに分かれて酵素Eから離れます．結果として，酵素Eには変化はなく，分子の分解反応だけが進みます．式（8-2）は正味の変化だけを見ると式（8-1）と同じことなのです．モデル図としてこの反応を示すと，**図8.1**のようになります．酵素はタンパク質で，その活性部位に基質は結合します．例えば，基質が正電荷を持っていて，酵素の活性部位が負電荷を持っていると，その物理的相互作用が酵素と基質の結合を助けることになります．疎水性相互作用や水素結合性相互作用など，活性部位での結合には色々なタイプの相互作用が寄与します．また，それらの相互作用の配置によっ

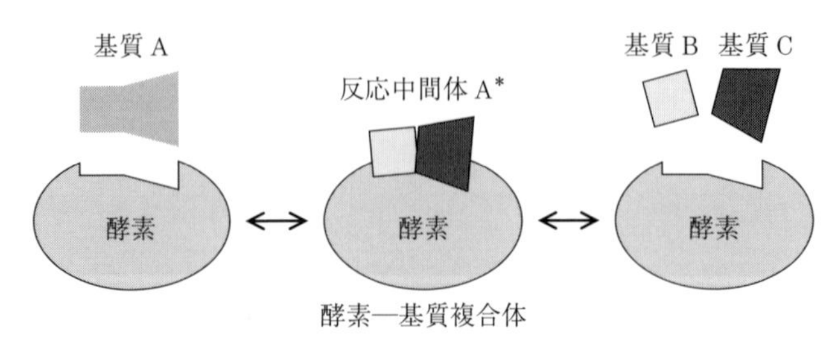

図8.1　酵素による触媒作用のモデル
分子Aが酵素によって，分子BとCに分解される反応をモデル的に示すと，基質Aは酵素の活性部位と特異的に結合し，基質Aは反応中間体A^{*}になる．これは分子Bと分子Cに解離しやすい構造をしているので，結果的に反応が非常に促進される．

て結合しやすい基質に特異性が生まれます．酵素による基質の結合には，もう１つの特徴があります．酵素タンパク質も基質も単独で存在しているときは，それぞれのエネルギー最小の構造の周りで揺らいでいます．これに対して，酵素と基質が結合して複合体を作ると，複合体全体がエネルギー最小となるように構造が変化します．そのとき，酵素も基質も単独での構造とは異なる構造となるのです．酵素の構造が非常に硬いと，そのようなことが起こりにくいのですが，タンパク質は柔らかい秩序構造なので，特異的結合をしたときも微妙ですが構造を変え，それによって基質分子にストレスを与えるのです．その状態の分子 A^*は，分子Ｂと分子Ｃに分解しやすくなり，分解反応が促進されることになります．最初と最後の状態を比較すると，酵素はまったく変化しておらず，次の反応にまた使えるのですが，基質の反応は進行することになります．

酵素反応の場合，図 8.1 からわかるように，酵素の存在が本質的であり，反応の速度は酵素の濃度に依存します．酵素Ｅと基質Ｓが結合し，酵素反応により生成物Ｐができるという一次反応について考えてみます．反応の式としては，式（8-3）となります．

$$\mathrm{E}+\mathrm{S}\underset{k_{-1}}{\overset{k_1}{\leftrightarrow}}\mathrm{ES}\overset{k_2}{\rightarrow}\mathrm{E}+\mathrm{P} \qquad (8\text{-}3)$$

生成物ができる速度は，式（8-4）のように反応中間体 ES の濃度と，反応速度 k_2 に比例します．

$$V = k_2[\mathrm{ES}] \qquad (8\text{-}4)$$

この反応を基質の濃度に対して導くと，式（8-5）のようになります．

$$V=\frac{V_{\mathrm{max}}[\mathrm{S}]}{K_{\mathrm{m}}+[\mathrm{S}]} \qquad (8\text{-}5)$$

ここで，K_{m} はミカエリス定数と言われますが，酵素と基質の解離定数にほぼ相当していて，基質が酵素と結合しやすいほど反応が早くなるということを意味しています．ただ，解離定数は反応速度 k_1，k_{-1} だけで決まる値ですが，ミカエリス定数は反応速度 k_2 にも依存します．式（8-5）の基質濃度依存性をグラフで示すと，図 8.2 のようになります．基質濃度が増大すると，反応速度がプラトーに達する様子がわかります．

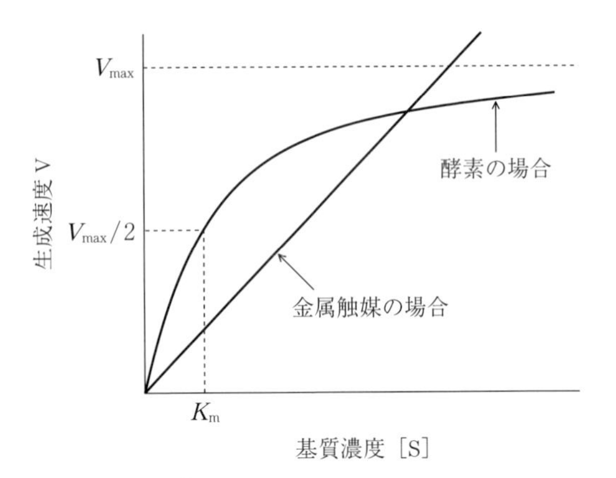

図 8.2　ミカエリス—メンテンの式
酵素反応の特徴の一つは，反応速度が基質濃度に線形に増加せず飽和を示すことである．飽和の挙動はミカエリス—メンテン（Michaelis–Menten）の式で表現され，酵素の濃度に依存する．

触媒によって反応が促進されるメカニズムは，いくつかの説明の仕方がありますが，もう 1 つ活性化エネルギーの変化という見方からも説明をしておきたいとと思います．図 8.1 におけるイラスト的な理解とあまり変わらないのですが，少し数学的な表現を示しておくと，後の説明に便利です．**図 8.3** は，反応前，反応後および反応中のエネルギー関係を示した図です（ここではエネルギーという言葉を使いますが，自由エネルギーと言ったほうが正確です）．反応前より反応後のほうが，エネルギー的に低いと，反応は進みます．逆に言うと，反応が進むということは，反応後のほうがエネルギー的に低いのです．しかし，反応の速度は前後のエネルギー差だけでは決まりません．反応中間体があり，そのエネルギーは一般的に反応前や反応後より高く，その値によって反応速度が影響されます．図 8.3 に示すように，反応中間体による活性化エネルギーを E_a とすると，反応速度 k は次のような式で表されます．

$$k = A\exp\left(-\frac{E_a}{RT}\right) \tag{8-6}$$

R は気体定数，T は絶対温度で，RT は系の熱エネルギーを意味します．この式は，活性化エネルギーが高いほど，反応定数が遅くなるということを表して

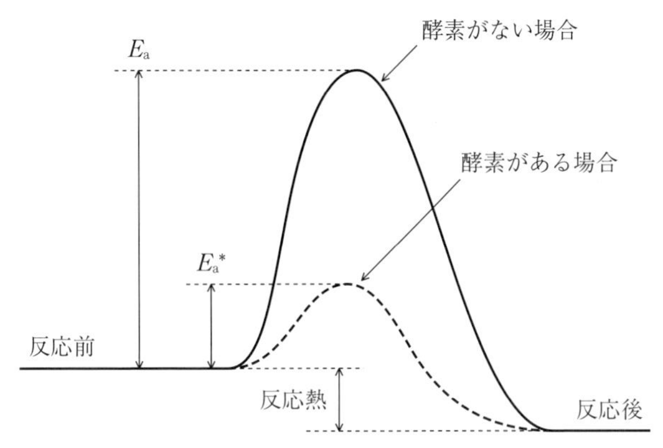

図 8.3　酵素の触媒作用の活性化エネルギー
活性化エネルギーによる反応速度の変化の説明．基質は酵素と結合すると，エネルギーの高い中間体がより安定化され，活性化エネルギーが下がるので，反応速度が大きくなる．

います．酵素による反応の促進は，反応中間体の活性化エネルギーを低くすることを意味しています．酵素の結合によって，反応前後の基質のエネルギーは変化しないのですが，中間体の活性化エネルギーが低下することで，反応速度が速くなるのです．

8.2　酵素反応の制御

酵素反応は色々な機構で制御されます．最も簡単な反応の制御は，競争的阻害です．酵素における基質との結合部位で，基質以外の分子と結合できる場合は，それは阻害剤となり得ます．基質の濃度が同じでも，このタイプの阻害剤があると，いわば基質の濃度が薄くなったような効果があります．つまり，解離定数を大きくするような制御となります．

これに対して，酵素の結合部位とは別の位置に他の分子が結合することにより反応速度を制御する場合もあります．図 7.13 に示したように，活性部位はタンパク質表面のごく一部です．したがって，一般にタンパク質表面には，活性部位以外で他の分子を結合する余地は十分にあります．しかも，タンパク質は柔らかい秩序構造なので，活性部位以外の部位で他の分子が結合すると，タンパク質全体の動的構造や力学的性質が変わり，活性部位の性質を変えることがあるのです．柔らかい秩序構造というのは，分子内で遠くまで影響を与えるようなものなのです．活性部位以外の部分での他の分子の結合によって，酵素の活性を変化させるような場合，それをアロステリック効果と呼んでいます．**図8.4**は，アロステリック効果をモデル的に示したものです．1つの酵素が，アロステリック活性化部位とアロステリック阻害部位の両方を持つ場合もあります．

最初にタンパク質におけるアロステリック効果が議論されたのは，ヘモグロビンにおける酸素の結合挙動についての研究でした．ヘモグロビンは四量体で，**図8.5**のようなS字状の反応速度曲線を示します．これに対して，酸素を結合するという機能や構造のうえではヘモグロビンと非常によく似たミオグロビンは単量体で，反応速度は前節の図8.2でも示したような形になります．単量体のミオグロビンと四量体のヘモグロビンの酸素結合挙動はまさに図8.5のような違いを示すのです．私たちの身体は，肺で酸素を取り込み，身体の他の部位（筋肉など）に酸素を移します．私たちの身体の細胞は，ミトコンドリアという

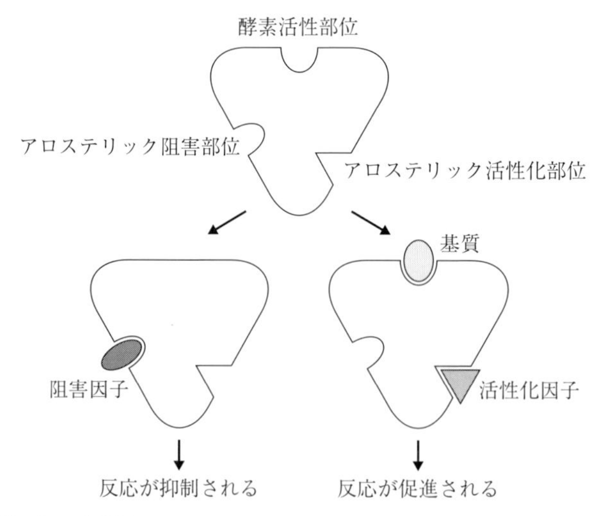

図8.4　アロステリック制御
アロステリック阻害とアロステリック活性化の模式図．酵素の活性部位はタンパク質全体から見ると小さな領域なので，他の部位での分子の結合で酵素の活性を制御することができる．それをアロステリック効果と言う．

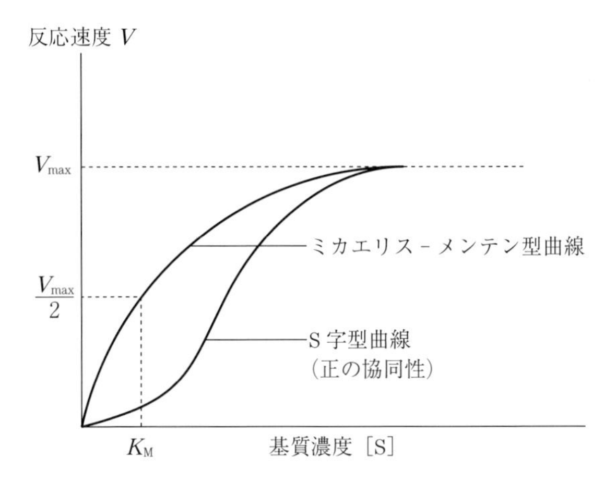

図 8.5　多量体での S 字型反応
単量体と多量体での酵素反応の反応速度曲線．単量体では，ミカエリス–メンテン型の単純な曲線に従って反応が起こるが，多量体ではアロステリック効果によってシグモイド型の曲線になる場合がある．

オルガネラを多く含んでいますが，その役割は酸素を用いてグルコースなどを分解して効率よく ATP 合成を行うことです．肺で取り込んだ空気は高い濃度の酸素を含んでいるので，ヘモグロビンはたくさんの酸素を結合し，全身に巡っていきます．しかし，身体の各部位ではすでに酸素を消費して，二酸化炭素濃度が高く酸素濃度が低い状態になっています．ヘモグロビンの酸素結合曲線は S 字型になっているので，身体の各部位では大量の酸素がヘモグロビンから解離します．これに対して，筋肉でのミオグロビンは単量体なので，低濃度で効率よく酸素を結合します．そこで肺にあった酸素が筋肉のほうに効率よく移されるのです．ヘモグロビンで酸素を結合した状態と結合していない状態では，微妙に立体構造が変わっていて，アロステリック効果がタンパク質の立体構造変化によるということは，ヘモグロビンの立体構造解析からも確かめられています．

8.3 生体エネルギーの変換とアロステリック制御

生物は，体外からエネルギーを取り込み，生体の働きに利用しやすい形に変換し，それを用いて生きています．体内で多用されているエネルギーの形態は，アデノシン三リン酸（ATP）という高エネルギー物質です．ただ私たちはATPを直接体外から取り込むことはせず，グルコースなどの炭水化物を取り込んで，細胞内でATPを合成しています．特に脳の神経細胞ではグルコース以外の分子からはATPを作ることができないので，グルコースがないと生きていくことができません．このように細胞におけるエネルギー変換の反応は非常に重要で，そのために多くの反応のネットワークが利用されています．エネルギー変換に関与する酵素の数は非常に多く，ここではその詳細を示すことはできませんが，エネルギー変換の流れだけはたどっておかねばなりません．

図8.6は，多くの生物でのエネルギー源であるグルコースから高エネルギー物質ATPを合成（エネルギー変換）するプロセスの流れ図です．グルコース（6炭素）は最初に解糖系の反応ネットワークによってビルビン酸（3炭素）にまで分解されます．そして，その間に2個のATPが作り出されます．一般に分子の化学結合には，化学エネルギーという形でエネルギーが貯められています．解糖系では，グルコースからビルビン酸まで分解して化学エネルギーをうまくATPの中に移しているわけです．それに続くクエン酸回路で2個，電子伝達鎖で28個のATPが作られ，都合32個のATPが合成されます．このプロセス全体のいわば裏側で電子の移動，つまり酸化還元反応が行われています．流れ図中のNADHは，NAD^+を還元して（電子を与えて）できる分子ですが，これが電子伝達鎖のタンパク質複合体で酸化されるときに，酸素が使われ，水素イオンが発生します．そして，水素イオンが膜の片側に貯まることによって，膜を隔てた大きな水素イオン濃度勾配（と電位）が発生します．これによって系に大きな自由エネルギー（負のエントロピー）が生じます．膜にあるプロトンATP合成酵素がその水素イオン濃度勾配を利用し，ATPを非常に効率よく合成するのです．この全体を反応式で書くと，以下のようになります．

$$C_6H_{12}O_6 + 6O_2 \rightarrow 6CO_2 + 6H_2O + \text{エネルギー（32ATP）} \quad (8\text{–}7)$$

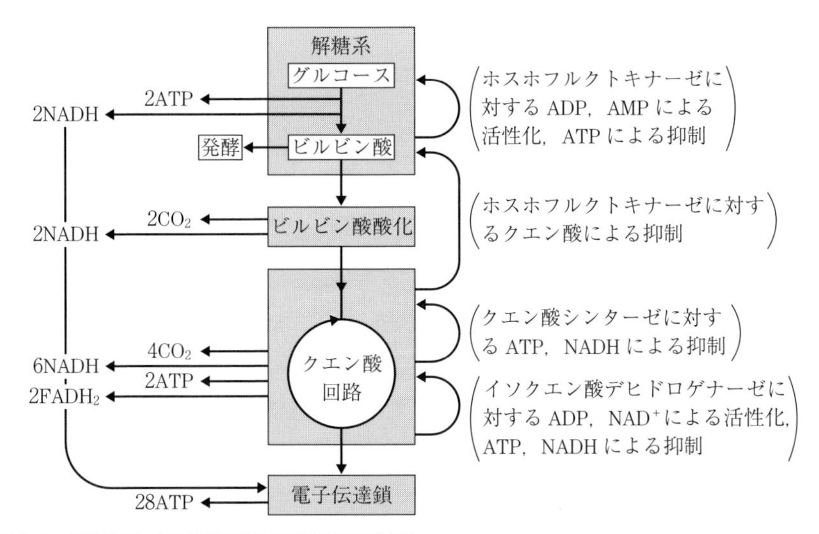

図 8.6　解糖系から電子伝達までの反応の制御

グルコースから高エネルギー物質ATPを合成するプロセス（解糖系，ピルビン酸酸化，クエン酸回路，電子伝達）のまとめ．プロセスの流れ図の左側は，途中で生成される代謝物を示しており，右側は途中の反応に働くアロステリック制御を示している．このエネルギー変換のプロセスには非常に多くの反応が関わっているが，最終的に1個のグルコースから32個のATPが合成され，その間に酸素を取り込み，二酸化炭素と水を排出する反応となっている．プロセス全体の調和を取るために，いくつかの段階でアロステリック阻害とアロステリック活性化が行われている．

解糖系から電子伝達までは，非常に複雑な反応ネットワークになっていますので，どこかの段階で代謝物が滞ると，反応全体が遅くなり，細胞内に非常に大きな無駄が発生します．そこで複雑な反応ネットワークの途中でアロステリック制御が行われ，ある代謝物の濃度が異常に高くなると，それ以前の反応を阻害して全体のバランスを取るというような制御が行われます．図8.6の右側には，エネルギー変換の流れで行われるアロステリック制御を示してあります．酵素タンパク質の1分子の働きに対して，反応産物からの制御がかかるというのが，生体の仕組みの実に巧妙なところです．アナロジーとして，酵素に対するアロステリック制御は，半導体デバイスにおけるトランジスタに対するベース電流による制御と少し似ています．

8.4 生体エネルギーの形態

前節では生体での複雑なエネルギー変換の反応について述べました．ここでは，生体でのエネルギーがどのような形で存在しているかをまとめておきたいと思います．生物は，太陽光のエネルギーや炭水化物（グルコースなど）を体に取り込むわけですが，それを直接色々な反応に利用できるわけではないので，何らかの高エネルギー状態（あるいは高エネルギー物質）に変換し，それを利用して生体の色々なプロセスを行います．細かく見れば，生体には色々な高エネルギー状態や高エネルギー物質がありますが，大きく分ければ3種類の高エネルギー状態（高エネルギー物質）があります．第1に分子の電子状態としての励起状態，第2に細胞内外あるいはミトコンドリア内外のイオン濃度勾配（特に水素イオン濃度勾配），第3に高エネルギー物質であるATPが代表的なものです．

分子の電子状態としての高エネルギー状態は，図8.7に示すように，量子力学的な励起状態です．分子（原子）を構成している電子はとびとびのエネルギ

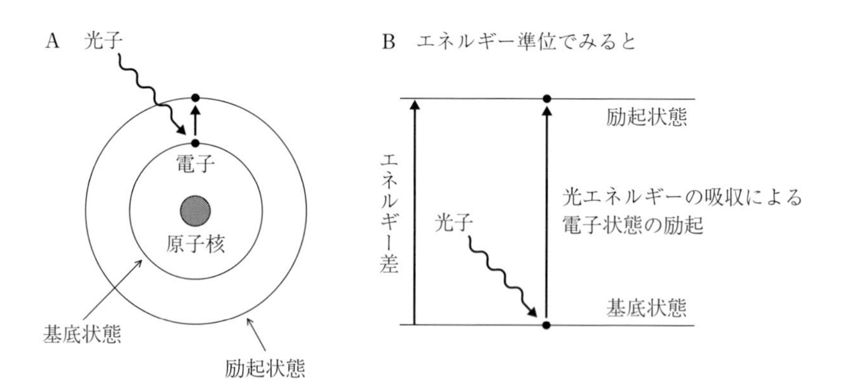

図8.7　電子の基底状態と励起状態
物質はすべて原子および分子でできている．原子は正電荷を持った原子核を負電荷の電子がまとった構造をしている．電子の挙動は量子力学的で，とびとびのエネルギーだけを取ることができ，最も低いエネルギーの状態を基底状態，光の吸収などで高いエネルギーを持った状態を励起状態と呼ぶ．分子を構成する電子の挙動もそれと基本的に同じで，励起状態は高エネルギーの状態で，基底状態に落ちるときに，色々な反応と共役することができる．

ーだけを取ることができます．例えば，植物などの光合成における主な色素はクロロフィルであり，動物の視覚における色素はレチナールです．これらの色素は可視光を吸収して励起状態となります．電子の励起状態と基底状態のエネルギー差が利用できるエネルギーとなります．ただ一般に，分子における電子の励起状態はあまり長時間保つことはできません．すぐに利用するか，別の形のエネルギーに変換しなければなりません．例えば，視覚系でのレチナールは，膜タンパク質であるロドプシンに結合していますが，励起状態になると，シス–トランスの異性化をして，ロドプシンの立体構造を変えます．その状態をGタンパク質という別のタンパク質が認識し，Gタンパク質の三量体が解離します（αサブユニットと$\beta\gamma$サブユニット）．そのようにして，レチナールの励起状態がより長い時間の状態に変換して，情報を定着します（図7.3）．このように分子の励起状態を長い時間定着させるために，タンパク質の組合せが工夫されているのです．ちなみにロドプシンの場合は，光のエネルギーをエネルギー変換に使うのではなく，生体内のスイッチのオン–オフのために使っています．これに対して，光合成の光捕集アンテナ複合体は，多くのクロロフィルを含んでいて，非常に効率よく可視光のエネルギーをとらえ，生体内のエネルギーに変換する最初の段階となっています（**図8.8**）．このタンパク質–色素複合体は，効

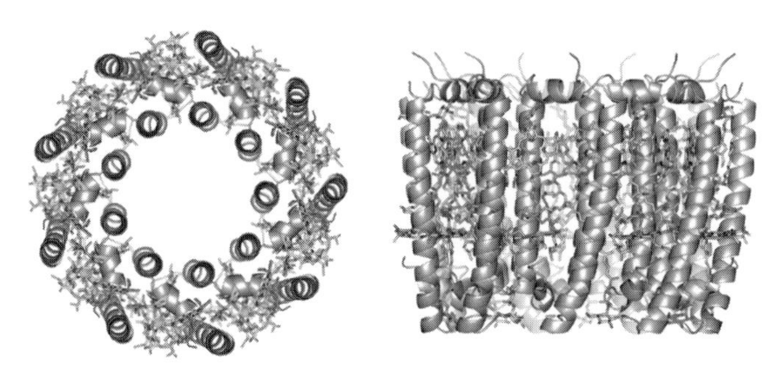

図8.8　光捕集アンテナ複合体
光捕集アンテナ複合体の分子グラフィックス（PDB：1kzu）．左は膜面の上から見た図で右は膜を横から見た図である．タンパク質はリボンモデルで，色素（クロロフィルなど）は針金のモデルで示してある．色素が秩序よく円環を形成していることがわかる．（図の提供：広川貴次博士より．承諾を得て掲載．）

率よく集めた光エネルギーを光合成中心複合体へと渡すことが役割となっています．

8.5　高エネルギー状態である水素イオン濃度勾配

第2番目の生体でのエネルギー形態は，膜を隔てた水素イオン濃度勾配です．水素イオン濃度勾配は色々な仕組みで作られますが，図8.9に光化学系Ⅱによる水素イオン濃度勾配形成の仕組みを示します．植物は光合成を行うオルガネ

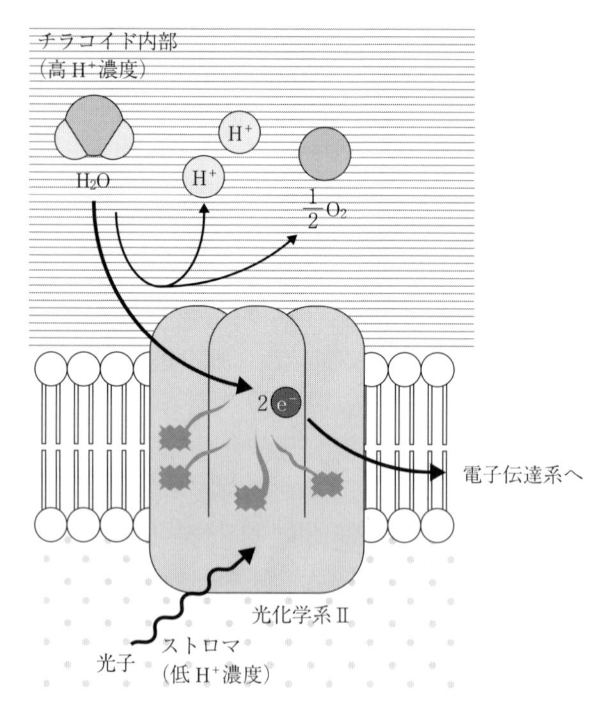

図8.9　光化学系Ⅱの光，H_2O，CO_2
光化学系Ⅱは葉緑体のチラコイド膜にある膜タンパク質のシステムである．タンパク質内部のクロロフィルが励起状態になると，電子を電子伝達系へ渡し，水分子から電子を奪う．その結果，水分子から水素イオンと酸素分子が発生する．水素イオンはチラコイド内部に貯まり，イオン濃度勾配ができる．これは高エネルギー状態の1つの形態である．

ラ葉緑体を含んでいます．葉緑体はその内部にチラコイドという膜系を持っており，それが光合成の場です．チラコイドには光合成のための膜タンパク質系が多く存在していますが，その主役とも言えるシステムに光化学系Ⅰと光化学系Ⅱがあります．いずれも光を吸収して光合成を行うのですが，水を分解して水素イオンと酸素分子を発生するのが光化学系Ⅱです．もし光化学系Ⅱがすべて止まると，地球上の酸素濃度が低下して，ヒトが生きていける環境ではなくなると言われています．光化学系Ⅱは，タンパク質に多様な低分子が結合した複雑で巨大な分子複合体です．その中でクロロフィルは，可視光（680 nm）を吸収する色素です．光を吸収して励起状態になると，電子がクロロフィルから放出され，電子伝達系へ渡されます．その電子も光合成に役立つことになるのですが，ここで注目すべきことは，光化学系Ⅱで電子が抜けたクロロフィルが非常に強い酸化剤となり，容易に水から電子を奪うことです．一般の化学反応で水から電子を奪うことは容易ではないのですが，植物の光化学系Ⅱは光を吸収して励起状態になることで水から電子を奪います．そうすると酸素は2原子で酸素分子を形成します．それが大気に放出され，地球大気の約21％を構成する酸素となるわけです．他方，水分子の中の水素は，水素イオンとなって水に溶けます．このときにチラコイドの内部に水素イオンが偏ってたまるのです．こうしてチラコイド膜を隔てて水素イオン（プロトン）濃度勾配が形成されます．このようにイオンや分子の濃度に勾配ができると，それは一種の秩序の高い状態（すなわちエントロピーの低い状態）になります．それが自由エネルギーの高い状態となるわけです．この高エネルギー状態は，電子状態としての高エネルギー状態よりはるかに長時間持続され，生物としてはより使いやすい形態ということが言えます．

8.6　高エネルギー物質 ATP

第3の高エネルギー状態は，高エネルギー物質の ATP です．前節の水素イオン濃度勾配は，長時間持続できる膜系の周りでは使いやすい高エネルギー状態で，例えば細胞内外の分子の能動輸送などでは直接利用されています．例えば，ナトリウム–プロトンアンチポーターでは，水素イオン濃度勾配を利用して，ナトリウムイオンを能動輸送します．しかし，膜とは離れた場所でも，エネルギーを利用した反応が必要となります．そこで生体内ではさらに使いやすい高エネルギー状態としてATPが多用されています．体内では，常にADPとリン酸からATPが合成されており，消費されているATPが補充されています．1日にヒトが消費するATPの量は，体重と同じくらいであると言われており，生体で最も重要な化学物質と言ってよいでしょう．

一般に，共有結合を切断するにはエネルギーを要するのですが，ATP分子の場合は，分子の端にあるリン酸を切断することでエネルギーが放出されます(図8.10)．リン酸は負電荷を1個持っているので，リン酸を2個結合しているADPに，さらにリン酸を共有結合させてATPを合成するには，2個の負電荷に1個の負電荷を共有結合の距離に近付ける必要があります．つまり，ATPに

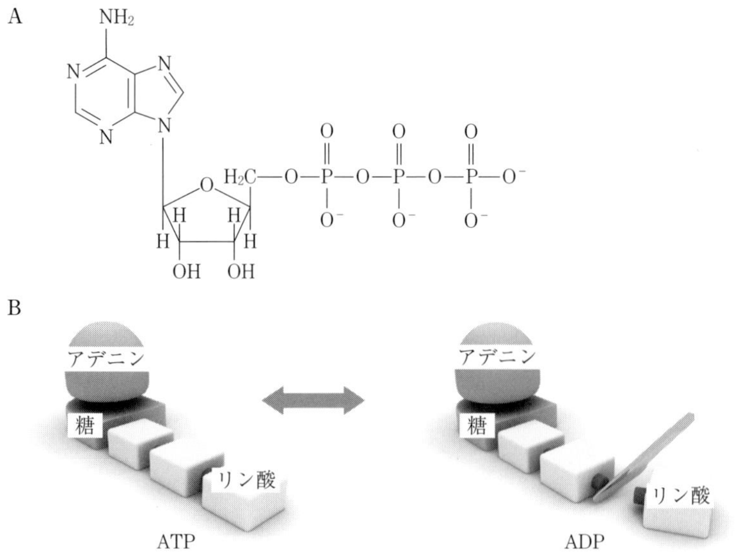

図8.10　ATPの構造
アデノシン三リン酸（ATP）は，核酸の一つであるアデニンにリン酸が3つ結合した分子である．ATPは生体内のエネルギー通貨とも言われ，色々な生化学反応を駆動する．リン酸を1つ解離したADPとの間のエネルギー差が利用可能なエネルギーとなる．(図の提供：澤田隆介博士より．承諾を得て掲載.)

はクーロン力の分だけのエネルギーが蓄積されるのです．

ATPは生物にとって非常に重要な化学物質なので，色々な経路でATPは合成されていますが，非常に効率よくATPを合成しているシステムがATP合成酵素です．前節で述べた水素イオン（プロトン）の濃度勾配から直接ATPを合成する酵素です．全体は巨大な分子複合体なので，そのモデル図を示すと**図8.11**のようになります．ATP合成酵素は大きく分けると，膜内にあって水素イオンを通すF0サブユニットと，膜外にあってATPを合成するF1サブユニットからなっています．この酵素の興味深い点は，水素イオンを通す輸送体とATPを合成する酵素を，タンパク質の力学的な動きで共役させている点です．F0サブユニットは，水素イオンを濃度勾配に従って輸送させながらその中心にあるγサブユニットを回転させます．世界最小のモーターです．これに対して，F1サブユニットはこの回転を利用して，ADPにリン酸を結合し，ATPを合成していくのです．このサブユニットの反応は可逆で，ATPを加えるとそれを消費して逆方向の回転運動をさせることができます．

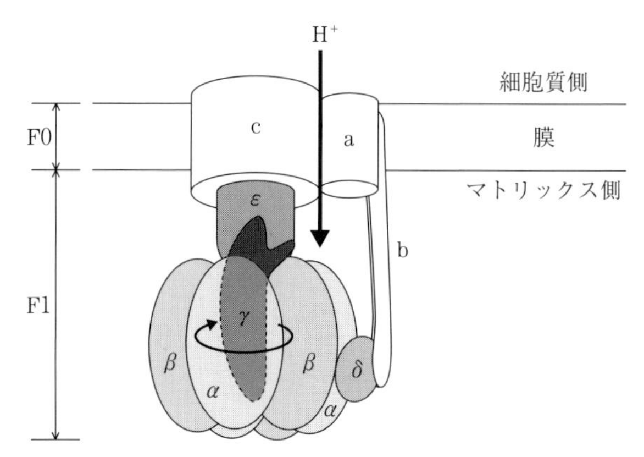

図8.11　ATP合成酵素のモデル

ATP合成酵素は，膜に埋め込まれていて水素イオンを通すF0サブユニットと，ATPを合成するF1サブユニットからなっている．F0を水素イオンが通ると，それに共役してF1サブユニットの中心部分が回転し，さらにADPとリン酸からATPを合成する反応とが共役するのである．

8.7 生物におけるネットワーク

生物は，生きていくために，エネルギー源を取り込み，使いやすいATPにエネルギー変換しています．また，そうした生体エネルギーを利用して，物質の輸送，さまざまな分子の合成，不要な物質の分解，筋肉などの運動，ゲノムの情報処理などが行われています．それらは複雑なネットワークを形成しています．したがって，生物を理解するということは，生体のネットワークを解明することだと考えることもできます．

生物のシステムはあまりにも複雑なので，それを理解することがなかなか難しいのですが，図8.6で示したエネルギー変換のシステムにおけるグルコースの解糖系，ピルビン酸酸化，クエン酸回路などでは，エネルギー的な必然性があります．解糖系の前段では，ATPを使って6炭糖のグルコースが3炭糖のグリセルアルデヒド–3–リン酸に変換されます．このプロセスは若干のエネルギーを使うのですが，その後で，大きなエネルギー変換（酸化還元反応）が起こり，ATPとNADHができ，最終的にピルビン酸ができます．解糖系からクエン酸回路へとつなぐピルビン酸酸化でもエネルギーがNADHに移され，アセチルCoAができます．さらにクエン酸回路では大きなエネルギーが段階的に放出され，オキサロ酢酸ができるまでに高エネルギー物質であるNADH，FADH2およびATPができます．高エネルギー状態の分子を変換しながら，ATPなどを生成し，次第に（自由）エネルギーの低い分子に変わっていくのです．その間に多くの酵素が関わっていることは言うまでもありません．

生体におけるネットワークには，ここで述べた代謝ネットワークのように比較的よくわかっているものもありますが，ゲノムの情報処理のようにこれから解明しなければならないネットワークも少なくありません．多様な分子を基質とする分子装置を含んだネットワークは複雑にならざるを得ないのです．生物の分子間相互作用のシステムを表現するには，分子同士の結合関係を示すパスウェイをすべてつなぐ方法もあります．しかし，そのようなパスウェイをつないだネットワークは非常に複雑なマップになります．それにしても，生物が非常に複雑なシステムをどのようにして作り出すことができたかという問題は，大きな未解決問題となっています．

役立つ物質を生物で作るってどのようにすればできるの？

麹菌は，酒，味噌，醤油，洗剤用酵素など，さまざまな発酵食品や工業製品の生産に広く使われています．麹菌のゲノム解析は 2004 年に完了し，約 12,000 の遺伝子を持つことが明らかになりました．麹菌などの糸状菌（カビ）は，いろいろな物質を資化したり合成することが知られており，麹菌変異株による化粧品用の美白剤（コウジ酸）の生産も行われています．コウジ酸は 1907 年に日本で発見されましたが，産業的な重要性にもかかわらず，100 年以上もの間，生合成遺伝子がわかっていませんでした．ゲノム解析の成果などを使って，2010 年に初めてその遺伝子が同定され，遺伝子工学でさらに生産性を向上させる試みもなされています．

図は，DNA マイクロアレイを使って麹菌の全遺伝子の発現情報を取得し，コウジ酸生合成に密接に関わる遺伝子の制御関係を予測したものです．コウジ酸の生合成遺伝子（*kojA*），細胞外に排出する輸送体遺伝子（*kojT*）は，転写制御遺伝子（*kojR*）によって制御されますが，*kojA* / *kojT* 以外の *kojR* の制御系に入る遺伝子（外枠を付けた塗りつぶされた遺伝子）や，*kojR* 以外の *kojT* が影響を受ける制御系（左側の点線四角内）の存在が示されています．コウジ酸の生産は *kojR* を人為的に強発現することで向上できますが，生産を最大化するためには，*kojA* や *kojT* 以外にも考慮しなければならない遺伝子があることがわかります．また，この図の範囲以外にも，コウジ酸の生産に関係する多数の遺伝子が存在すると考えられますが，十分なデータ量を取ることや計算が困難なためにすべてを予測することは困難です．

近年のゲノム科学の進展によって，生物システムの多くが理解できるようになりました．しかし，遺伝子間の複雑な結びつきや機能未知遺伝子の存在によって，現在でも，実際に実験をしてみないとどうなるかわからない部分が多いことも事実です．

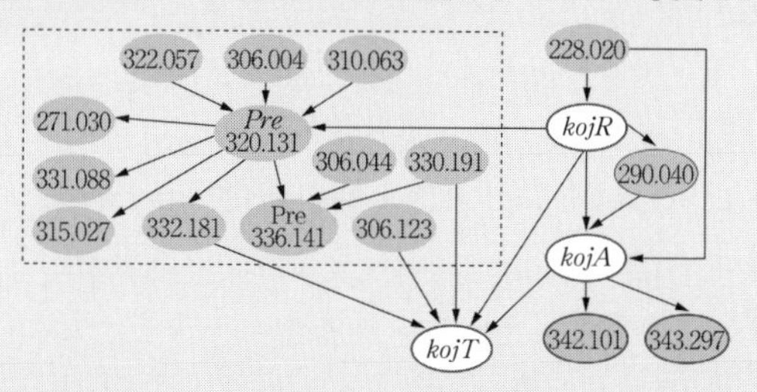

町田雅之
（産業技術総合研究所 北海道センター 生物プロセス研究部門）

第8章のまとめ

1. 生体内では調和の取れた膨大な反応が行われています．生体における反応のほとんどは酵素によって触媒されているので，酵素反応についての理解は重要です．酵素反応は，酵素と基質が結合することで促進され，ミカエリス–メンテン型の式に従います．
2. 酵素はタンパク質であり，基質との結合部位とは別の部分で他の分子と結合することで，アロステリック制御が行われることがあります．反応が促進されるアロステリック活性化と，反応が阻害されるアロステリック阻害とがあります．四量体のヘモグロビンでは，アロステリック効果によって反応がS字型になります．アロステリック効果は，機能の効率と深く関わっています．
3. 生体エネルギーの変換のプロセスは，いくつかの段階でアロステリック制御を受けています．反応の中間体が途中で溜まってしまわないように，また産物であるATPやNADHの量が適切に制御されるように何段階かのアロステリック制御が行われています．
4. 生体エネルギーには大きく分けると，3種類の高エネルギー状態があります．第1は，分子の電子状態としての励起状態です．光化学反応は，光を吸収し色素の電子状態が励起されることから始まります．光化学系IIは，そのエネルギーを利用して水分子から電子を奪い，酸素分子と水素イオンを生成します．そして，水素イオンがチラコイド内部に貯められ，そのイオン濃度勾配が第2の高エネルギー状態です．
5. ATP合成酵素は，水素イオン濃度勾配を利用して，ATPを効率よく合成します．ATPとADPはリン酸1個の結合状態が異なっています．2個の負電荷を持つADPに1個の負電荷を持つリン酸を結合させ，3個の負電荷を持つATPになると，クーロン斥力のエネルギー分だけ高エネルギーになります．ATPはリン酸を分解することで，エネルギーを放出することができます．生体の色々な現象でATPが利用されています．
6. 生物は非常に複雑な生体ネットワークの組合せとなっています．生体エネルギー変換のプロセスもネットワークとなっており，1方向に反応が進みます．色々なシステムにおけるネットワークを地道に解明することは生物を理解するのに非常に重要です．

第Ⅳ部の演習問題

1. 多細胞生物は，身体の別の部分にある細胞とコミュニケーションをとっている．このタイプの信号伝達は独特の性質を持っている．細胞間コミュニケーションについて，正しい記述はどれか？

   ① 細胞間コミュニケーションの信号分子は，細胞から分泌されるタンパク質である．
   ② 細胞間コミュニケーションにおける信号に対する受容体は，7本型膜タンパク質である．
   ③ 信号分子が受容体と結合したとき，受容体は三量体を形成する．
   ④ 受容体が信号分子と結合したとき，細胞内で起こることはリン酸化である．
   ⑤ インシュリンは，細胞間コミュニケーションの信号分子ではない．

2. 信号伝達とは，細胞の外部から来た信号を細胞内に伝えることであるが，それは起こることの半分である．細胞はそれをきっかけとして，細胞分裂など何らかの細胞本来の働きを行う．そのために受容体は外部から信号が来たことを細胞内に提示し，それが別の細胞内の信号分子に変換され，実際に働く細胞内の部位に信号が届けられる．この細胞内の信号伝達について，正しい記述はどれか？

   ① 細胞内で信号分子として働くGタンパク質は，四量体のタンパク質である．
   ② 脂質であるフォスファチジルイノシトール二リン酸（PIP_2）は，ホスホリパーゼによってフォスファチジルイノシトール三リン酸（PIP_3）に変換され，水に溶ける分子となり，細胞内の信号分子として働く．
   ③ 筋肉細胞では，脳からの神経の信号を受けると，カルシウムイオンが細胞内の信号分子として働き，収縮が引き起こされる．

④ アデニルシクラーゼは，Gタンパク質のαサブユニットと結合し，cGMPという細胞内の信号分子を作り出す．
⑤ 増殖因子と酵素型受容体の結合をきっかけとしたDNAからRNAへの転写は，リン酸化カスケードによって信号が伝えられる．

3. 免疫系や神経系も高度な信号伝達のシステムである．前者は分子認識の多様さで，後者は伝達の速さで，他の信号伝達のシステムと比べて桁外れに優秀である．これらのタイプの信号伝達システムについて，正しい記述はどれか？

① 免疫系は非常に多様な分子を認識できるが，元々それだけの数の遺伝子がゲノム中に書き込まれている．
② 免疫系は，自己と自己でないものを認識し，自己を攻撃しないように仕組んでいる．それは自己を攻撃する免疫細胞がすべて殺されているからである．
③ 神経細胞から隣の神経細胞への信号伝達は，電気的なパルスのやり取りである．
④ 神経細胞は，軸索と呼ばれる細長い膜構造を伸ばして，高速な電気信号を伝えるが，細胞によっては数十cmの軸索を持つものもある．
⑤ 人の脳の視覚野は，前頭前野にある．

4. 生物の分子機械と言われるタンパク質は，何らかの分子認識をしている．したがって，分子認識の仕組みを解明することは，生物を理解するうえで非常に重要である．タンパク質による分子認識について，正しい記述はどれか？

① タンパク質の分子認識は，分子表面で行われていることが多い．
② 分子認識は，アミノ酸配列のひとつながりの部位で行われることが多い．
③ タンパク質の中には，力学的に硬い部分と柔らかい部分があるが，それらの組合せが分子認識に深く関係している．

④　タンパク質が分子認識する相手は，フォールドによって決まっている．

⑤　タンパク質の分子認識部位を形成するアミノ酸は，全アミノ酸配列と比べて10%を超えないことが多い．

5.　生体を構成する分子の多くは，生体内で合成されている．そのことから見てもわかるように，生体内の反応を触媒する酵素は，タンパク質の中でも最も重要な一群のタンパク質である．酵素について，正しい記述はどれか？

①　酵素には活性部位（分子認識部位）があり，その部位に基質以外の分子が結合すると，必ずアロステリック阻害が起こる．

②　基質が酵素と結合すると，反応の活性化エネルギーが大きくなる．

③　タンパク質が複数の分子認識部位を持つ場合がある．その1つが基質と結合して，反応を触媒するのだが，他の部位での分子の結合で反応が影響される場合がある．

④　ヘモグロビンが酸素を結合する結合曲線は，S字型である．

⑤　酵素が基質を結合したとき，酵素の活性部位は柔らかくなる．

6.　いかなる生物も，外からエネルギー源となるものを取り入れ，体内でエネルギー変換を行い，高エネルギー状態を作りださなければ，生きていくことができない．生体におけるエネルギー変換について，正しい記述はどれか？

①　原子では，原子核の周りに電子があり，その状態は量子力学で記述される．生物の分子を構成する電子の励起状態は，生体における高エネルギー状態として1つの重要な形態である．

②　生体のエネルギー通貨と呼ばれることもあるATPは，DNAのユニットでもあるアデニンにリン酸が2個結合した分子である．

③　ATP合成酵素は，膜に埋め込まれたF0サブユニットと，膜の外に突き出たF1サブユニットからなる巨大な分子装置で，ATPはF0サブユニ

ットで作られる.

④ 生体における独特の高エネルギー状態は，細胞膜（原核生物）あるいはミトコンドリア内膜（真核生物）の内外の水素イオン（プロトン）濃度勾配である.

⑤ 解糖系，ピルビン酸酸化，クエン酸回路，電子伝達鎖などの一連の反応は，効率よく高エネルギー物質 ATP を作り出すが，その色々な段階でアロステリック制御が行われている.

第Ⅴ部

生物科学における未解決問題を考える

最後の第Ⅴ部に，「生物科学における未解決問題を考える」というタイトルを付けた理由は，生物系ビッグデータが得られるようになった今こそ，生物科学の大きな未解決問題に対する考察をしておくべきだと考えるからです．ここで想定される未解決問題は，「大進化のメカニズムの問題」，「タンパク質などの立体構造形成の問題」，「調和の取れた生物のシステム形成の問題」，「多因子病のリスク発生機構の問題」，「脳神経系に対するゲノム情報の寄与の問題」など，簡単には解決し難い問題です．DNA 塩基配列（ゲノム配列）は生物の設計図です．最近は，いかなる生物種のゲノムでも，またいかなる個体のゲノムでも，その気になれば解析可能な時代となりました．したがって，今求められているのは，「大量データをどのように情報解析すれば，基本問題を科学的に解き明かせるか？」という生物に対する新しい考え方とそれに基づく情報解析のアイデアです．解決できるとしても，数十年はかかるだろうと考えられてきたような問題を，解決に向けて具体的に議論しておきたいのです．

第Ⅴ部では，2 つの側面から生物の未解決問題を議論することにしました．第 9 章では，非常に複雑な生物の姿かたちや，高度な環境応答などの背景に，意外なほど単純なゲノム配列の特徴があるということを示します．ゲノム配列の単純な特徴を見出すには，いくつかの新しい考え方が必要であり，今後のバイオインフォマティクスの進むべき方向性を議論したいと思います．第 10 章では，ゲノム配列における単純な特徴抽出をさらに進め，生物という本当に複雑かつ高度な分子集合体が，なぜロバストであり得るのかについて議論します．そして，最後に今後の生物科学の発展を担う人たちへのメッセージを送りたいと思います．

第9章 設計図から見た生物科学の未解決問題

生物界のメンバーであるすべての生物を見ると，それらは実に多様です．大腸菌のような小さな単細胞の生物とクジラのような大型の動物とを比較すると，その大きさは6桁以上の差があります．多細胞生物の中でも，動物と植物では生き方がずいぶん違います．しかし，私たちはそれを見て，いずれも生物であると断言できます．いずれも「生きるという状態」の独特の性質に気が付くからです．しかし，「生きるとはどういう状態か？」と，物理学者に問われたら，彼らの物理的な言葉で答えを用意することは容易ではありません．本書の第3～8章で記述したような分子の集合体は非常に多様ですが，生物の分子的な説明にはいずれも欠かすことができず，それらを解析しつくすことは当分無理でしょう．それだけではなく，「生きるという状態」では，それらの分子が調和を持って働いていなければなりません．分子集合体の調和というのは，分子間相互作用の問題なので，多様な分子間の関係を考えねばなりません．つまり，分子から積み上げて「生きるという状態」を理解しようとすることは，コンピュータでは扱いきれないほど多くの分子についての膨大な分子間相互作用を考えなければならず，よほどの画期的な計算法を考えないとシミュレーションは無理です．しかし，疑問を変えて，「生きるという状態を可能にするゲノム配列はどのような配列でしょうか？」と問えば，それには答えられる可能性があります．本章では，後者について詳しく議論したいと思います．

9.1 「生きるという状態」を可能にするゲノム配列とは？

「生きるという状態」と「それを可能にするゲノム配列」の関係を示したのが，図9.1です．この図は，2つの部分からなっています．上の半分は，図2.5に示した生存している生物のゲノムの配列空間を示していて，下半分は，図1.8に示した生物の4つの階層とそれをつなぐ4つのプロセスを示しています．つ

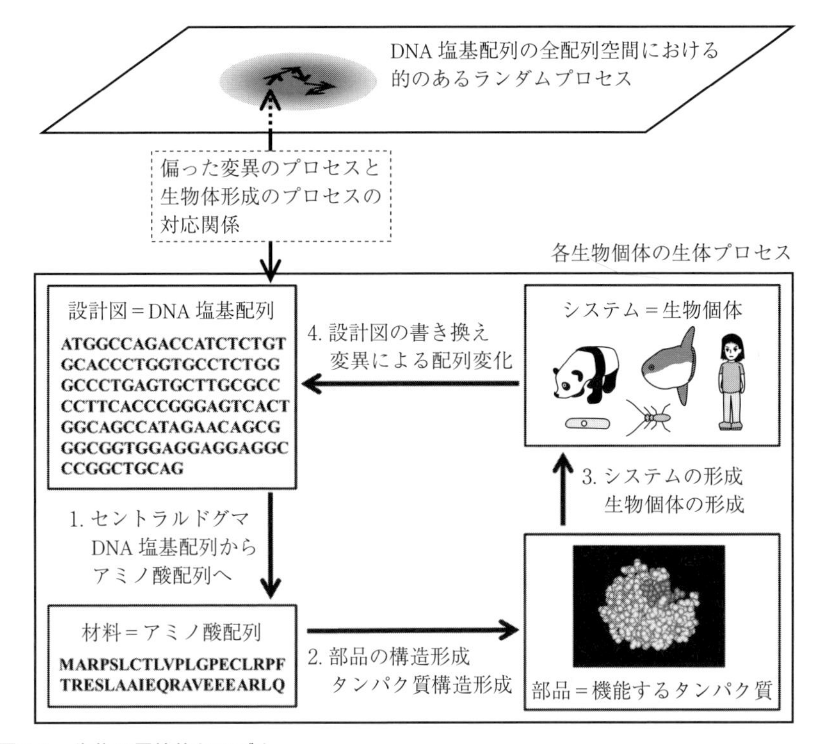

図 9.1　生物の最終的なモデル

生物の形成に関係するプロセスをまとめた流れ図．生物の形成には，偶然性（ゲノム配列に対する変異による配列空間中のランダムウォーク）と必然性（設計図→材料→部品→システム）が本質的に関わっている．この図は，第 1 部に示した図 2.5 と図 1.8 を組み合わせて作ったものである．ランダムウォークできる領域は，実際には全配列空間の中で完全に無視できるほど小さい．

まり，上半分は配列空間から見た生物であり，そこでは世代交代のたびにゲノム配列に変異が入り，配列空間の中でのランダムウォークをしています．このプロセスは偶然性が支配していると考えてよいでしょう．また下半分は実空間から見た生物であり，そこでは常に設計図から材料が作られ，材料が部品に形成され，その集合がシステムを維持しています．この実空間では，ゲノムの設計図に基づいて生物個体が形成されます．このプロセスには環境の影響はありますが，基本的には必然性が支配しています．つまり，生物では偶然性が支配するプロセスと必然性のプロセスが緊密に組み合わされているので，生物を本当に理解するには両方のプロセスを同時に説明できるような考え方が必要となります．そのカギになるのが，ゲノムのDNA 塩基配列です．

この章の冒頭で，「生きるという状態」における分子の集合体の調和を，分子間相互作用から理解しようとするのは無理だと述べたのは，図 9.1 の下半分（実空間）の話です．これに対して，「生きるという状態を可能にするゲノム配列」を理解する可能性があると述べたのは，図 9.1 の上半分（配列空間）の話です．なぜ可能性があると考えるかについては，少し説明が必要です．

「生きるという状態」を可能にする生物ゲノム配列は，全配列空間の中で遺伝子変異によってランダムウォークをしています．ランダムウォークの結果，「生きるという状態」を形成できないようなゲノム配列になってしまうと，生物ゲノムの集団からは消え去ります．そして，実際に生き延びることができるゲノム配列は，第 2 章（図 2.4）で述べたように，全配列空間の中で無視できるほど小さな領域に過ぎません．したがって，1 つの見方としては，生物のゲノムが巨大な配列空間の中の極めて小さな井戸の中に閉じ込められているというイメージがあり得ます．これに対して，もう 1 つのまったく異なる見方もあります．生物ゲノム配列は小さな領域の中でランダムウォークをしているのですが，ランダムウォークの結果，その領域から外に出たゲノム配列は消滅してしまうというイメージです．実はこの 2 つの変異に対する見方は第 2 章ですでに議論していて，図 2.7 に 2 つのメカニズムを示しています．完全にランダムな変異で「生きるという状態」の領域から外れると，ゲノム配列の集団から消えるというフィードバック機構（図 2.7A）を，ここでは「完全ランダム変異—自然選択モデル」と呼んでおきましょう．また，細胞内の分子装置の仕組みで変異が制御されているというフィードフォワード機構を「制御された変異モデル」と呼ぶことにします．

この 2 つの比喩は，領域外にゲノムが存在できないという意味では同じですが，ランダムウォークの後，ゲノムがどのくらい生き延びるかがまったく異なってしまいます．後者の「完全ランダム変異—自然選択モデル」というのは，図 9.1 にある上半分の配列空間での変異のランドスケープは平坦で自由にランダムウォークができるが，下半分の実空間でいずれかのプロセスで破綻が起こると「生きるという状態」を続けられなくなる，というモデルです．つまり，DNA 塩基配列からのアミノ酸配列への翻訳（設計図→材料），アミノ酸配列からタンパク質への立体構造形成（材料→部品），タンパク質集団による生物システムの形成（部品→システム），次世代への複製における配列の変異（設計図の書換え）という4つのプロセスのいずれかに致命的な変化が起こると，次世代を残すことができなくなり，そのゲノムは消滅することになります．これに対して前者の「制御された変異モデル」というのは，配列空間での変異のランドスケープが細胞内の何らかの仕組みで井戸のように形成されているというモデルなので，変異はランダムウォークに起こるのですが，その分布が偏っていて生き延びられるような変異だけが起こることを想定しています．つまり，そのような仕組み（分子装置群）が，すでに進化していると考えるわけです．ほとんどの変異の結果は，生物として生き延びることができるようなゲノムばかりを残すことになり，生物は非常にロバストなものになります．

このように考えてみると，遺伝子変異によるランダムウォークがどのような性質のものなのか？　つまり遺伝子変異が「完全ランダム変異—自然選択モデル」が想定しているような完全なランダム過程か？　あるいは「制御された変異モデル」のような的のあるランダム過程か？　という問題は非常に重要になります．そして，最近得られるようになったゲノムのビッグデータの意義は，配列空間における遺伝子変異のランドスケープを明らかにできるようになったことです．

9.2　完全にランダムな変異と的のあるランダムな変異

ゲノムの形成における遺伝子変異の性質を考えるときに，それを自然言葉で記述していると，かえってイメージしにくい側面があります．そこで，これを式で表現しておきたいと思います．慣れない人には難しく感じられるかもしれませんが，イメージは伝わるのではないかと思います．まず生物個体のゲノムを G とします．そして，次世代の個体ができるときに遺伝子変異が入り，ゲノム G′ になったとします．さらに，この変異の部分をオペレータ Φ で表現することにします．

$$G' = G + \Phi(G) \tag{9-1}$$

このオペレータ Φ は，ある1つの確定的な値を与えるような関数ではありません．元々のゲノム G に対して，変異のサイコロを振る操作です．したがって，同じ G に対するオペレータ Φ の結果は，毎回違ったものになります．そして，オペレータ Φ がどのようなものになるかは，変異の性質によって変わります．先に述べた2種類の変異で考えてみると，「完全ランダム変異—自然選択モデル」で想定するオペレータは，フェアなサイコロを振る操作です．また，「制御された変異モデル」で想定するオペレータは偏った（イカサマの）サイコロを振る操作です．現実の生物のオペレータ Φ がどのようなものかは，あらかじめわからないので，まずは2種類のオペレータの和として考えることにします．

$$\Phi(G) = \varphi(G) + \Phi_R(G) \tag{9-2}$$

オペレータ $\varphi(G)$ は変異に偏りを引き起こす細胞内の仕組みによる変異であり，$\Phi_R(G)$ はそれを除いた完全にランダムな変異を表す項です．遺伝子変異には，色々な種類のタイプのものがあり，一塩基置換では自然選択がなければ完全にランダムな変異だというイメージがあるかもしれません．しかし，例えば，修復システムに個性があれば，完全にランダムな変異から体系的な偏りが起こるでしょう．それは細胞内の仕組みで変異の偏りが引き起こされていることになります．そこでオペレータを，式（9-2）のように2つの項の和で表すことにするわけです．さらに，n 世代後のゲノムは，このオペレータを n 回通すことになり，それを次の式で表現することにします．

$$G^{(n)} = G + \Phi^{(n)}(G) \tag{9-3}$$

ここで“生存評価関数”というゲノムに対する関数 L を考えます．変異が入った次世代の生物個体のゲノムが残るかどうかは，ゲノム G′ に対する“生存評価関数”次第ということになります．もし生物が生き延びることができず，ゲノム G′ が残らないならば，

$$L(G') = L(G + \Phi(G)) = 0 \tag{9-4}$$

となり，生き延びることができるようなゲノムであれば，有限の値（例えば1）を取ることになります．1つ前の世代の個体に対するゲノム**G**は，生き延びることができるゲノムだったので，$L(\mathbf{G})=1$ です．そこで，ゲノム全体に対する“生存評価関数”を，“変異に対する生存評価関数”に変換することにします．それを $l(\Phi(\mathbf{G}))$ と表すと，

$$\begin{aligned} L(\mathbf{G}') &= L(\mathbf{G}+\Phi(\mathbf{G})) \\ &= L(\mathbf{G})\,l(\Phi(\mathbf{G})) \\ &= l(\Phi(\mathbf{G})) \\ &= 0 \text{ or } 1 \end{aligned} \tag{9-5}$$

となります．ここで，値0は個体が生きることができずゲノムは残らない場合，値1は個体が生き延びることができてゲノムが残る場合です．

“変異に対する生存評価関数”というのは，単なる言葉の問題で科学的な議論はできないだろうと思われるかもしれません．実際“生存評価関数”は環境が与えるものであり，環境を表すパラメータは無数にあるし，生物の種類によって環境への依存性は大きく異なりますから，これをあからさまに書き下すことができません．例えば，ある日突然地球の大気中の酸素がなくなってしまったら，私たちを含めた好気的な生物は絶滅し，嫌気的な生物が栄えることになるでしょう．そのようなことについて個々の生物の“生存評価関数”を書き下すことはまったく現実的ではありません．しかし，これによって生物ゲノムの成立の条件を議論することはできます．つまり，ゲノムを形成する変異が，完全なランダム過程か，的のあるランダム過程かというような，ゲノム形成のグローバルなあり方などを議論することはできるのです．

第6章で少し述べたように，ゲノムDNA塩基配列に対する変異には，色々なタイプのものがあります．そして，それぞれが一見ランダムに導入されているように思われます．例えば，一塩基置換のような頻度の高い変異と，大きな配列に対するコピー数変異のような頻度の低い変異とは，それに関係する仕組み（的のあるランダム過程）があったとしても，その仕組みは別物です．したがって，それらの異なる仕組みを表現するために，式（9-2）を書き換えると，

$$\mathrm{G}' = \mathrm{G} + \varphi_1(\mathrm{G}) + \varphi_2(\mathrm{G}) + \cdots + \varphi_\kappa(\mathrm{G}) + \Phi_R(\mathrm{G}) \qquad (9\text{-}6)$$

となります．これに対して，“変異に対する生存評価関数”で評価をすると，

$$\begin{aligned} L(\mathrm{G}') &= L(\mathrm{G} + \varphi_1(\mathrm{G}) + \varphi_2(\mathrm{G}) + \cdots + \varphi_\kappa(\mathrm{G}) + \Phi_R(\mathrm{G})) \\ &\approx l(\varphi_1(\mathrm{G})) \cdot l(\varphi_2(\mathrm{G})) \cdot \cdots \cdot l(\varphi_\kappa(\mathrm{G})) \cdot l(\varphi_R(\mathrm{G})) \end{aligned} \qquad (9\text{-}7)$$

と考えてよいでしょう．ある変異が生存に対して致死的なものであれば，他の変異がどれだけ「中立」であっても，その生物個体は生き延びることができません．したがって，それぞれの種類の変異はゲノム上では和であっても，それに対する“変異に対する生存評価関数”は積となります．ここで κ は的のあるランダム過程である変異の種類の数です．

“変異に対する生存評価関数”については自明な関係があります．もし親の世代のゲノムにまったく変異がなく，次世代のゲノムも親のゲノムと同じならば，“生存評価関数”の値は 1 となります．また，式（9-5）に示したように全変異を各項に分けたときに，いずれかの項にまったく変異がない場合は，その“変異に対する生存評価関数”は 1 となります．

$$l(0) = 1 \qquad (9\text{-}8)$$

さて，生物は実際に 40 億年近く「生きるという状態」をつなげてきたのですから，生物ゲノムは全体的に極めてロバストでなければなりません．そこで問題は，大きな世代数 n に対して

$$\begin{aligned} L(\mathrm{G}^{(n)}) &= l(\varphi_1{}^{(n)}(\mathrm{G})) \cdot l(\varphi_2{}^{(n)}(\mathrm{G})) \cdot \cdots \cdot l(\varphi_\kappa{}^{(n)}(\mathrm{G})) \cdot l(\Phi_R{}^{(n)}(\mathrm{G})) \\ &= 1 \end{aligned} \qquad (9\text{-}9)$$

となる条件は何かということになります．「的があるランダム過程」，つまり偏りのある変異の項 $\varphi_j{}^{(n)}(\mathrm{G})$（$J=1\sim\kappa$）は，その定義から

$$l(\varphi_j{}^{(n)}(\mathrm{G})) \approx 1 \qquad (9\text{-}10)$$

となります．しかし，変異に偏りがなく，「完全なランダム過程」である場合，配列空間全体の中で無視できるほど小さな領域にある生物ゲノム配列は，n が

大きくなると，その領域から外れてしまいます．したがって，もしそういう項があれば，

$$l(\Phi_R{}^{(n)}(\mathbf{G})) \approx 0 \tag{9-11}$$

となります．したがって，式（9-9）で完全にランダムな変異の項が実際にあれば，“生存評価関数”全体はゼロとなり，生物は絶滅することになります．したがって，生物がロバストに生き延びるためには，

$$\Phi_R(\mathbf{G}) = 0 \tag{9-12}$$

でなければなりません．そうすると式（9-8）が成立し，式（9-9）の条件が満たされます．逆に言えば，生物は式（9-12）となるような仕組みを細胞内に作ることができて，進化の土台ができたのだと考えられます．つまり，遺伝子変異はすべて何らかの偏りを持つ，的のあるランダム過程になっていなければならないのです．そうすると，ゲノム配列への変異は以下のように表現できます．

$$\mathbf{G}' = \mathbf{G} + \varphi_1(\mathbf{G}) + \varphi_2(\mathbf{G}) + \cdots + \varphi_\kappa(\mathbf{G}) \tag{9-13}$$

生物進化については，分子進化の考え方が定着する過程で，遺伝子変異は「中立」であるという変異の中立説が1960年代に提出され，その考え方が確立しました．このことは，遺伝子変異のほとんどが“生きるという状態”を破たんさせないものであるということを意味しています．式（9-13）は，遺伝子変異の集団を的のあるランダム過程の遺伝子変異と，完全なランダム過程の遺伝子変異に分解したときに，後者が事実上ないということを示していますが，これは遺伝子変異について「中立」ということを式で表現したものとなっています．

9.3 「生きるという状態」を的としたランダム過程

式（9-2）における $\varphi(\mathbf{G})$ あるいは式（9-13）における各変異の項は，“生きるという状態”を的としたランダム過程だと述べたのですが，具体的にどのような性質を持った変異の集団かは，具体例を見ないと理解しにくいと思います．そこで，一塩基置換というタイプの変異の集団が，実際にどのような性質を持

っているかを，ゲノムのビッグデータ解析で調べてみたいと思います．変異の偏りを調べるのに，用いるデータに偏りがあってはいけないので，**図 9.2** に示したように，500 以上の原核生物ゲノム配列のすべてを解析に用いました．原核生物ゲノムを用いた理由は，原核生物では一塩基置換が主な変異だからで，より大規模な変異も混じる高等生物ゲノムより単純で，解析に適切だと考えられるからです．また，ここではコード領域の DNA 塩基配列を解析したのですが，原核生物では 90%がコード領域です．ここで調べた原核生物の 15%程度は，温度や pH，塩濃度，放射線などで極端な環境にあるいわゆる極限環境微生物です．もし遺伝子変異の集団が環境の影響を強く受けていれば，これらの原核生物ゲノムの解析で，その傾向がはっきりわかると考えられます．また，遺伝子変異の集団が細胞内の何らかの共通の仕組みで制御されているとすれば，環境の影響は小さいと考えられるわけです．

図 9.3A は，原核生物ゲノムのコード領域が示す GC 含量（グアニンとシト

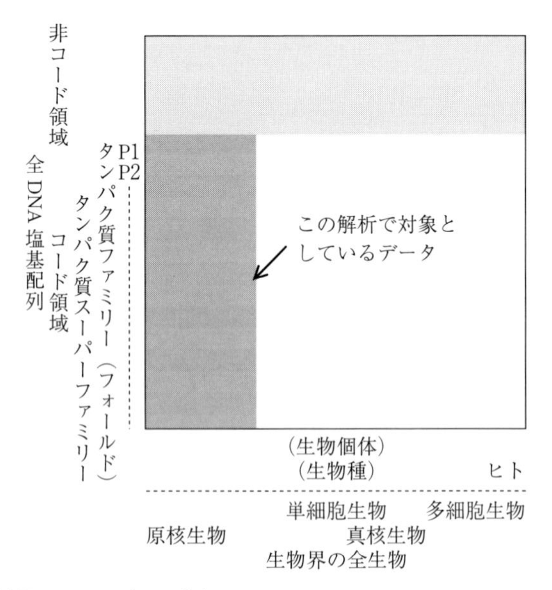

図 9.2　ゲノム情報におけるデータ分布
一塩基置換の変異集団を解析するために用いたゲノム配列データ．解析時点で手に入った 500 以上の原核生物ゲノム配列のすべてを用いた．

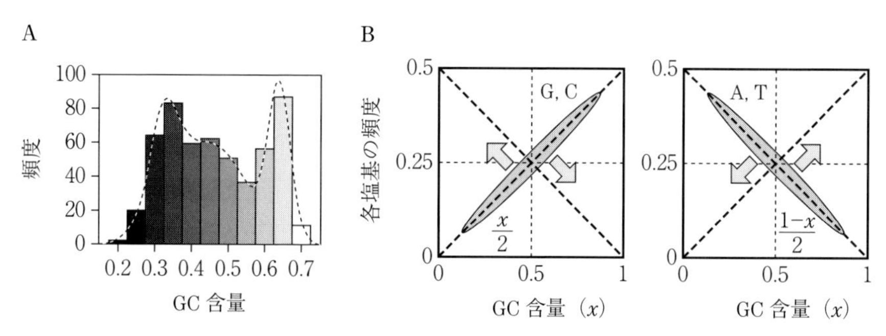

図 9.3　原核生物の GC 含量の分布

原核生物ゲノム配列のコード領域を解析対象とした結果，500 以上の原核生物ゲノムの GC 含量（グアニンとシトシンの割合の和）は，非常に広い分布を示している（A）．この分布自体が完全なランダムでないことを示しているが，さらに生物的意味を理解するために，GC 含量に対する ATGC のそれぞれの出現頻度を調べ，その偏りの生物的な意味を調べた（B）．

【出典】R. Sawada and S. Mitaku, *J. Biochem.*, **151**, p.190, Fig.1 (2012).

シンの割合の和）の分布です．原核生物は色々な環境に生息していて，原核生物の GC 含量はゲノムによって大きく異なっています．この分布も明らかに完全なランダム出現確率からは大きく偏っています．しかし，仮にこれが何らかの的のあるランダム過程の結果だとしても，その意味は必ずしもはっきりしません．そこで図 9.3B のような考え方で解析を行ってみます．各ゲノム配列において，各 ATGC の出現確率を求め，GC 含量に対してプロットしてみました．もし完全なランダム過程で，各塩基が出現したとすれば，各塩基は原点を通る傾き 1 の線の上にプロットされるはずです．もちろん現実は，完全ランダム変異―自然選択モデルを想定しても，制御された変異モデルを想定しても，塩基出現確率は完全なランダム過程からずれることは間違いないので，問題はどのようにずれるかということです．現実の塩基出現確率が完全なランダム過程の線からどのようにずれるかを調べることによって，「そもそも体系的に制御されているのか？」，あるいは「変異が環境によって大きく依存しているか？」ということがわかるでしょう．「完全ランダム変異―自然選択モデル」では環境による影響が強いはずなので，極限環境微生物と通常の環境の微生物でずれ方が変わってくると考えられます．これに対して，「制御された変異モデル」では細胞内の何らかの仕組みが配列空間のポテンシャル井戸を形成しているので，環境にはよらず体系的な変異のずれが見られると考えられます．

図 9.4 は実際の解析結果を示したものです．塩基出現確率が完全なランダム出現確率（図中の破線）から体系的にずれていることがわかります．コドンの1文字目では，チミンが異常に少なく，グアニンが異常に多く出現しています．2文字目では，チミンが最も顕著ですが，いずれの塩基も GC 含量の変化に対してあまり依存性がありません．つまり，2文字目では塩基の出現確率の保存傾向にあります．これに対して，3文字目は GC 含量に対して強く依存しています．この体系的な塩基出現確率のずれは，極限環境微生物と通常環境微生物でまったく共通です．このことは原核生物における一塩基置換が環境には関係なく細胞内の何らかの仕組みで制御されていることを強く示唆しています．こ

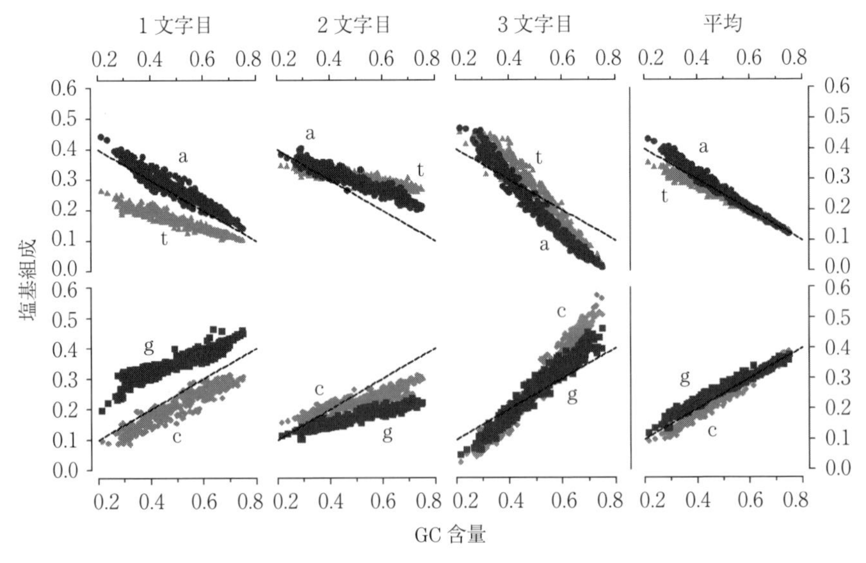

図 9.4　コドンの位置ごとの DNA 塩基出現確率

537 種類の原核生物ゲノム（73 種類の極限環境生物ゲノムを含む）について，コドンの各位置における塩基出現確率を解析した結果．図中の破線は，ランダムな出現確率を表している．各コドンの位置で，ランダム出現確率から大きく偏っているが，全体の平均を見ると一見ランダムに見える．

【出典】R. Sawada and S. Mitaku, *J. Biochem.*, **151**, p.193, Fig.4 (2012).

のように最も基本的な遺伝子変異の偏りが制御されているということは，式（9-12）および式（9-13）の妥当性を示していると考えられます．

9.4　生物ゲノムを特徴づける保存量

図9.4で示された体系的な塩基出現確率のずれは，線形の式の集合で表現することができます．例えば，GC含量がXであるようなゲノムにおいて，コドンのj文字目に塩基ν（A，T，G，Cのいずれか）が出現する確率を$Y^{\nu}_{(j)}(X)$とすると，νがアデニン（A）もしくはチミン（T）の場合は，

$$Y^{\nu}_{(j)}(X) = \frac{1-X}{2} + (\alpha^{\nu}_{(j)}\mathrm{X}+\beta^{\nu}_{(j)}) \tag{9-14}$$

グアニン（G）もしくはシトシン（C）の場合は，

$$Y^{\nu}_{(j)}(X) = \frac{X}{2} + (\alpha^{\nu}_{(j)}\mathrm{X}+\beta^{\nu}_{(j)}) \tag{9-15}$$

となります．ここで（$\alpha^{\nu}_{(j)}X+\beta^{\nu}_{(j)}$）の項は，完全にランダムな出現確率からのずれを意味しています．図9.4では，少しのばらつきはありますが，ほぼ直線で近似できるような体系的ずれを示しているので，式（9-14）と式（9-15）の係数は定数と考えてよいことになります．さらに係数に対しては，図9.4の一番右のグラフが示すように，コドンの位置によらず出現確率の平均を求めると，見かけ上ほぼ完全なランダム過程と同じになるために，次のような補足的な条件が入ります．

$$\alpha^{\nu}_{(1)} + \alpha^{\nu}_{(2)} + \alpha^{\nu}_{(3)} = 0 \tag{9-16}$$

$$\beta^{\nu}_{(1)} + \beta^{\nu}_{(2)} + \beta^{\nu}_{(3)} = 0 \tag{9-17}$$

コドンの3つの位置における4種類の塩基に対して，係数（αとβ）の数は2なので，すべてで24の係数があるのですが，各塩基に対する式（9-16）と式（9-17）という8つの条件を考慮すると，16個の係数を与えれば，すべての原核生物ゲノムの一塩基置換の出現確率が与えられることになります．

いささかややこしいのですが，これらの係数によって決まるのは，一塩基置

換でどのような塩基に置換されるかということではなく，多くの一塩基置換が起こったときにその確率がどのように偏っているかということだけです．つまり，多くの変異が集積していくと，ゲノムに基づくアミノ酸配列にある種の秩序が生まれます．その秩序が「生きるという状態」を作りやすくなっていると考えられるのです．**表 9.1** を用いて，どのようにしてそれが可能になるかを説明します．この図は遺伝暗号表ですから表 1.1 と同じなのですが，ここではアミノ酸の物性の情報を加えてあります．

塩基配列の 3 塩基ごとにアミノ酸が決まります．その 1 文字目，2 文字目，3 文字目の位置の塩基によって，アミノ酸の物性が偏っています．アミノ酸の物性には色々な種類のものがあり，それをグレースケールで色分けしたのが，この 2 つの図です．アミノ酸の疎水—親水は濃淡のグレーで色分けし，表 9.1A に示しました．主に 2 文字目の T のシリーズが非常に疎水的になっており，A と G のシリーズのアミノ酸が主に親水的になっています．ただし，この疎水—親水の色分けは，Kyte–Doolittle のインデックスによるものです．それでは現実に塩基出現確率がどうなっているかというと，図 9.4 で示した通り，2 文字目ではほぼ一定になるように塩基出現確率は制御されています．つまり，大きな GC

表 9.1　遺伝暗号表とアミノ酸の物性の関係

遺伝暗号表におけるアミノ酸の物性を色分けした 2 種類の表．A：疎水—親水を色分け（薄いグレーは疎水性の強いアミノ酸，濃いグレーは親水性の強いアミノ酸．B：分子認識部位を構成するセグメントの中心に多いアミノ酸とその脇に多いアミノ酸で色分け（濃いグレーは中心に多いアミノ酸，薄いグレーはその脇に多いアミノ酸）．

A

第1文字目 ＼ 第2文字目	U(T)	C	A	G	第3文字目
U(T)	Phe	Ser	Tyr	Cys	U
					C
	Leu		Stop	Stop	A
				Trp	G
C	Leu	Pro	Hls	Arg	U
					C
			Glu		A
					G
A	Ile	Thr	Asp	Ser	U
					C
			Lys	Arg	A
	Met				G
G	Val	Ala	Asn	Gly	U
					C
			Gln		A
					G

B

第1文字目 ＼ 第2文字目	U(T)	C	A	G	第3文字目
U(T)	Phe	Ser	Tyr	Cys	U
					C
	Leu		Stop	Stop	A
				Trp	G
C	Leu	Pro	Hls	Arg	U
					C
			Gln		A
					G
A	Ile	Thr	Asn	Ser	U
					C
			Lys	Arg	A
	Met				G
G	Val	Ala	Asp	Gly	U
					C
			Glu		A
					G

含量の変化に対しても，アミノ酸の出現確率は生物ゲノム全体として，疎水—親水の関係が変わらないようになっているわけです．コドンの2文字目の出現確率を制御する仕組みがあれば，タンパク質で疎水性アミノ酸と親水性アミノ酸の出現確率をほぼ制御できることが論理的に導かれますが，実際にゲノム配列の解析からもそのような制御が行われているらしいということが示されたわけです．

次に，1文字目の塩基出現確率による制御の可能性について考えてみます．Tのシリーズに疎水性の環状アミノ酸が並んでいて，物性的にはタンパク質のセグメントを硬くする性質を持っています．また，1文字目のGのシリーズでは，側鎖が非常に小さくて，タンパク質のセグメントを柔らかくするようなアミノ酸が並んでいます．第7章の最後に分子認識に関わるアミノ酸の並びについて議論しました．そして，分子認識に関わるセグメントの中心に多いアミノ酸は，タンパク質を柔らかくするタイプのアミノ酸が多く，その脇にはタンパク質を硬くするタイプのアミノ酸が多いことを示しました．表9.1Bでは，第7章で述べた2種類のアミノ酸を濃いグレー（図7.14で分子認識部位の中心に多いタイプ）と，薄いグレー（脇に多いタイプ）で示しました．この図でもアミノ酸の物性は大きく偏っていることがわかります．それと図9.4とを組み合わせて考えてみると，タンパク質全体に，セグメントを柔らかくするアミノ酸が非常に多く出現し，硬くするアミノ酸はあまり出現しないように，コドンの1文字目によって制御されていることになります．おそらく分子認識部位の発生の確率をこれによって制御しているのではないかと考えられるのです．

つまり，式（9-14）と式（9-15）における係数 $\alpha^{\nu}_{(j)}$，$\beta^{\nu}_{(j)}$ は生物全体にわたってほぼ定数となっていて，生物が「生きるという状態」にあるための保存量となっているのではないかと考えられます．

9.5　ゲノムにおける保存則と生物体における保存則

すべてのゲノムに共通の塩基出現確率の偏りは，図9.4に示した通り生物ゲノムよらずきれいな保存則となっています．そして，表9.1の遺伝暗号表と組み合わせると，単純な塩基出現確率の偏りが，タンパク質の性質を制御しているという生物の姿が見えてきます．この方向での研究はまだあまり進んでいないのですが，第3章の3.7節で述べた膜タンパク質予測システムSOSUIを用いて，ゲノムの保存則が実空間での生物体に対してどのような影響を与えているか？　つまり生物体でどのような保存則が導かれるか？　について解析結果を示しておきたいと思います．

本章の9.3節で用いた500以上の原核生物ゲノムを用いて，その中に含まれる遺伝子の配列情報のすべてを解析してみます．現在用いられている多くのアミノ酸配列解析システムは，物理的メカニズムには触れずニューラルネットワークや隠れマルコフモデルなどの情報科学的な手法を用いた方法がほとんどです．これに対して，SOSUIシステムは膜タンパク質形成のメカニズムにこだわり，物理化学的なパラメータだけを用いて判別分析を行った解析法です．このような解析システムでは，まったく新規な配列に対しても予測精度が高いという大きな長所があります．また，得られる結果に対する科学的考察ができるということも重要です．SOSUIシステムの予測精度は95%以上と十分高く，ゲノムに対する解析結果は十分高い信頼性を持っています．

図9.5はゲノムが含む全遺伝子数に対して，膜タンパク質の数をプロットしたものです．すべての生物ゲノムは，原点を通る直線にほぼ乗っており，膜タンパク質の割合が一定だということを示しています．図中の点線は膜タンパク質の割合が23%という比例係数を示しています．この膜タンパク質の割合が一定であるという事実と，すべての生物ゲノムに対して共通の塩基出現確率の偏り（図9.4）との間には，関係があると考えられます．膜貫通領域の形成には，その中心の高い疎水性とその両脇における両親媒性セグメントの存在が重要で，それを考慮して高精度予測を可能にしたのがSOSUIシステムでした．コドンの2文字目の塩基出現確率は，アミノ酸の疎水性と親水性に深く関係しているのですが，図9.4が示しているようにコドンの2文字目の塩基出現確率は完全なランダム変異から大きくずれていて，ほぼ一定になっています（表9.1A）．膜タンパク質の割合が一定になっていることは，この塩基出現確率の偏りを背景としていると考えられるのです．この考察は，次の節でさらに詳しく述べますが，ここでは図9.4のもう1つの特徴的な塩基出現確率の偏りについて少し考察しておきたいと思います．

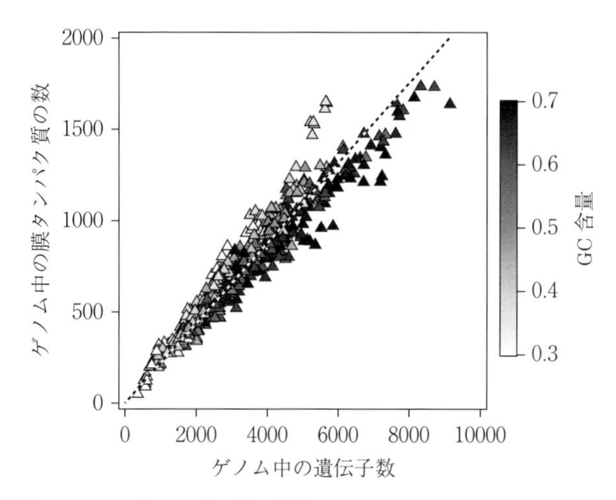

図 9.5　原核生物における膜タンパク質の割合

原核生物のゲノムからの全アミノ酸配列を解析するためにSOSUIシステムを用いて膜タンパク質を抽出し，その数を全遺伝子数に対してプロットした．膜タンパク質の割合は一定（約23%）であることがわかった．

【出典】R. Sawada and S. Mitaku, *J. Biochem.*, **151**, p.191, Fig.2（2012）.

遺伝暗号表で，アミノ酸の種類に大きく影響するのは，1文字目と2文字目です．そして，1文字目の塩基出現確率は，2文字目より顕著な偏りを示しています．体系的にチミン（T）が少なく，グアニン（G）が多いのです（表9.1B）．この特徴は，生物における偶然性のプロセス（配列空間でのランダムウォーク）と必然性のプロセス（生物体の階層的形成）を示した図9.1でみると，前者に関わる特徴です．それが後者にどう反映するかということが問題になります．これに示唆を与えるのは，第7章の7.7節（分子認識の一般論）で示した図7.14です．分子認識部位付近のアミノ酸の分布は，非常に特徴的なウエイブレット様の配列分布を示します．そこで定義された2種類のアミノ酸を遺伝暗号表に色分けしたのが表9.1Bです．分子認識部位を形成するセグメントの中心に多いアミノ酸（ユニバーサル分布の係数が正のアミノ酸）を濃いグレーで，逆に中心には少なく脇に多いアミノ酸（ユニバーサル分布の係数が負のアミノ酸）を薄いグレーで示しています．コドンの1文字目によって，タンパク質（その大半は水溶性タンパク質）における分子認識部位の発現がある程度制御できそうです．第７章では，タンパク質間の結合を議論しましたが，タンパク質内のドメイン間の結合もやはり分子認識によるものです．実際，アミノ酸配列の解析によれば，タンパク質内に位置付けされる分子認識部位も少なくありません．どのように制御されているかはまだわからないのですが，少なくともゲノム配列全体についてもっと注目して調べていく必要はあります．タンパク質の立体構造形成について，さまざまな手法の解析が行われてきましたが，細胞がゲノム全体に対して偏った塩基出現確率を制御することによって，タンパク質の集団を制御している可能性については研究されたことはありませんでした．生物系ビッグデータの時代には，この観点も重要となると考えられます．

9.6 配列空間における平衡状態と生物のロバスト性

生物個体は，熱力学的状態としては，決して平衡状態ではなく，定常状態でもありません．常に物質やエネルギーを体内に取り込んで，化学物質を代謝し，色々な環境変化に対して応答し，次第に老化し，いずれ死ぬという存在です．こういう常に変化しつつある生物が，個体の状態としても，また個体を超える生物種や生物界全体としても，非常にロバスト（破たんせず頑強）な存在であるということは，とても不思議なことです．「なぜ生物はロバストなのだろうか？」この疑問に答えることができなければ，生物の本当の理解はないと言ってもよいでしょう．

本章の 9.2〜9.4 節で述べましたが，遺伝子変異は決して完全なランダム過程ではなく，的のあるランダム過程です．遺伝子変異に偏りが起こるような仕組みが細胞内に存在していて，それが生物のプロセスに的を設定しているのです．それを現実に示したのが，図 9.4 における完全なランダム変異からの塩基出現確率の偏りです．図 9.6 は，配列空間中における的のあるランダム過程についてのイメージ図です．この図では，横軸が配列空間を一次元的に展開したもので，細胞は内部に変異を偏らせるような仕組みを作り出していて，それが配列空間の中にバーチャルなポテンシャルを形成します．そして，細胞内での変異は，このバーチャルなポテンシャルの中でランダムウォークしていることに相当します．実際のところポテンシャルの形はわからないのですが，ゲノム配列

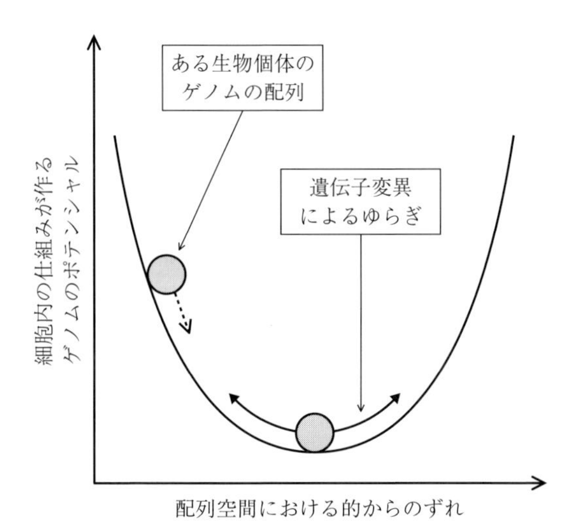

図 9.6　配列空間におけるバーチャルなポテンシャル井戸のイメージ図

配列空間の中で「生きるという状態」を可能にするゲノムのポテンシャルの井戸があり，各生物ゲノムはポテンシャルの井戸の底でゆらいでいるとすれば，生物は「生きるという状態」からずれにくく，生物は非常にロバストとなる．

がポテンシャルの底あたりでゆらいでいる（ランダムウォークしている）限り，生物は「生きるという状態」をまず確実に実現できるというわけです．

ここで断っておかねばならないことは，図 9.1 における下半分のプロセス（実体空間での生物体のプロセス）では，生物個体は決して熱平衡状態にはないということです．ここでイメージしているポテンシャルは，図 9.1 における上半分のプロセス（遺伝子変異のランダムウォークのプロセス）におけるバーチャルなポテンシャルだということです．しかし，ポテンシャルが配列空間のバーチャルなものであっても，平衡状態付近ではずれに対して復元力が働くので，系は一般に安定でロバストです．生物は，実体空間では平衡状態から大きくずれているのですが，ゲノムの配列空間の中ではバーチャルなポテンシャルで作られた平衡状態の付近にあり，極めてロバストなのです．

しかし，熱力学的な系での平衡状態と，ここで議論している配列空間でのゲノムの平衡状態には非常によい類似性があるように思われます．一般に熱力学的な系では，平衡状態が達成されると，環境の変化が起こっても，速やかに新しい平衡状態に変化します．例えば，気体分子の集団が平衡状態になっている場合を考えると，その中にはあらゆる方向に分子が運動しているのですが，分子の速度やエネルギーは一定の分布をしていて，平均値は非常に安定しています．そして，何らかの原因で平衡状態からずれても，非常に速い緩和時間で平衡状態に復帰します．それではゲノム配列空間の場合はどうでしょうか．実はゲノム配列全体を用いて解析をしてみると，平衡状態になっている証拠と早い緩和時間の証拠をいくつか見出すことができます．

平衡状態というのは，多くのランダム過程の結果に得られるものです．図 9.7 は，遺伝子領域に多くの変異が入ったときに，水溶性タンパク質と膜タンパク質の間の変換が起こることを表現した反応式です．前節ではゲノムの全遺伝子における膜タンパク質の割合が生物によらずほぼ一定だということを，実際のゲノム配列情報を解析することで示しました．この事実がゲノムの配列空間内での平衡状態を仮定すると，非常に簡単に説明できます．図 9.7 の場合は，水溶性タンパク質から膜タンパク質への変換と，逆の変換が釣り合って平衡状態となっています．そうすると，以下の等号が成立します．

$$k_{S \to M} N_S = k_{M \to S} N_M \tag{9-18}$$

添え字の S と M は，それぞれ水溶性タンパク質と膜タンパク質を表し，k は変換の速度（変異の数に対する変換の確率），N は各タイプのタンパク質の数です．式（9-18）を変換すると，簡単に次の式を導くことができます．

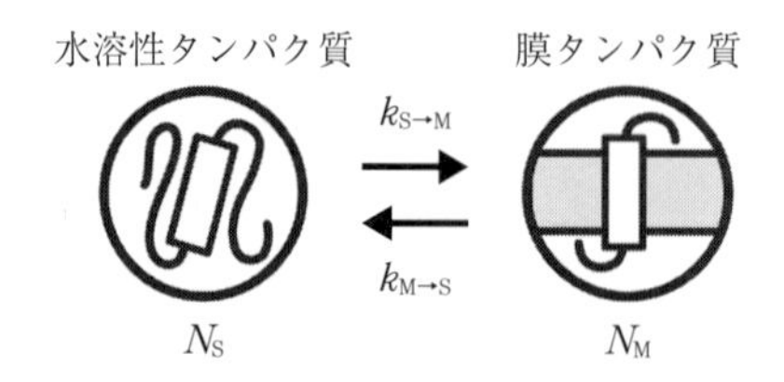

図 9.7　膜・水溶性タンパク質の反応

ゲノム配列に対する変異によるタンパク質のタイプの変換が起こる．それが平衡状態に達すると，各タイプのタンパク質の割合が一定になる．ここでは水溶性タンパク質と膜タンパク質の変換を考えている．

$$R = \frac{N_{\mathrm{M}}}{N_{\mathrm{S}} + N_{\mathrm{M}}}$$

$$= \frac{k_{\mathrm{S}\to\mathrm{M}}}{k_{\mathrm{M}\to\mathrm{S}} + k_{\mathrm{S}\to\mathrm{M}}} \tag{9-19}$$

ここで R は全遺伝子数に対する膜タンパク質の数（種類の数）の割合です．式（9-19）が示していることは，平衡状態になってさえいれば，膜タンパク質の割合は変換の速度の比だけで決まるということです．

細胞で膜タンパク質を形成するのは，いくつかの分子装置（リボソームやトランスロコンなど）の働きによります．そして，それらは生物によらず非常に保存されていることがわかっています．図9.7のような平衡状態を仮定すれば，式（9-19）が示す通り，割合 R が一定となることは，非常に自然に導かれます．しかし，それ以外の簡単な説明は難しいように思われます．逆に言えば，割合が一定になっていれば，ゲノム配列が遺伝子変異で十分かき混ぜられ，平衡状態になっているということを示唆しています．そして，そのかき混ぜの速度がどのくらい速いかは，現実の生物で確かめることはできませんが，シミュレーションならばそれを確めることができます．

9.7　進化シミュレーションにおける緩和時間

本章の9.6節では，現実のゲノム配列を用いて膜タンパク質の割合が一定であることを示すことができましたが，同じシステムを使えば，配列に大量の変異を導入して，その結果膜タンパク質の割合がどのように変化するかをシミュレーションしてみることができます．図9.5における500種類を超える原核生物のゲノムを初期条件として，一塩基置換を大量に導入して，それによって膜タンパク質の割合の変化を調べるということを行ってみます．ゲノム配列に対してこのようなシミュレーションを行うには，2つの条件が必要です．1つは，配列を評価するシステムがいかなる配列に対しても同じ精度で結果を出すようなものでなければなりません．データベースを用いて検索するようなタイプのシステムでは，完全に新規な配列を評価することができず，シミュレーション自体ができなくなります．配列の持つ物理的性質によって高精度の評価ができるようなシステムが望ましいということになります．もう1つは，シミュレーションを行うときに，ランダムに変異を生成して系の変化を調べていくのですが，ランダム性がよくわかっていなければなりません．

変異のランダム性については図9.4のDNA塩基出現確率を用い，膜タンパク質の評価については膜タンパク質予測システムSOSUIを用いることによって，この2つの条件を満たしたシミュレーションを行うことができます．その結果が**図9.8**です．図9.8Aと図9.8Bは，現実のゲノムのDNA塩基配列から得ら

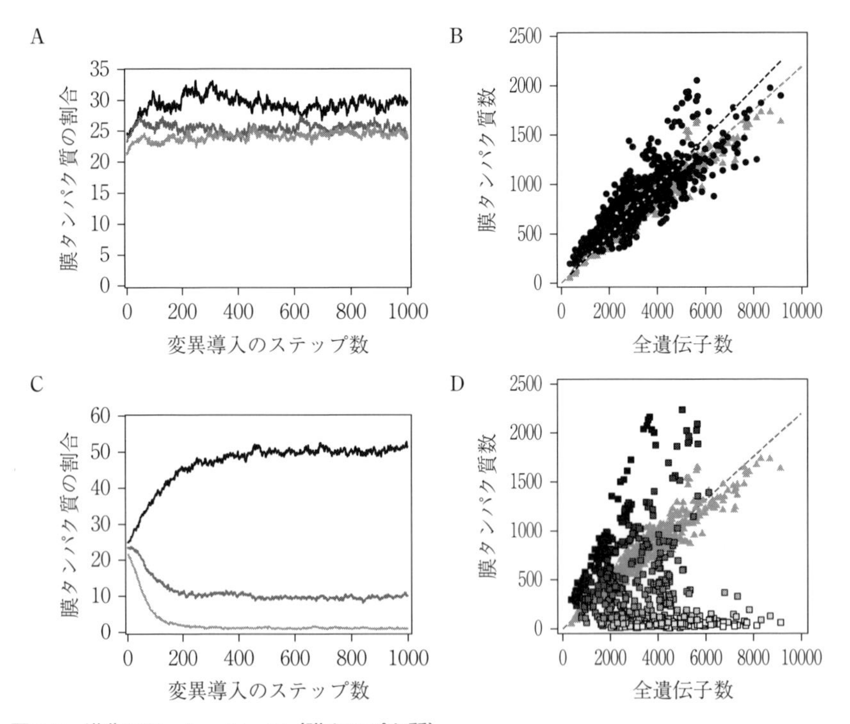

図9.8　進化シミュレーション（膜タンパク質）
ゲノムのDNA塩基配列に対して，ランダムな変異を大量に導入したときにどのような速度で膜タンパク質の割合が変化するかという時間経過（A，C）．膜タンパク質と全遺伝子数の関係（B，D）．AとBは図9.4におけるDNA塩基出現確率の偏りを考慮した的のあるランダム過程のシミュレーション，CとDはDNA塩基出現確率の偏りを考慮しない完全なランダム過程のシミュレーションの結果である．
【出典】R. Sawada and S. Mitaku, *J. Biochem.*, **151**, p.193, Fig.5（2012）.

れた偏った塩基出現確率を仮定したシミュレーション，図 9.8C と図 9.8D はその比較対象として完全にランダムな塩基出現確率を仮定したシミュレーションの結果です．

図 9.8A と図 9.8C におけるステップ数は，ゲノム配列に与えた遺伝子変異の数と比例しています．1 ステップは 100 塩基ごとに 1 つの割合で変異を入れたので，100 ステップのシミュレーションを行うと，ゲノム全塩基をほぼ変異させることになります．それぞれ GC 含量が大きく異なる 3 種類の生物ゲノムを選んで，膜タンパク質の割合の緩和を示しています．図 9.4 における偏った塩基出現確率を仮定すると，1,000 ステップのシミュレーションを行ってみてもほぼ一定です（図 9.8A）．これに対して，完全にランダムな塩基出現確率（図 9.4 の破線）を仮定すると大きく膜タンパク質の割合が変化します．GC 含量が小さいゲノムでは，完全にランダムな変異を起こすとコドンの 2 文字目にもアデニンやチミンが多く入ることになり，アミノ酸配列に疎水性アミノ酸が多数出現します．その結果，膜タンパク質の割合が急激に増加します．また，GC 含量が大きいゲノムに対しては逆のことが起こり，膜タンパク質がほとんどなくなってしまいます．つまり，塩基出現確率を図 9.4 のように偏らせることによって，自動的に膜タンパク質の割合を一定にするようなシステムが形成されるのです．そして，生物を生き延びやすいようにしていると考えられます．

ここで重要なもう 1 つの事実は，緩和時間が非常に速いということです．実体空間でのシミュレーション（例えばタンパク質の立体構造形成や，タンパク質間相互作用など）では，ユニット同士の相互作用をすべて計算するということを行うので，収束まで非常に大規模の計算が必要です．したがって，進化のシミュレーションなどは考えることもできません．これに対して，図 9.8A や図 9.8C で示したように，配列空間での変異のシミュレーションでは収束が非常に速いのです．このシミュレーションの結果は，塩基がすべて変異される程度のステップ数で平衡に達していることを示唆しています．これは「オーダー N での収束」ということで，生物を一種の情報処理機械としたとき，非常に収束の速いシステムなのです．

本章では，普通の生物科学の教科書ではまったく記述されていない生物の側面について述べました．生物のゲノムの配列空間と階層構造を持った実空間の生物の関係について考察してみたのです．第Ⅱ部から第Ⅳ部まで説明したように，実体空間における生物体は非常に複雑で高度な分子集合体となっています．それに対して，ゲノムの配列空間における生物は，巧妙ですが非常に単純な構造を持っていて，進化のシミュレーションなども可能になるのです．さらに，21世紀に入ってから大量の配列情報が得られるようになっているので，生物に関する理解が格段に進むことが期待されます．しかし，その研究は始まったばかりで，どこまで進むかもわかりません．次章では，今後の課題（生物における大きな未解決問題をどうしたら解明できるか）についてさらに述べたいと思います．

地球外生物は本当にいるのかな？

この問題に分光学的に解答を与えようとして，近年，太陽系外惑星を探査する施設が作られ，続々と惑星が発見されつつあります（現在，約2,000個）．その中には地球型らしい惑星が複数存在しています．一方，火星では化学分析による生命の痕跡探査や生存環境探査が進んでいるし，木星や土星のいくつかの衛星にも生存環境の可能性が指摘されています．しかし，地球外生命体はまだ発見されていません．

この問題は，生物学者がこれまで避けてきた，「生命の定義」と「生命の起源」という根本問題に直結しています．生命とは何かを決めておかなければ，いったい何を見つけるのかわからないことになります．実際，NASAは独自の生命の定義を公表しています．仮に，核酸とタンパク質からなる宇宙生物が発見されたとして，万が一，その遺伝コード表が地球生物と同じなら，地球生物の起源に関してパンスペルミア説が復活することになるでしょう．

パンスペルミア説とは，生命の種が宇宙の至る所にばらまかれているという説です．有名なCrickらによる仮説は，地球生物は，元素Moが多量に有る惑星で誕生した生命が，岩石に乗って地球に飛来したものの子孫である，というものです．Moは必須生元素ですが，地球上には，生元素でないCrやNiなどに比しMoは極めて少量しか存在しないことが論拠となっています．これに対して江上不二夫は，海水中のMo濃度が異常に大きいことを挙げ，Moを補因子とする酵素の存在は，地球生物が海の中で誕生した証拠であると反論しました．

パンスペルミア説を一方の極論とするなら，もう一方の極論は，Monodのアクト・ユニーク（唯一無二の出来事）説です．その論拠は，当時の分子生物学の知見では，翻訳系の起源が超困難に思えたうえに，地球生物の遺伝コード表に普遍性があるということにあります．偶然生起する確率がほとんどゼロのことがたまたま原始地球上で起こった．それが宇宙に唯一，地球上に存在する生物の始まりである，と考えたのです．しかし，1982年にリボザイムが発見され，RNAワールド仮説が登場すると，原始生命の核形成における翻訳系の問題は消滅しました．一方，自己増殖オートマトンには最低500ビットの情報量が必要であることから，原始生命の核形成における自己増殖系の困難性をアクト・ユニーク説の論拠とする物理学者もいます．しかし，この25年間に進化分子工学により，多種多様な機能性RNAが創出され，特に，自分と同じ長さのRNAを複製する能力のあるRNAを試験管内で漸進的に進化させることにも成功しました．RNAワールドの可能性が実験的に証明されつつあると言えます．なお，この文脈では，OrgelらによるZn^{2+}などの金属イオンがRNA複製反応の触媒になるという実験結果も根拠にしています．すなわち，自己増殖 RNA オートマトンは，突然偶然に生ずべき生命の核ではないことになり，上記物理学者の計算は無意味となります．生命の「定義」と「起源」に，進化分子工学による「合成」という第 3 の問題を連繫させると，地球外生物の発見は物理化学的に十分期待できると考えられるのです．

伏見　譲

（総合研究大学院大学）

第 9 章のまとめ

1. 生物は，ゲノムの DNA 塩基配列が設計図となっていると同時に，階層構造を持った複雑な分子集合体です．したがって，生物は 2 つの空間に顔を出した存在です．配列空間では，世代交代のたびに遺伝子変異を起こしランダムウォークしているという側面と，実空間では階層構造を持った極めて複雑な分子集合体であるという側面です．そして，全配列空間の中で「生きるという状態」を形成できるゲノム配列は無視できるほど小さい領域に過ぎません．
2. 遺伝子変異はランダム過程ですが，完全にランダムな変異ではありません．体系的に偏った DNA 塩基出現確率を維持するシステムがあり，的のあるランダム過程となっています．
3. 現実の多くの原核生物ゲノムの解析を行ってみると，塩基出現確率はコドンの位置ごとに体系的な偏りを示しています．極限環境生物のゲノムでもまったく同じ体系的な塩基出現確率の偏りを示していて，細胞内にそれを維持するための仕組みがあると考えられます．
4. すべての生物に共通な塩基出現確率の偏りは，遺伝暗号表を通してアミノ酸の物理的性質の分布を制御していると考えられます．コドンの 2 文字目は，アミノ酸の疎水–親水の分布に関係しており，コドンの 1 文字目はアミノ酸配列のセグメントの硬さ–柔らかさの分布と関係しています．
5. 配列空間での塩基出現確率の偏りが，実体空間でどのように反映しているかを調べるには，膜タンパク質予測システム SOSUI を用います．多くの原核生物ゲノム中の全遺伝子を解析してみることができます．その結果，生物種によらず膜タンパク質の割合はほぼ一定（約 23%）であることがわかります．
6. 一般に反応系では，平衡状態になっていると各ユニットの割合は一定となり，その状態が非常にロバストとなります．生物の種類によらず，ランダムな変異によって起こる膜タンパク質と水溶性タンパク質の間の変化が平衡状態にあると考えると，膜タンパク質の割合が一定であるということは，簡単に理解することができます.

7. 配列に対するランダムな変異を導入する一種の進化シミュレーションを行ってみると，塩基出現確率に体系的な偏りがあると，膜タンパク質の割合が一定になることがわかります．また，偏りがない完全なランダム変異を仮定すると，膜タンパク質の割合が非常に大きくばらつきます．その時間発展を見ると，配列空間でのシミュレーションの緩和時間は非常に速く収束することがわかります．モダンアプローチの生物科学の取り掛かりとして興味深い結果と考えられます.

第10章 生物学の未解決問題解明に向けて

自然は階層的にできています．素粒子–原子–分子–生物–地球–太陽系–銀河–銀河団–宇宙．そして，宇宙は138億年前に，素粒子より小さな領域で起こったビッグバンによって生まれたということなので，実は宇宙は素粒子につながっています．それぞれの階層について，「＊＊＊は，なぜ（あるいはどのように）できたのだろうか？」という疑問を提起してみると，それらはいずれも非常に興味深い問題であり，長年答えの出せない未解決問題でした．その中には，精力的な研究によって，おおむね解決した問題もあります．例えば，「原子は，なぜできるのか？」という問題は，量子力学という学問が登場することで，未解決問題に対する解答を得られるようになりました．それでは，本書の対象である生物についてはどうでしょうか．上記に示した自然の10階層の中で，右に示した3つの階層が直接的に生物と関係しています（図10.1）．「生体高分子は，な

図10.1　宇宙の階層構造
宇宙の階層構造を示す円環と生物が関係する3つの階層．（図の提供：澤田隆介博士より．承諾を得て掲載．）

ぜできるのだろうか？」「生物体のシステムは，なぜできるのだろうか？」「地球全体の生態系は，なぜでき，安定に維持されるのだろうか？」これらの生物に関係する未解決問題は，実はまだ解答が得られていません．そればかりか，当分の間は解決されないと多くの研究者が考えているせいか，根本的な理解への議論が余り行われていないように見えます．

本章では，あえて生物学における未解決問題を取り上げ，生物系ビッグデータをどのように整理し，未解決問題の解決につなげることができるかについて考察してみたいと思います．地球上の生物全体を考えると，「生物進化は，なぜ（どのようにして）起こるのだろうか？」という疑問を避けて通ることができません．また，「生体高分子や生物個体のシステムが示す調和の取れた構造・姿かたちは，なぜできるのだろうか？」という疑問については，系の複雑さに阻まれて，まだ答えが得られていません．生物学の応用的な側面では，例えば創薬の試みが色々と行われてきました．「ゲノムのビッグデータは，創薬にどのように役立てることができるだろうか？」という疑問は，ゲノムに書き込まれたタンパク質と薬の分子の相互作用という基本的な問題につながっています．本章で問題が解決するというわけではないのですが，考える手立てを示しておきたいと思います．

10.1　生物進化の駆動力

現在の生物の多様性は，進化の結果であることは図 1.3 にも示しました．現在の地球上には，数千万種類もの生物が生存していると言われています．それらの多様な生物は真正細菌，古細菌，真核生物に分けられます．最初に生まれた生物は真正細菌のようなものだったと考えられますが，20 億年ほど前に真核生物が誕生しました．真核生物は，当初単細胞生物でしたが，その後多くの細胞からなる多細胞生物が生まれました．多細胞生物が誕生したのはカンブリア紀（5.1～5.4 億年前）より前の時期ですが，カンブリア紀には大量の化石の証拠が見つかり，多細胞生物がこの時期に急激に多様化したと考えられています．その後も生物は大絶滅時期と多様化の時期を繰り返し，現在のような非常に多様な生物が共生している地球ができたのです．

過去には数回の大絶滅時期があったことを考慮すると，現在生存している生物の種類は，地球の歴史上の全生物から見ると1%にも満たないという評価があります．このような生物進化全体を科学的に議論することは非常に難しいように感じられます．進化を駆動してきた1つの側面は明らかに地球の環境変化です．**表10.1**には進化と関係する環境の激変をまとめてみました．地球の歴史では，2回ないし3回の全球凍結という状態があったようです．約22億年前のヒューロニアン氷河時代，約7億年前のスターチアン氷河時代，それに約6億5千万年前のマリノアン氷河時代に，地球は全球凍結になっていたと言われています．最も暑いはずの赤道付近も完全に凍結したのです．そのように寒冷化した原因については，温暖化ガスである二酸化炭素が大気中から急激に減少したためと考えられています．そして，二酸化炭素が急激に減少したのは，生物の進化が原因です．原始の地球大気は，ほとんどが二酸化炭素からなってい

表10.1　大進化を駆動する環境の激変

環境の激変	説明
全球凍結	地球の表面にある水がすべて凍結してアイスボールになる．約22億年前，約7億年前に地球の全球凍結が起こったことがわかっている．
火山活動	地殻はいくつかのプレートからなっていて，それらが衝突することで大陸ができる．プレートの境界で多くの火山ができ，大量の温暖化ガスが放出され，地球の温度が大きく変化する．
巨大隕石の衝突	巨大隕石は時々地球に衝突し，巻き上げられたチリによって太陽の光が遮られ，植物の光合成が極度に低下することがある．生態系が壊れ，大絶滅が起こる．
超新星爆発のガンマ線バースト	現象自体は短時間だが，地球のオゾン層が吹き飛び，生物の生存環境が非常に悪くなる．
シアノバクテリアの繁栄	光合成ができるバクテリアが誕生したが，その結果大気中の酸素濃度が大きく上昇し，嫌気性の生物にとって厳しい環境となる．
生物大絶滅による生態系の激変	地球では複数回の生物大絶滅が起こった．それ自体が，生態系の激変を引き起こし，新たなタイプの生物が繁栄するようになる．

ました．したがって地球大気の温度はかなり高かったと考えられるのですが，今から30億年前以降に，光合成ができるシアノバクテリアが誕生し，大繁殖しました．光合成では，二酸化炭素と水および太陽光のエネルギーから糖が合成され，酸素が排出されます．放出された酸素は当初海洋に溶けた鉄のイオンと反応し，酸化鉄の沈殿物を大量に作り，鉄鉱石の分厚い地層を形成しました．それが一段落すると，大気と海洋は，二酸化炭素濃度が非常に低く，酸素濃度が高い状態になりました．このことが地球の環境を2つの側面から大きく変化させました．1つは，温暖化ガスの二酸化炭素の濃度が非常に低くなったために，地球の気温が寒冷化し，全球凍結が起こりました．生物にとって，この激しい寒冷化は非常に厳しい環境だったことは容易に想像できます．もう1つは，それまで二酸化炭素を前提として生きてきた生物にとって，高濃度の酸素は猛毒なので，地球上の生態系が大きく変化しました．

全球凍結の状態に落ち込むとなかなかそこから抜け出すことが難しく，1億年くらいは全球凍結が続いたのではないかと考えられます．しかし，地球には火山運動があり，二酸化炭素などの温暖化ガスが常に大気に供給され，最終的に全球凍結の状態から抜け出し，再び温暖な環境の地球に戻ることができます．地球の地殻は，プレートが集まってできています．その下にあるマントルの対流によって，プレートは常に移動しています．そして，プレートとプレートが衝突すると，そこが隆起して大陸ができます．したがって，大陸が発達した時期は火山活動も活発となり，大気の組成も変化します．2.5億年前頃のペルム紀末には，酸素濃度が非常に低下し，それによって生き延びられる生物が限られ，大絶滅時期を迎えました．そして，生態系の隙間を埋めるように繁栄するようになったのが，恐竜です．

太陽系には，8つの惑星以外に，小惑星や彗星が大量に存在しています．地球などの惑星も，大きめの小惑星が周りの小惑星をかき集める形でできたと考えられています．そして，その後も時々小惑星や彗星が，隕石として地球に降ってきています．まれですが，大型の隕石が地球の環境を大きく変化させることがあります．恐竜絶滅で有名な6500万年前の生物大絶滅時期はこのタイプの環境変化によると考えられています．隕石の落下ではものすごいエネルギーが発生するので，周りの生物を焼き尽くしたと思われます．しかし，長期的には，隕石落下によって上空に巻き上げられたチリで太陽光が遮蔽され，地表での光合成がほとんど止まってしまったと考えられます．その影響で生態系が狂い，多くの生物が絶滅したと考えられます．

また太陽系外で起こった現象が地球環境を大きく変化させたという説もあります．通常の恒星には寿命があり，最後には超新星爆発を起こします．太陽系の近傍でそうした劇的な現象が起こり，ガンマ線バーストによって生物大絶滅が起こったというのです．カンブリア大爆発の時期以降は，化石の証拠が大量に得られますので，生物種の数の消長がある程度評価できます．それによれば，生物種の70～95%も一挙に絶滅した時期が最低5回はあります（オルドビス紀末，デボン紀末，ペルム紀末（P–T境界），三畳紀末，白亜紀末（K–T境界））．そして，注目すべきことは，そうした大絶滅にもかかわらずというか，隙間を埋めるような形で新たなタイプの生物が繁栄しているということです．

そうした生物進化には，たまたまそうなったという以外に説明はないという見方もあります．しかし，生物を少し抽象化してみると，明らかに1つの方向に進化しているように見えます．つまり，次第に複雑化・高度化した生物が生まれてきているのです．最初は小さな単細胞生物である原核生物だけだった世界に，約20億年前頃に大型で細胞内小器官を含む大型の真核生物が生まれています．約10億年前頃に真核生物の中に，単一の細胞で生きるのではなく，分化した細胞を作ることができ，それによってより複雑な生物体を形成する多細胞生物が生まれます．そして，カビ，植物，動物など生存戦略の異なる生物に多様化していきます．動物の中で，脊椎動物から哺乳動物，霊長類，さらにヒトが生まれてきています．これは，明らかに複雑化・高度化の一方向の変化です．生物の大進化には何らかの必然性がある，つまり進化の方向性を決める駆動力があるのではないかと考えられるのです．

10.2　生物進化における偶然性と必然性

物理学の中で，物質の性質を扱う分野として，熱統計力学があります．熱力学は，蒸気機関など工学応用を基礎付けるために発展したという学問的背景がありますが，より一般的に物質の性質を考えるときにも熱力学の法則を破ることはできません．したがって，生物体が熱力学の第1法則である「エネルギー保存」や，第2法則である「エントロピー増大」に反することはありません．エントロピーは物質の乱雑さを表現した物理量ですから，「エントロピー増大」というのは，物質は自然に置いておけば次第に乱雑になっていくということを示しています．ところが，生物は進化によって次第に複雑化・高度化，つまり秩序の高い状態になっていくのですから，困惑してしまいます．それはどう考えればよいのでしょうか．

生物の変化（進化）の問題は，第9章で議論したように，ゲノムのDNA塩基配列の変化の問題と言い換えることができます．生物体自体は，外からエネルギーを取り込んでいます．植物では太陽光エネルギーを受けて光合成を行いますし，動物では食物を取り込むことによって，太陽光や食物が含むエネルギーを得ることができます．そして，取り込んだエネルギーを用いてゲノムのDNA塩基配列の変化を制御すれば，より複雑化・高度化を図ることができます．第9章の式（9–3）を見てください．一般的に考えれば，ゲノムに起こる変異は，完全にランダムな変異 $\Phi_R(\mathbf{G})$ と，偏りのある変異（的のあるランダム変異）$\varphi(\mathbf{G})$ からなります．しかし，完全にランダムな変異の項があると，必ず生物は絶滅します．「生きるという状態」を維持するためのDNA塩基配列はあまりにも小さい領域にあり，完全にランダムな変異の集積は許されないのです．そのことを示すために，第9章の大半を費やして，原核生物ゲノムのDNA塩基配列の解析結果を議論しました．そして，実際に「偏りのある変異」がすべての原核生物で一貫して維持されていることを示しました．

ここでは，その後の進化における複雑化・高度化のプロセスがどう理解できるかを考えたいと思います．実は，偏りのある変異の仕組み（つまり的のあるランダム変異における的）というのは，1つとは限りません．複数あってよいのです．例えば，脊椎動物のゲノムを考えます．それ以前に，真核生物，多細胞生物という大きな段階を踏んで，脊椎動物が生まれているので，脊椎動物での変異では，式（9–9）を次のように書き換えることができるでしょう．

$$\mathrm{G}' = \mathrm{G} + \varphi_{\mathrm{prokaryote}}(G) + \varphi_{\mathrm{eukaryote}}(G) + \varphi_{\mathrm{multicellular}}(G) + \varphi_{\mathrm{vertebrate}}(G) \qquad (10\text{–}1)$$

ここで，$\varphi_{\mathrm{prokaryote}}(G)$ は第9章で示したコドンの位置による塩基出現確率の偏りを意味しています．そして，各大進化の段階に対応して，異なるタイプの変異の偏りがあると想定されるのです．そして，異なるタイプの変異の偏りは，ゲノムビッグデータを解析することによって抽出することができるはずです．

しかし，ゲノムのビッグデータをただやみくもに解析しても，大進化における偏った変異のタイプを抽出することは簡単ではありません．偏った変異によって，実体空間での秩序につながらねばならないのです．原核生物における塩基出現確率の偏りの場合を振り返ってみると，遺伝暗号表におけるアミノ酸の物理的性質の偏った分布を通して，塩基出現確率の偏りがタンパク質集団の性質を制御していました．つまり，偏った変異の分布によってタンパク質の性質に影響を与えて，“生きるという状態”を実現しやすくしていると考えられるのです．したがって，各大進化における偏った変異も，アミノ酸配列の物理的性質の分布を制御していると想定されます．したがって，アミノ酸の文字配列の上ではランダムに見えても，物理的性質の配列から見ると明確な秩序が見える可能性があるのです．

物理的な性質の中で電荷は最も信頼のできる物性です．そこでゲノム配列から得られるすべてのアミノ酸配列を電荷の数値列に変換し，その中から秩序を探すことが有効な解析方法となる可能性があります．そこで，図10.2のように，解析時点で得られるすべての生物ゲノムのすべてのアミノ酸配列を電荷数値列に変換し，自己相関関数の計算を行ってみました．アミノ酸配列のデータを電荷数値列に変換すると，数値の一次元のデータが得られます．そこからアミノ酸の数で j 個離れた数値のペアをすべて抽出して積の平均値をとるのです．このときに，タンパク質ごとの平均値ではなく，ゲノム全体での平均値をとると，その生物に含まれる全タンパク質の平均的な性質を知ることができます．式で表現すると，以下の通りになります．

$$AC(j) = \frac{\sum_{k=1}^{N}\sum_{i=1}^{L(k)-j}[q(i)q(i+j)]}{\sum_{k=1}^{N}[L(k)-j]} \tag{10–2}$$

ここで，$q(i)$ は i 番目のアミノ酸の素電荷です．リジン，アルギニン，ヒスチジンが$+1$，アスパラギン酸，グルタミン酸が-1，その他のアミノ酸は0で

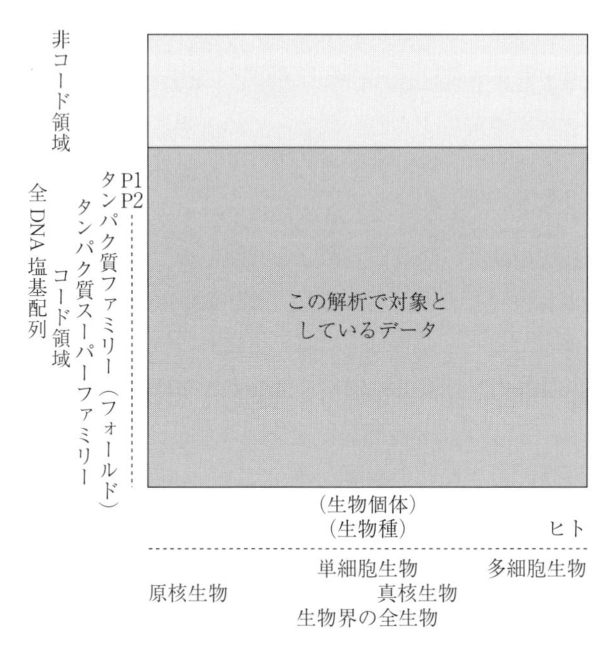

図 10.2　ゲノム情報におけるデータ分布
得られるすべての生物ゲノムのすべてのアミノ酸配列を対象として，電荷の数値列の解析を行った．この解析では，非コード領域は解析対象としていない．

す．$L(k)$ は k 番目のタンパク質の長さ，$AC(j)$ は j 個だけ離れたアミノ酸ペアの自己相関関数の値です（図 10.3）．

図 10.4 は計算結果を示しているのですが，A～C は，それぞれ大腸菌（原核

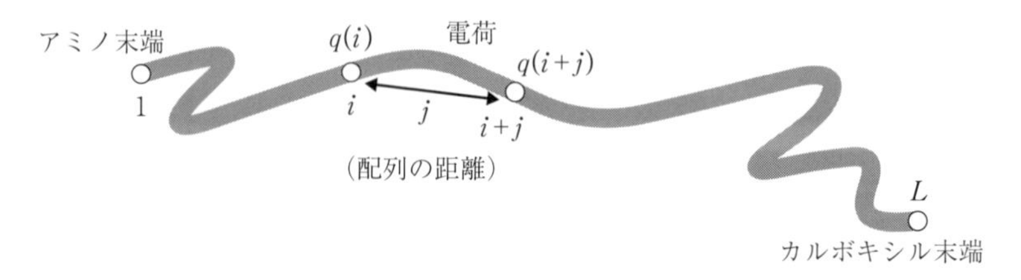

図 10.3　アミノ酸配列の電荷自己相関モデル
すべての生物ゲノムから得られる全てのアミノ酸配列を対象として，電荷の数値列の解析を行った．この解析では，非コード領域は解析対象としない．

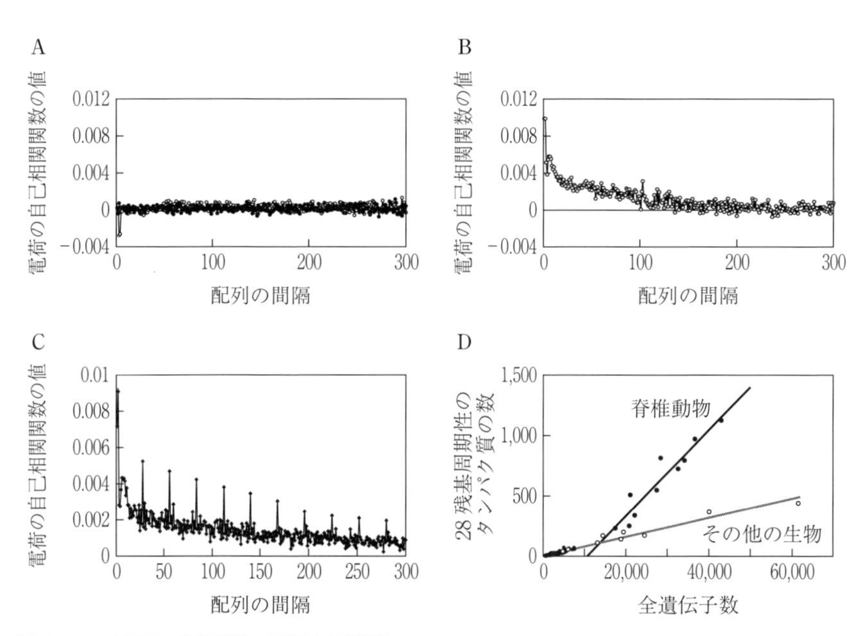

図 10.4　全アミノ酸配列の電荷自己相関
原核生物の例として大腸菌（A），脊椎動物を除く真核生物の例として酵母（B）および脊椎動物の例としてヒト（C）のゲノム配列を解析した結果．ゲノムから得られる全アミノ酸配列を電荷数値列に変換し，自己相関関数を計算し，配列の間隔を横軸，自己相関関数の値を縦軸としたプロットである．D は脊椎動物ゲノムの解析で得られる 28 残基の周期性を示すタンパク質の数を求め，それをゲノム中の全遺伝子数に対してプロットした分布図である．脊椎動物では顕著に 28 残基周期性のタンパク質が多く，全遺伝子数に対し線形に増加している．
【出典】R. Ke, N. Sakiyama, R. Sawada, M. Sonoyama and S. Mitaku, *J. Biochem.* **143**, p.662, Fig.1 (2008).

生物），酵母（真核生物），ヒト（脊椎動物）について電荷分布の自己相関関数を配列の間隔に対してプロットしたものです．実際には，多くの生物ゲノムを解析しているのですが，原核生物，真核生物，脊椎動物の分類に従って，それぞれ例外なく図 10.4 の A〜C のようなプロットが得られています．原核生物では，電荷の数値列には相関がありません．脊椎動物を除く真核生物では，数十残基ほどの減衰定数を持つ正の相関があります．また，脊椎動物では，なだらかな正の相関に加えて，顕著な 28 残基の電荷周期性が見られます．

式（10–1）における $\varphi_{\mathrm{eukaryote}}(G)$ と $\varphi_{\mathrm{vertebrate}}(G)$，つまり的のある変異の仕組

みが，図 10.4 の電荷の自己相関の特徴でつかまっている可能性があります．それではどのようなタイプの遺伝子変異によって図 10.4B および図 10.4C が再現できるかを考えてみます．図 10.4C のほうは比較的説明が簡単です．特定の配列（DNA 塩基配列では 84 塩基）に対する重複を引き起こすような変異の仕組みがあれば，ゲノム配列からのアミノ酸配列の集団がこのような周期性を自然に持つことになります．ただアミノ酸配列を文字の配列として解析しても，この周期性はあまり顕著に見えてきません．おそらく一塩基置換などの他のタイプの変異が重なって，電荷という物理的性質以外の長い周期の配列が見えなくなっているのだと考えられます．脊椎動物ゲノムにおける 28 残基電荷周期性の重要性は，この重複配列が DNA 結合性のジンクフィンガーモチーフであることからわかります．具体的な役割は必ずしもまだわかりませんが，脊椎動物における複雑な細胞分化と深く関係しているのではないかと考えられます．

これに対して，図 10.4B における長い尾を引く形をした電荷の正の相関は，どのようなタイプの変異によって形成されるかまだよくわかっていません．しかし，電荷（実際には正電荷）の正の相関が顕著であることから，その特徴を持った遺伝子がタンパク質に翻訳されたときに，負電荷を持った分子と結合しやすいことが予測されます．実際に，このような長い尾を引く形の電荷相関を持つタンパク質の多くが，核に移行する DNA 結合性タンパク質になっています．タンパク質の核移行シグナルが正電荷の多いシグナルであることはよく知られています．しかし，核移行シグナルの精度の高い予測はまだできていません．もし長い電荷相関が核移行シグナルの特徴だとすれば，短いモチーフ配列では高精度の核移行の予測が難しいという話と符合します．また，真核生物では核以外にも多様なオルガネラが発達しています．タンパク質は細胞質内で翻訳されていますから，オルガネラ中で働くタンパク質は細胞質からオルガネラ内へと輸送されなければなりません．真核生物が誕生するときに，オルガネラへの移送のシグナル配列が必要となります．ミトコンドリアへの移行シグナルも正電荷のクラスターがシグナルとなっていることが知られています．第 2 章の図 2.8 に，ゲノムからの全アミノ酸配列の平均疎水性分布を示しました．そして，真核生物の全アミノ酸配列の平均疎水性が原核生物のそれより低いことがはっきりしています．的のある変異が起こって，このようなことが起こっていると考えられます．ただ式（10–1）の $\varphi_{\mathrm{eukaryote}}(G)$ の実体として，どのような分子装置によって体系的変異が起こるようになったかは今後の課題です．

10.3　的のあるランダム変異は平衡状態にあるか？

生物は非常にロバストで，“生きるという状態”を 40 億年近くつなげてきました．その簡単な説明として，第 9 章の図 9.1 に示したように，生物は配列空間における的のあるランダム変異と，実体空間における階層的な構造の両方を持ったものです．この内，実体空間での生物は，物質，エネルギーを取り込み，代謝後の物質と熱を輩出していて，完全に熱力学的な非平衡にあります．これに対して，配列空間での生物は，世代交代のときにランダム変異をしています．しかも，変異は完全にランダムではなく，的のあるランダム過程（偏ったランダム変異）なので，全配列空間の中で極めて小さな領域に閉じ込められています．そして，第 9 章では，一塩基置換の変異がその小さな領域の中で，ランダム変異の平衡状態になっているらしいことを，原核生物ゲノムの解析によって示しました（図 9.4）．それでは，その後の大進化で，真核生物，多細胞生物，脊椎動物などが誕生した後に，新しいタイプの変異の仕組みでも平衡状態に到達しているだろうか？

新しい変異の仕組みによってできた配列空間のバーチャルなポテンシャル井戸の中で，ゲノム配列は平衡状態に到達しているのか？　という疑問なのですが，この疑問自体が荒唐無稽なものに感じられるかもしれません．しかし，実はそれはビッグデータで確かめることができるものです．生物ゲノムが全体として平衡状態に到達するという仮説の根拠を 1 つ示しておきたいと思います．図 10.5 は，遺伝子のエキソン–イントロン構造に注目した多細胞生物のゲノム配列の解析結果です．ここでは個々の生物ゲノムではなく，数十の多細胞生物ゲノムの全遺伝子を解析したものです．▲のマークは全遺伝子のエキソン数に対する頻度分布で，●のマークは膜タンパク質の頻度分布です．いずれも非常にきれいな指数分布となっています．現実のゲノムの解析で，これだけきれいな指数分布となることは驚くべきことで，単純なメカニズムを示唆しています．また，全遺伝子のエキソン数依存性と膜タンパク質のエキソン数依存性は，片

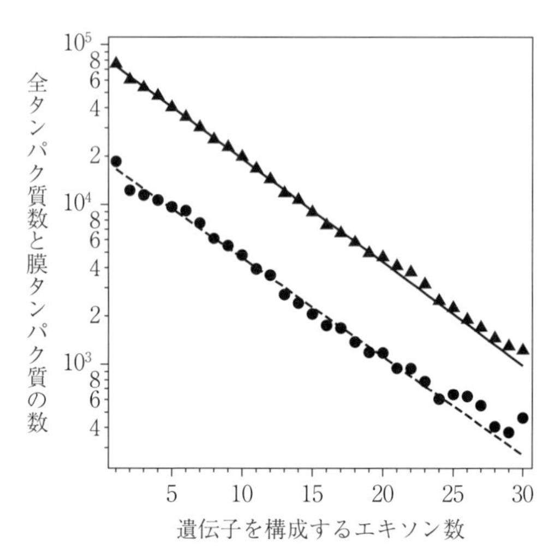

図 10.5　多細胞生物の遺伝子のエキソン数分布

遺伝子のエキソン数に注目した全ゲノム解析．多細胞生物ゲノムに含まれるすべての遺伝子をエキソン数による分布で見ると，非常にきれいな指数分布となる．膜タンパク質だけの遺伝子の分布も非常にきれいな指数分布となり，その割合は一定である．

【出典】R. Sawada and S. Mitaku, *Genes to Cells*, **16**, p.117, Fig.2 (2011).

対数プロットで完全に平行となっており，すべてのエキソン数でも膜タンパク質の割合が一定であることを示しています．これも単純なメカニズムを示唆しています．

スプライシングは多細胞生物で顕著になっており，複数エキソンからなる遺伝子が全遺伝子数の中でどのくらいの割合になるかと調べてみると，第5章における図 5.12 のように，多細胞生物ゲノムの全遺伝子の中で，80％以上が複数エキソンの遺伝子となっていました．スプライシングには，オルタナティブスプライシングというエキソンの選択性も見られ，変異の一種と考えてもよい側面があります．そうだとすると，スプライシングというのは，多細胞生物の誕生における新しい変異の仕組み，つまり式（10-1）における $\varphi_{\mathrm{multicellular}}(G)$ と見ることもできます．エキソン数が変化可能で，増えたり減ったりできると仮定したときの反応式は次のようになります．

$$E_1 \underset{k^-}{\overset{k^+}{\rightleftarrows}} E_2 \underset{k^-}{\overset{k^+}{\rightleftarrows}} \cdots \underset{k^-}{\overset{k^+}{\rightleftarrows}} E_j \underset{k^-}{\overset{k^+}{\rightleftarrows}} E_{j+1} \underset{k^-}{\overset{k^+}{\rightleftarrows}} \cdots \tag{10-3}$$

ここで世代交代による増減の変化速度は，それぞれ k^+，k^- です．もし一連のスプライシングの反応が平衡となっているとしたら，エキソン数の分布はどうなるかを考えます．もちろんこれは進化的な時間での話ですから，これらの速度は非常に遅いものです．しかし，この反応が平衡になっているとすると，速度の比だけでエキソン数の関係が決まり，式（10-4）となります．

$$\frac{\langle E_j \rangle}{\langle E_1 \rangle} = \left(\frac{k^+}{k^-} \right)^{j-1} \tag{10-4}$$

まさにエキソン数に対する指数分布が非常に簡単に導かれます．やはり配列空間の中での反応の平衡状態が導かれるのです．配列空間での平衡状態というのは，生物の重要な側面なのだろうと考えられます．

第9章の図9.7でも議論しましたが，平衡状態は何らかのポテンシャルの谷で実現します．そして，平衡状態では状態変化に対する復元力が働くので，その状態は非常にロバストになります．本書で示した色々な解析の結果は，生物が配列空間の中で平衡状態になっているということを示しています．生物が40億年近く命をつなぎ，現在もヒトを含む多様な生物が繁栄している理由は，生物が配列空間におけるバーチャルなポテンシャルの谷の底で平衡状態となっており，環境変化に対して非常にロバストになっているからだと考えられるのです．

10.4　タンパク質の構造・機能の形成と生物システムの形成

個別のタンパク質の立体構造や機能がどのように発現するかという問題は，現代の生物科学では最重要の課題です．ゲノム配列の解析技術が非常に進んだために，そこから翻訳されるアミノ酸配列の情報も容易に得られるようになりました．また，それとは別に生化学的な実験や構造生物学の解析によって，各タンパク質の機能や色々な性質，分子間相互作用，立体構造などの情報が得られます．その結果，現在ではタンパク質についての巨大なデータベースが得られています．そして，未知タンパク質についてもその配列情報さえあれば，データベースに対する検索を行うことによって，実際に実験的研究をやる前に，色々な情報を得ることができるようになっています．このことは，医学応用でも非常に有用な手段となっています．例えば，ある病気が家族性で，ゲノム配列の比較から関係するような遺伝子変異が見つかったとします．そして，データベースに対する検索で，その変異を含む遺伝子の生物的意味や遺伝産物のタンパク質の立体構造などがわかる場合があります．そうすると，タンパク質の立体構造のどこに変異が位置付けられるかがわかり，病気がなぜ発症するかというメカニズムまでわかる場合があります．そういう意味でアミノ酸配列だけからどれだけの付加情報が得られるかということは，現代の生物科学では本質的意味があるのです．

このような研究の手法は，大きく見れば要素還元的アプローチです．多くの生物現象には，その原因となる比較的少数の遺伝子やタンパク質があり，それらをすべて解析し，生物現象のメカニズムを明らかにすることができます．このときに，他の生物種で似たような生物現象があり，その原因となる遺伝子やタンパク質の配列情報やその他の付加情報が部分的でもあれば，データベース検索が利用できます．データベースの検索が必ずヒットするとは限りませんが，ヒットしない場合はもちろん，ヒットする場合も各種の実験を行うので，次第に生物系のデータベースは拡大していくことになります．このように，要素還元的アプローチはすでに現代の生物科学の中心的な方法として確立しています．本書でも，第 8 章までで記述した知識は，ほとんどが要素還元的アプローチによって解明されてきたものです．また，多くの生物科学に関連する教科書が出版されていますが，それらは生物の重要な要素を記述するものとして構成されています．

しかし，要素還元的アプローチとはまったく異なる側面を考えないと，生物の全貌を理解することはできないと考え，本書の第 9 章，第 10 章をまとめています．その考え方を，ここで議論しておきたいと思います．生物個体にとって，最も重要なことは，個体として生き延びるということです．個々のタンパク質がちゃんと機能するということは大事ですが，それは二の次なのです．システム全体の調和を取れれば，個々のタンパク質の機能があまりよくなくても，また場合によっては無くてもよいのです．生物が進化するときも，常にシステム全体の調和が取れつつ変化してきたはずです．これはDNA塩基配列に対する非常に強い制約となります．せっかく得られるようになってきたゲノムの全DNA塩基配列から，この制約を見出すことが，次世代の生物科学最大の課題だと考えられるわけです．第9章では，原核生物のゲノム配列のコード領域のすべてを用いて，コドンにおける位置ごとの塩基配列の出現確率が例外なく体系的に偏っていることを示しました．そして，遺伝暗号表におけるアミノ酸の物性の偏りを通して，すべての原核生物における膜タンパク質の割合が一定になっていることを見ました．これがランダムな変異にもかかわらず生物体として調和の取れるシステムとなるための強い制約そのものとなっていると考えられるのです．

図10.6は，物理化学的なパラメータを用いてタンパク質の高精度予測が可能なタンパク質の集団（点線の囲み）と，システムズバイオロジーなどで注目している機能の流れ（矢印）の関係を模式的に示した図です．破線で示したタンパク質集団と機能の流れの矢印でつながれたタンパク質集団とは，直交しているのですが，進化的にどちらが先にできたのだろうかという疑問が，この図を示した問題意識です．

膜タンパク質，分泌タンパク質および細胞質のタンパク質は，疎水性インデックスと両親媒性インデックスを用いることで高精度（95%以上）に判別をすることができます．それには物理化学的な根拠があり，シグナル認識粒子やトランスロコンなど細胞内分子装置の特性によるものです．アミノ酸配列の中に，溶媒への親和性が偏ったクラスターがあり，それらが特定の配置を取っていると，膜タンパク質や分泌タンパク質を形成するようになっているのです．

タンパク質のタイプ（例えば膜タンパク質や分泌タンパク質など）を決めるには，個々のアミノ酸の性質（機能）はあまり重要ではありません．アミノ酸のある程度のクラスターがどのような平均的な物性を持っているかということが重要なのです．つまり，物性分布の粗視化解析が有効なのです．それに対して，タンパク質の機能は個々のアミノ酸の配位が本質的で，原子分解能の立体構造が必要です．多くのタンパク質の立体構造を見ると，実際に機能に関係す

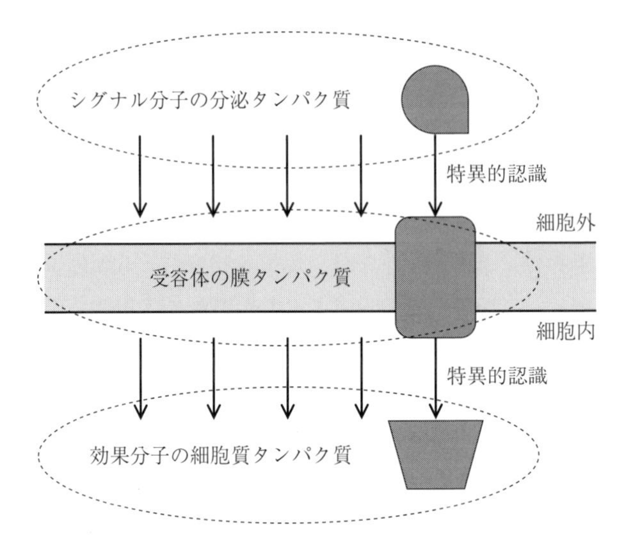

図 10.6　タンパク質の集団とタンパク質のパスウェイ
分泌タンパク質，膜タンパク質，細胞質タンパク質などの各集団は，それぞれ共通の細胞内分子装置によってできている．それと直交する方向で機能のパスウェイがあり，生物の機能のネットワークができている．問題はタンパク質の集団と，パスウェイのネットワークでどちらが早くできたか？　である．

るアミノ酸は全体の数%程度です．このことから，図 10.6 における点線で囲まれたタンパク質の集団が確実にできるような分子装置群がまずでき，実際にできたタンパク質に機能を後付けしたというのがタンパク質形成の実体ではないかという仮説が生まれます．タンパク質の性質を考えるときに，色々な分解能で情報解析を行うことが必要で，最も分解能の高い（原子分解能の）情報解析が必要なのですが，機能という最後に付与されたタンパク質の特性を表しているのではないかと思われます．

以上のように考えると，原子分解能の分子動力学でタンパク質の立体構造予測を行ったときに，少し大きなタンパク質ではなかなか高い予測精度を出せない理由が納得できます．タンパク質を構成するアミノ酸の組成を見ると，グリシンやアラニンなどタンパク質を柔らかくするようなアミノ酸が体系的に多く，それは DNA の塩基出現確率のレベルで制御されているということを第 9 章（表 9.1）で紹介しました．また，第 3 章では，静電斥力で立体構造形成をしているタンパク質（カルモジュリンなど）があるということを紹介しました．これらは特殊な例という考え方もありますが，天然変性タンパク質というタイプのタンパク質が多く存在しているということが最近わかってきており，一般にタンパク質はいわばふわっと構造形成していると考えられるのです．そして，そのような性質はタンパク質の機能の特異性を決める以前の段階で決まっていると考えられます．つまり，分解能としてはアミノ酸というユニットよりかなり大きなクラスターをユニットとして，ふわっと構造形成しているというわけです．構造のユニットの大きさと，構造の硬さには強い相関があるということは，第4章の図4.15で議論したので参照してください．

このふわっとした構造形成については，なかなかイメージしにくいかもしれないのですが，例えば機械式時計の内部を見てみると，摩擦がほとんどないようにふわっと動いている部品が必ずあります．それがその時計の心臓部です．その部品自体は硬いのですが，周りとの関係を見ると実に軽く動いているのです．タンパク質は硬い部分と柔らかい部分がありますが，全体として軽く動けるようなものとなっています．そのような構造を全体のエネルギー最小として決めようとすると，なかなか難しいのです．それが原子分解能の分子動力学によって，ある程度大きなタンパク質の立体構造をなかなか決められない原因の1つとなっています．図10.7に硬い棒と柔らかいひもで作った柔らかい秩序構造の例を示しておきます．こういう玩具を見て，イメージが湧く人もいるかもしれません．

本節の最後に個々のタンパク質の構造形成の問題と，生物のシステム形成にまつわる問題について簡単に議論しておきましょう．生物のシステムは，シグナル伝達や化学物質の代謝など，機能のパスウェイによるネットワークを明らかに形成しています．そして，生物はそれらのネットワークによって生きているので，そのネットワークを解明する必要があります．機能は原子分解能での分子の構造に依存しているので，ネットワークの理解にも原子分解能の構造が必要だと感じます．しかし，図9.1で示したように生物は実体空間だけでは生きていません．配列空間と実体空間の絡み合いによって，生物は生きているのです．そして，配列空間での「生きるという状態」を実現する領域は極めて小さく，それを決めているのは配列を粗視化した性質です．生物系ビッグデータ

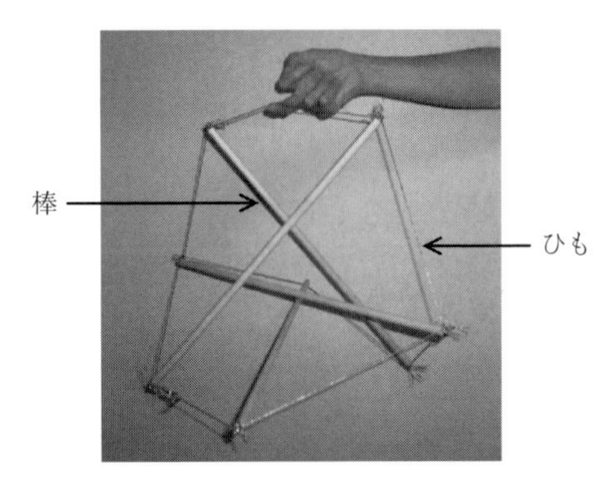

図 10.7　棒とひものモデル
硬い棒と柔らかいひもで作った柔らかい秩序構造のモデル.

を，原子分解能の情報解析と，大きく粗視化した情報解析を，どううまく組み合わせるかというのが，次世代の生物科学における課題となるのです.

10.5　創薬と医科学

創薬と医科学は，いずれもヒトの個々人の健康に関わる生物科学の応用的分野です．創薬と医科学は，これまでの学問的蓄積は非常に大きく，解析や診断などの方法も確立しています．しかし，ゲノムのビッグデータのインパクトは大きく，ここで述べてきたような生物に対する新しい見方が役に立つ側面もあると思うので，ゲノム全体を丸ごと解析するような見地からヒトのパーソナルゲノムを見たら，どのようなことがわかりそうかということを述べてみたいと思います.

ヒトの個々人に対するパーソナルゲノムが，最近は大量に解析されるようになりました．DNA 塩基配列としては，ヒトという生物種では 0.1％程度の分散があると言われています．したがって，パーソナルゲノムの違いを見ようと思えば，平均的な配列からの変異を見るほうが簡便です．**図 10.8** は，得られたゲノム配列からの変異の情報をすべて表現できる平面です．人類はほぼ 70 億人いるので，もしすべてのヒトのパーソナルゲノムを解析したとすると，横軸は 70 億のデータとなります（倫理的な問題や同意の必要などがあり，そういうこ

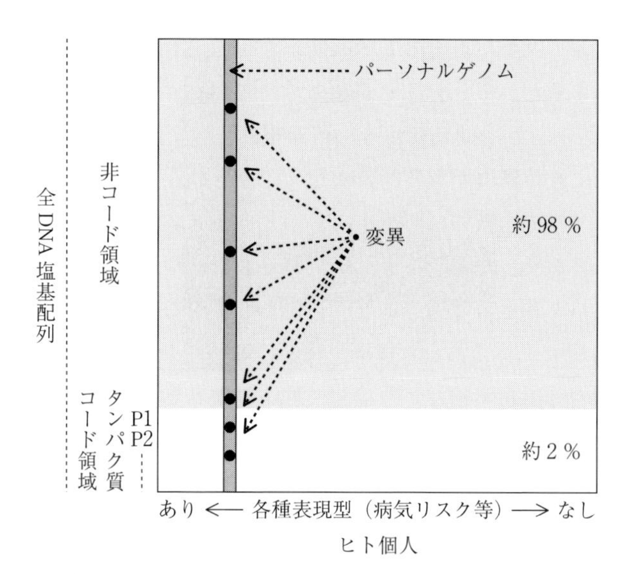

図 10.8　ゲノム情報におけるデータ分布

創薬や医科学とパーソナルゲノムの関係は個人—配列の平面を埋めたうえで変異の集団を各種表現型で整理したデータが基本となる．創薬では主にコード領域，医科学では全領域が対象となると考えられる．

とはあり得ないですが）．ここで変異という 1 つの言葉で表す場合も，断らない限り色々なタイプの変異の全体を意味していることは指摘しておかねばなりません．また，変異と言うと，機能単位であるタンパク質のアミノ酸配列に導入された変異をイメージしますが，実際にはヒトの場合は非コード領域が 98% 以上と非常に大きいことを記憶しておかねばなりません．そうした領域にも多くの変異があり，実際に病気のリスクと相関しているものが少なくありません．したがって，コード領域だけではなく非コード領域での変異も考慮することになります．

まずコード領域における変異について考えてみます．タンパク質は立体構造を取ることによって機能しています．DNA 塩基配列に変異が入っても，コドンが変わらないナンセンス変異では基本的に影響はありません．これに対して，アミノ酸配列が変わるときは，タンパク質の機能に影響する場合と，影響しない場合とがあります．一般に，DNA 塩基配列に変異が入り，アミノ酸配列が変化したときに，タンパク質の立体構造が変わると，機能に影響があり，病気のリスクが高まるというシナリオが考えられています．しかし，このシナリオでは，3つのステップで問題解決への壁が現れます．第1に，アミノ酸配列が変化したときに立体構造が実質的に変化するかという問題，第2に立体構造に変化があったとして，機能に影響があるかどうかという問題，第3にタンパク質の機能に影響があったとしても，病気のリスクにつながるかつながらないかは，他のタンパク質との関係もあり，必ずしもよくわからないという問題があります．21世紀に入るころから構造生物学の重要性が言われるようになったのは，主に第1の問題を実験的・理論的に解決しようとしたものです．タンパク質の構造解析技術は発展しましたが，第1の問題を一般的に解決するところまではいっていません．そもそもタンパク質の立体構造の多様性は非常に大きく，立体構造のどの位置にどのような変異が入ったときにどんな変化が起こるかということは，タンパク質立体構造予測を高精度で行うこととほとんど同じで，それは現在もまだできていないと言えます．

それではDNA塩基配列における変異に強い制御が入っているという見地から同じ問題はどう見えるでしょうか．生物ゲノムは，元々多くの変異が入った結果できた配列です．そして，たまたまある人のゲノムに入っている変異の集合も，病気のリスクという見地から見ておおむね問題とならないような変異であることがほとんどです．そこでヒトのパーソナルゲノムにある大量の変異が，病気のリスクという見地から見て，どのような分布をしているかを考えます．図10.9は，そのような大量の変異を，有利—不利の軸を取って分布をプロットしたイメージ図です．もちろんこの図は実際のデータを解析したものではありません．しかし，すでに広く認められているように，多くの変異は有利でもなく不利でもなく，中立なものがほとんどです．その裾により有利な変異と，より不利な変異が分布することになります．ただ不利な変異と言っても，1つの不利な変異だけで個体の生き死にの問題になるような深刻な変異は少ないと思われます．不利な変異が組み合わされてようやく病気のリスクを高めるようなものも少なくありません．それを図10.9では，疾患感受性遺伝子変異と表現しました．

自然のままの生物でも次世代の個体ができるときに，基本的に図10.9のよう

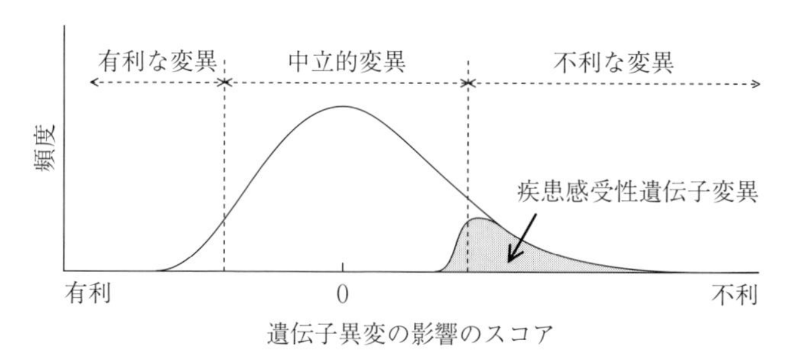

図 10.9　遺伝子変異の影響の分布

ゲノムに起こり得る変異のすべてを有利―不利の軸に分布を取れたとしたときの分布のイメージ．変異の多くは中立的であるが，中には不利な変異があり，それらの組合せが病気のリストの原因となると考えられる．

な分布に従って変異が入ります．そして，疾患感受性遺伝子変異のせいで病気になったとしても，それがさらに次の個体を作った後であれば，生命の鎖はつながれます．実際に，図 10.9 のような変異の分布を実現するような変異の制御の仕組みができたことで，生物界が非常にロバストになったとも言えるわけです．しかし，ゲノム時代の創薬や医科学でやろうとしているのは，この分布（図 10.9）の裾にある疾患感受性遺伝子変異の部分を解明し，病気を直し，寿命を長くすることです．

ここで**図 10.10** を見てみましょう．遺伝子要因が影響する可能性のある現象を考えます．影響を受けている人と，影響を受けていない人の集団について，ゲノム解析を行ったとします．それは病気の患者と健常者でもよいし，薬が効く人と効かない人でもよいのですが，対照となる人の集団で遺伝子変異について大量のデータが得られます．それを用いて，影響の原因となり得る疾患感受性遺伝子変異のセットを判別するという問題を考えるわけです．そのとき，2 つのやり方を考えます．方法 A では，すべての変異のデータを平等に扱い判別分析を行います．方法 B では大量の中立的変異からまず疾患感受性変異を予測しておいて，その後に判別分析を行います．方法 A では，大量のノイズの中からシグナルを探すことになり，信頼性の高い判別は難しいでしょう．それと信頼性を高めるためには本当に大量のデータが必要となります．これに対して，方法 B では中立的変異をあらかじめ取り除いて判別を行うので，必要なデータ

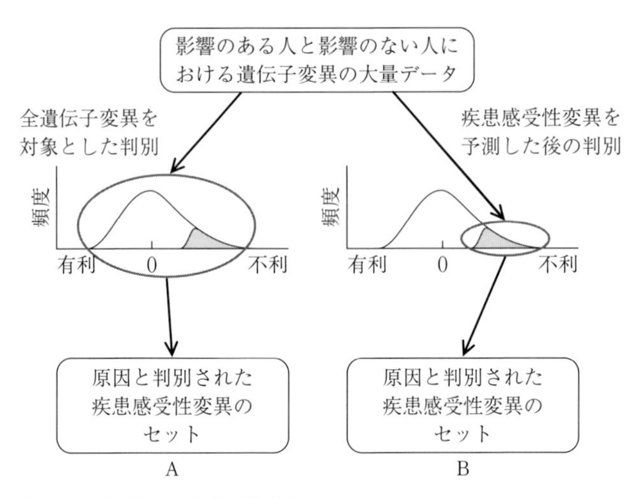

図 10.10　遺伝要因の影響と疾患感受性変異

遺伝子要因の影響を受けている人と影響を受けていない人の大量変異データセットを用いて，原因となる変異のセットを判別する2つの方法．ここで遺伝子要因の影響を受けている人と受けていない人というのは，患者と健常者でもよいし，薬の効く人と効かない人でもよい．疾患感受性変異をあらかじめ予測していない場合（A）より，あらかじめ予測しておいた場合（B）のほうが判別精度は高いと期待される．

量は比較的少なくて済みますし，より信頼性の高い判別をできると期待されます．しかし，現在行われているのは，方法Aだと思います．もし方法Bができればそういう方法を採用するべきです．問題は方法Bにおける疾患感受性遺伝子変異の予測をどのように実現するかということです．

もう一度，コード領域でのアミノ酸配列のでき方，タンパク質への折れ畳まれ方について考えてみます．タンパク質への折れ畳みにはそれを助ける分子装置の働きが必須です．第5章では膜タンパク質の予測，第7章で分子認識部位の予測について述べましたが，いずれもアミノ酸配列の物性分布を用いた予測が可能であるということを議論しました．遺伝子変異が入ったときに，アミノ酸配列に偏った変異が入り，その結果物性分布に何らかの変化が起こります．それがタンパク質の大事な性質に影響があるかどうかということはある程度予測可能です．つまり，配列だけから疾患感受性部位の予測が可能と考えられるのです．これは今後の研究課題ですが，新しいアプローチになり得ると思います．

この節の最後にもう1つの問題を指摘しておきたいと思います．これは必ずしも病気に限ったことではなく，色々な表現型に対してどの遺伝子変異が原因となっているかを調べてみると，なかなか見つからないという「見つからない遺伝要因」の問題です．例えば，人の身長の場合，80%は遺伝要因によると言われています．しかし，具体的にその原因となる遺伝子を探そうとすると，いくつかの遺伝子は見つかってきますが，その寄与を積算しても十分説明できないのです．これは今後の情報解析の課題ですが，2つのことを考えなければなりません．ヒトの場合，コード領域は高々2%であり，98%は非コード領域です．そして，見つからない遺伝要因の原因である変異の多くは，非コード領域での変異である可能性があります．それを考慮した情報解析を行わねばならないのです．もう1つは，この問題は生物のシステムの調和がどのように形成されているかという本質的な問題につながっているということです．具体的に，ここでその答えを述べることはできません．しかし，生物が40億年近く大量の変異を導入し続けてきたその実態を真摯に受け止めるべく，生物系ビッグデータの情報解析を行うべきでしょう．

生物と機械は何が違うのだろう？

1万年先か，100万年先か，1億年先かはわかりませんが，人類が絶滅したときを考えます．なぜ人類が絶滅したかは問いません．しかし，そのときにも何らかの生物が生息しているでしょう．また，人類が作り出した機械も動いているのではないかと考えられます．もちろん機械は今よりはるかに発展しているはずです．今でも太陽エネルギーで自動運転できる機械はあるので，その頃の機械も多くは自動運転です．機械がどれだけ発展しても，不調は起こります．しかし，それを自動診断して不調な部分を取り換えることもできるようになっているでしょう．材料の生産や，材料から部品への構築，部品からシステムへの組み立てなども完全に自動化されているかもしれません．今の勢いでテクノロジーが進み，1万年も経てば，そのくらいは当然ありそうに思うのです．そして，人類がいない期間からさらに1億年経ったとき，生物と人類の作った機械は，生き延びているでしょうか？　私が確信を持って言えることは，「生物は1億年先でも生息しているだろう」ということだけです．どのような生物が繁栄しているかはわからないですが，その時期の環境に適応した何らかの生物が生き延びていることは，間違いないと思います．

人間がいない世界では，こういう疑問自体が無意味とも言えますが，生物と機械の違いを考えるには面白い設定ではないかと考えてみました．最終的に，生物は生き延びることに特化しており，（少なくとも今のところ）機械は人間の役に立つことに特化しています．機械をどれだけ自動化し，長期無人運転を可能にしても，環境に合わせて機械が生き延びることができるように，設計図を自動的にどんどん書き換えられるような設計思想の機械を，（人類は）考えない，あるいは考えられないように思うのです．

ただ人類絶滅の1億年後に，機械も生物と同じように生き延びているわずかな可能性は否定できません．それは人類が生物の設計のあり方を，完全に理解することができた場合です．そうしたら生物の設計のあり方を抽象化し，生き延びることに特化した機械を作り出すことができるかもしれません．そのときには，生物と機械が材料を巡って争うことになるかもしれません．それでも生物が絶滅する世界を私はまったく想像できません．それほど生物はロバストだと思うのです．

ちょっとしたSFですが，考えさせられます．

美宅成樹

第10章のまとめ

1. 生物は40億年近い進化のプロセスを経て，複雑かつ高度で多様な生態系を形成してきました．その間に地球環境には，非常に大きな変化がありました．全球凍結，火山活動の活発化，巨大隕石の衝突，シアノバクテリアなどの生物の繁栄による環境変化，生物大絶滅による生態系の崩れなど，環境の大きな変化があったのですが，生物はそれを乗り越えつつ，より複雑かつ高度なものへと進化してきたのです．
2. 生物の変化（進化）は，配列の変異で駆動されてきました．実際に起こっている変異は，完全にランダムな過程ではなく，“生きるという状態”から外れないような偏った変異です．そして，より複雑かつ高度な生物への進化では，新たな偏った変異の仕組みが誕生したのだと考えられます．
3. それを顕著に示す配列上の特徴が，アミノ酸配列の電荷分布の自己相関関数から得られました．真核生物では電荷分布の正のブロードな自己相関があり，脊椎動物では非常にシャープな電荷分布の28残基周期性が見られます．これは大進化のときに，新たな偏った変異の仕組みを獲得していることを示しています．
4. 生物は，実体空間での個体は非平衡・非定常なシステムですが，配列空間では新たな環境に対して平衡になりやすく，非常にロバストなシステムのように見えます．このことは，多細胞生物における遺伝子を構成するエキソン数分布が非常にきれいな指数分布となっていることから示唆されました．
5. タンパク質の立体構造形成のメカニズムは，分子レベルにおける最大の未解決問題です．この問題でも偏った変異の仕組み（遺伝暗号表におけるアミノ酸の物性分布の偏り，特定の配列の重複など）が寄与しています．それと配列における物性分布の粗視化を考慮することによって，高精度予測システムの開発が可能となると考えられます．
6. 創薬と医科学は，ヒトに関わる応用的学問分野ですが，ゲノムに起こる変異の集合から，病気のリスクの予測や，薬に対する感受性の予測などが試みられています．そのような創薬・医科学へのゲノム解析の利用にも，偏った変異によるゲノムの形成というモダンアプローチの考え方が大いに貢献できる可能性があります．

第V部の演習問題

1. 生物科学では，多くの未解決問題がある．そして，それらが未解決となる原因の1つは，生物の設計図であるゲノムDNA塩基配列が，全体としてどのように生物を設計しているかがわかっていないということにある．生物科学において，何がどうわかっていないかについて，正しいと考えられる記述はどれか？

   ① ゲノムのDNA塩基配列からアミノ酸への原理は，まだわかっていない．
   ② アミノ酸配列からタンパク質の立体構造を形成する原理は，まだわかっていない．
   ③ タンパク質の集合がシステムを形成する原理は，まだわかっていない．
   ④ 遺伝子変異の集合によって，「生きるという状態」を実現する生物ゲノムの形成原理は，まだわかっていない．
   ⑤ 生物系ビッグデータから生物を設計する原理を解明することはまだできていないが，今生産されつつあるビッグデータが原理解明のための情報を十分含んでいるかどうかもわからない．

2. 生物を設計しているゲノムDNA塩基配列に入る変異は，ランダムだと考えられている．ただそれは完全にランダムではなく，全配列空間の中で偏りがあるということは，図9.4が示している通りである．さらに，第V部ではゲノムの配列の集団が，配列空間の中で平衡状態になっているという仮説を提出している．配列の偏りが平衡状態になっているとすれば，生物のどのような性質が説明できるか考察せよ．（ヒント：偏りの中心の周りで平衡状態になっているとして，偏りの中心から配列がずれたとき，配列は変異によってどのように動くかを考える．）

3. 生物の進化については，すでに多くの研究が行われてきたが，多くの未解決問題がまだ残されている．進化に関する未解決問題について，正しい記述はどれか？

① 生物の進化では，次第に単純な生物からより複雑な生物へと変化しているが，これは熱力学の第2法則（エントロピー増大の法則）に反している．
② 原核生物から真核生物へ，あるいは単細胞生物から多細胞生物へ，などの生物の大進化は，ゲノムの変化では理解できない．
③ 地球上の全生物には，共通祖先があり，すべての生物は仲間である．
④ 地球環境の激変は，生物進化を引き起こしたと考えられている．しかし，生物の進化（変化）が地球環境を大きく変化させることはなかった．
⑤ 人類は地球がある限り生き延びる．

4. 第10章の図10.4は，脊椎動物のゲノムが非常にきれいな秩序を含んでいることを示している．つまり，全アミノ酸配列の中に，28残基の正の電荷相関があることを示している．このようなゲノム中の秩序は，どのようなタイプの変異があれば形成されるか考察せよ．

5. 多くの世代にわたる親子関係を考えると，すべての人のゲノムは関係付けられていることがわかる．そして，あるゲノムを持つ人は疾患のリスクが高く，別のゲノムを持つ人は疾患のリスクは低い．疾患のリスクとゲノムの関係について，何か一般的なことが言えると，他人の健康維持などについて役に立つ情報が得られると考えられる．疾患リスクとゲノムの関係について，正しい記述はどれか？

① ゲノムで見られる変異のほとんどは中立である．
② 疾患のリスクを高めるような変異は，ほとんどゲノム中のコード領域にある．
③ 普通の病気（生活習慣病など）は，ほとんど単一の遺伝子変異によるものである．
④ 疾患のリスクを高める変異がコード領域にあったとき，タンパク質の分

子認識部位に起こった変異はリスクを高める確率が高い.

⑤ 一般に環境要因は，疾患のリスクにあまり関係がない.

6. 生物に関係する大きな未解決問題は，本書で示したもの以外にも色々と考えられる．それらを自分で考えて列挙し，その問題の意味を記述せよ.

演習問題の解答

第I部

1. ① チャールス・ダーウィン（イギリス），1859年に「種の起原」を出版．進化論を報告．
   ② ルイ・パスツール（フランス），1861年に「自然発生説の検討」を出版．生命の自然発生説を否定．
   ③ グレゴール・ヨハン・メンデル，1866年に「遺伝の法則」を報告．
   ④ フリードリッヒ・ミーシャー，1869年にDNAを発見．
   ⑤ ピエール・ポール・ブローカ，1861年に失語症患者の研究によって，脳の言語野を報告．大脳の機能分化を提唱．
2. ③，⑤
3. ②，④
4. ① ジェームス・ワトソンとフランシス・クリック，1962年に「DNA2重らせん構造の発見」で生理学・医学賞を受賞した．
   ② ハー・ゴビンド・コラーナ，ロバート・W・ホリー，マーシャル・ニーレンバーグ，1968年に「遺伝暗号の解明」で生理学・医学賞を受賞した．
   ③ マックス・F・ペルーツ，ジョン・ケンドリュー，1962年に「タンパク質の立体構造解析」で化学賞を受賞した．
   ④ フランシス・ジャコブ，ジャック・モノー，1965年に「オペロン説（遺伝子調節）」で生理学・医学賞を受賞した．
   ⑤ アンドリュー・F・ハックスリー，アラン・R・ホジキン，1963年に「神経細胞の活動電位（イオンチャネル仮説）」で生理学・医学賞を受賞した．
5. ① 4の2乗は16であり，DNAの2文字ではアミノ酸のすべてを表すことができない．したがって，コドンは最低3文字のDNAが必要である．
   ② 遺伝暗号表中でアミノ酸の物性が偏っていると，コドンのDNAの1

塩基が変異してもアミノ酸の物性を保持することができる．元々コドンの3文字目は重複が多いので，2塩基が変異してもアミノ酸の物性を保持できるのであるつまり，多様の配列で同じ物性分布を作ることができ，進化に対するロバスト性が担保される．

6. ①，⑤

第Ⅱ部

1. ①，③，⑤
2. ②，③
3. 膜タンパク質は脂質二層膜と相互作用する疎水性の領域を持っている．そこで結晶化するためには疎水性領域を界面活性剤で覆って可溶化することが必要だが，界面活性剤は一般に水溶性ドメインとも相互作用し，変性させることがある．適切な界面活性剤の種類と濃度を選ぶことが難しいのである．
4. ②，④
5. ①，⑤
6. ③，④

第Ⅲ部

1. ④，⑤
2. 非コード領域には，遺伝子の発現の場所やタイミング，発現量などについての情報が書き込まれていると考えられ，そういう領域での変異が病気と関係する場合が少なくない．したがって，遺伝子を探しても見つからない場合がある．また，同じ変異があっても環境によって発病したりしなかったりする場合があり，環境情報も含めて原因遺伝子を探索しなければならないが，これは非常に難しい．
3. ②，④
4. ①，②，④
5. ②，④
6. ①，③，⑤

第Ⅳ部

1. ①，④
2. ②，③，⑤
3. ②，④
4. ①，③，⑤
5. ③，④
6. ①，④，⑤

第Ⅴ部

1. ②，③，④
2. 平衡状態は，何らかの可逆反応における往きとかえりの反応速度や，力学系の往復の駆動力がバランスしているときに，達成される．これは，系の動きを記述するポテンシャルが谷を形成し，系の状態が谷の中心からずれたときに，必ず中心に戻る復元力が働くために，平衡状態は一般に非常に安定である（変化に対してロバストである）．図 9.4 における塩基出現確率の完全なランダムからの体系的なずれは，DNA 塩基配列空間におけるゲノム配列の集団がポテンシャルの谷の底にあることを示している．そのことは，生物という非常に複雑な分子集合体が非常にロバストである理由が，配列空間での平衡状態によるというコンセプトと矛盾しない．
3. ③
4. 2 種類のコピー数変異が重なれば，図 10.4 のタイプの秩序は単純に起こり得る．まず，遺伝子内にコピー数変異が起こり，28 残基の DNA 塩基配列のリピート配列ができる．このコピー数変異を引き起こす分子装置は配列の電荷分布を認識するものでなければならない．さらに，そのようなリピートを含んだ遺伝子がコピー数変異で重複すると，図 10.4 のような特徴を持ったゲノムができる．脊椎動物における 28 残基のリピートを持つタンパク質は，正電荷の分布に特徴があり，DNA 結合性のジンクフィンガータンパク質である．
5. ①，④
6. これは必ずしも正解はない．各自で考えてもらいたい．

索　引

【う】

【え】

【お】

【か】

【き】

【く】

【け】

【こ】

【さ】

【し】

【す】

【ま】

【み】

【め】

【も】

【や】

【ゆ】

【よ】

【ら】

【り】

Memorandum

Memorandum

〈著者紹介〉

美宅　成樹（みたく　しげき）

1976年　東京大学大学院理学研究科物理学専攻博士課程 単位取得退学

現　在　豊田理化学研究所・客員フェロー
　　　　名古屋大学名誉教授・理学博士

専　門　生物物理学，バイオインフォマティクスなど

主　著　計算科学講座 第7巻『ゲノム系計算科学—バイオインフォマティクスを越え，ゲノムの実像に迫るアプローチ』共立出版（2013），『生物とは何か？—ゲノムが語る生物の進化・多様性・病気』共立出版（2013），R. A. ガイル他 著『世界に通じる科学英語論文の書き方』丸善出版（2010，翻訳）

〈図の提供者〉（50音順）

今井賢一郎　産業技術総合研究所 創薬基盤研究部門

加藤　敏代　(株)JEOL RESONANCE ソリューション・マーケティング部
　　　　　　アプリケーショングループ

澤田　隆介　九州大学 生体防御医学研究所 附属生体多階層システム研究センター

広川　貴次　産業技術総合研究所 創薬分子プロファイリング研究センター
　　　　　　分子シミュレーションチーム

モダンアプローチの生物科学

A Modern Approach to Biological Science

2015 年 11 月 25 日　初版 1 刷発行

検印廃止

NDC 433.5

ISBN 978-4-320-05778-4

著　者　美宅成樹　©2015

発行者　南條光章

発行所　**共立出版株式会社**

〒 112-0006
東京都文京区小日向 4-6-19
電話　03-3947-2511（代表）
振替口座　00110-2-57035
URL http://www.kyoritsu-pub.co.jp/

印　刷　新日本印刷

製　本　協栄製本

一般社団法人
自然科学書協会
会員

Printed in Japan